电子技术基础简明教程（电工学 II）

主　编　王　英

副主编　曹保江　陈曾川

参　编　曾欣荣　喻　劼　谢美俊

　　　　余　嘉　李冀昆

西南交通大学出版社

·成　都·

图书在版编目（ＣＩＰ）数据

电子技术基础简明教程：电工学. Ⅱ／王英主编.
—成都：西南交通大学出版社，2019.1（2024.1 重印）
ISBN 978-7-5643-6742-8

Ⅰ. ①电… Ⅱ. ①王… Ⅲ. ①电子技术－高等职业教
育－教材②电工－高等职业教育－教材 Ⅳ. ①TN②TM

中国版本图书馆 CIP 数据核字（2019）第 017933 号

电子技术基础简明教程（电工学Ⅱ）	主编　王英	责任编辑　李芳芳
		特邀编辑　李　娟
		封面设计　何东琳设计工作室

印张：16.75　　字数：418 千
成品尺寸：185 mm × 260 mm
版次：2019 年 1 月第 1 版
印次：2024 年 1 月第 2 次
印刷：四川煤田地质制图印刷厂
书号：ISBN 978-7-5643-6742-8

出版发行：西南交通大学出版社
网址：http://www.xnjdcbs.com
地址：四川省成都市二环路北一段111号
　　　西南交通大学创新大厦21楼
邮政编码：610031
发行部电话：028-87600564　028-87600533
定价：45.00元

课件咨询电话：028-87600533
图书如有印装质量问题　本社负责退换
版权所有　盗版必究　举报电话：028-87600562

前　言

本教材是为高职工科学校各专业编写的《电子技术基础简明教程》，主编参阅了大量"模拟电子技术""数字电子技术"和"电子技术"等方面的教材和相关书籍，并结合几十年的教学经验和国家级教学成果奖，针对很多专业或学科在有限的学时条件下，传授电子技术理论的同时，更注重工程能力的培养的实际情况，本教材在内容上做了一些删减，将部分应用性很强的内容（例如：RC 正弦波振荡电路、方波-三角波-函数发生电路、双向移位寄存器、分频器、555 集成定时器、计数-译码-数码显示电路等），直接以实践项目的方式编写，以便于学生在实践中学习和掌握。为此，作者同时编写了与本教材配套的实践教材《电子技术基础实验与实训教程》。

本教材分为"模拟电子技术基础"和"数字电子技术基础"两篇：第一篇"模拟电子技术基础"有 3 章：半导体及二极管应用、基本放大电路、集成运算放大电路；第二篇"数字电子技术基础"有 3 章：逻辑代数的基本概念、组合逻辑电路、时序逻辑电路。

本教材编写体系：以器件的伏安特性和逻辑功能入手，以经典应用模块电路为实例，展开结构、特性、功能等为一体的讨论。力求在保证基础知识的同时，由浅入深，简明扼要，理论融合实践。其教材特点是以电子技术内容为主线，以"学习指导"为开篇，以"理论知识"奠基础，以"例题求解"助拓展，以"常见问题"强概念，以"各章小结"示重点，并通过"选择题"加强基本概念的掌握，通过"习题"注重综合能力的提高，用较少的篇幅将模拟电子技术和数字电子技术融为一体，易教、易学、易实践，有助于学生掌握电子技术基础。本教材参考学时为 64~80 学时。

本教材由西南交通大学王英老师执笔主编，曹保江、陈曾川任副主编，曾欣荣、喻劼、谢美俊、余嘉、李冀昆等参编。在教材编写过程中，参考了众多优秀教材，受益匪浅，另外，很多同行也给予了大量的支持，在此编者表示衷心的感谢。

由于编者水平有限，书中难免有疏漏和不妥之处，恳请广大读者批评指正。

编者　王英

2019 年 1 月

目　录

第一篇　模拟电子技术基础

第二篇　数字电子技术基础

第一篇　模拟电子技术基础

本篇主要介绍半导体的基本特性、载流子基本概念、PN结的单向导电性；二极管、稳压管、三极管、场效应管和集成运算放大器的特性曲线、工作状态及线性微变等效电路；讨论了基本放大电路的静态工作点和动态参数的分析计算；集成运算放大电路的线性电路（比例器、加法器、减法器、积分器、微分器、反相器和跟随器等）和非线性电路（零压比较器和任意电压比较器）；简单介绍了单向桥式整流稳压电路工作原理、反馈的基本概念和多级阻容耦合放大电路。

第 1 章　半导体及二极管应用

1.1　学习指导

本章节讨论了两个问题：一是模拟电子技术的理论基础知识；二是半导体二极管的伏安特性及应用电路。其中，掌握 PN 结的单向导电性是学习半导体器件的基础。

1.1.1　内容提要

（1）半导体材料的基本概念，N 型和 P 型半导体的载流子特性，PN 结的单向导电性。
（2）半导体二极管和稳压管的工作原理、伏安特性及基本应用。
（3）单相桥式整流滤波稳压电路的工作原理。

1.1.2　重点与难点

1. 重　点

（1）掌握 PN 结的单向导电性，即 PN 结加正向电压导通、加反向电压截止。
（2）掌握二极管的伏安特性及测量方法；掌握稳压管的稳压特性。
（3）掌握单相桥式整流滤波稳压电路的工作原理。

2. 难　点

PN 结的单向导电性的判断与理解；二极管和稳压管的伏安特性的应用。

1.2　半导体的基本知识

20 世纪 50 年代，电子管逐步被半导体器件取代，特别是 1948 年晶体管（transistor）的发明，对电子技术的发展起到了决定性的作用，而半导体器件的集成化电路的产生，又使电子技术进入一个崭新的时代。从小规模集成电路（SSI）到中规模（MSI）、大规模（LSI）、超大规模集成电路（VLSI），集成电路工艺水平日新月异，成就了现代电子科学技术的发展。

在自然界中，物质按导电能力的强弱可分为导体、绝缘体、半导体三大类。

导体：容易传导电流的材料，如金属。

绝缘体：几乎不传导电流的材料，如橡胶、陶瓷、石英、塑料等。

半导体：导电能力介于导体和绝缘体之间的材料。由于绝大多数半导体的原子排列呈晶体结构，所以由半导体材料构成的管件也称晶体管，最常用的半导体材料有锗（Ge）和硅（Si）。

半导体器件：用半导体材料制成的电子器件。

半导体的导电性能特点：

（1）具有光敏性和热敏性。

半导体受到光照或热辐射时，其电阻率会发生很大的变化，导电能力将有明显的改善，利用这一特性可制造光敏元件和热敏元件。

（2）具有掺杂特性。

在纯净的半导体中掺入微量的其他元素，半导体的导电性能将大大增强。

可见，半导体的导电性能极其不稳定，这也就导致由半导体材料制造出的电子器件具有很强的非线性特性。所以，在讨论二极管、稳压管、三极管、场效应管和集成运算放大器等半导体器件的伏安特性时，常用 u-i 坐标图进行分析讨论。

1.2.1 本征半导体

按照半导体理论，将不含杂质的半导体单晶体称为**本征半导体**。

本征半导体在绝对温度下，且无外界能源施加能量（如光照等）时，是不导电的。但在温度增加或接受光照时，一些共价键中的价电子由于获得一定的能量，挣脱原子核的束缚，成为自由电子，这种现象称为本征激发（也称热激发）。原子核因失去电子，在共价键中出现了一个空位，这个呈现出**正电性**的空位称为**空穴**。空穴的出现是半导体的一个重要特点。如图 1.1 所示。

本征半导体中的自由电子和空穴是成对出现的，称之为电子空穴对。如果在半导体两端加上直流电源 E，如图 1.2 所示，则自由电子将向电源正端定向运动形成电子电流。空穴虽不移动，但因为带正电，故能吸收相邻原子中的价电子来填补，这样共价键中受束缚的价电子在晶体内不断地递补空位而间接产生空穴的定向移动，从而形成空穴电流。电子移动时是负电荷的移动，空穴移动时是正电荷的移动，**电子和空穴都能运载电荷**，所以它们统称为**载流子**。

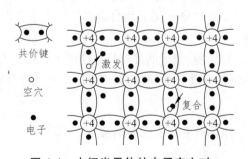

图 1.1　本征半导体的电子空穴对

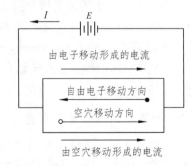

图 1.2　载流子在外电场作用下形成电流

双极型半导体器件：具有电子、空穴两种载流子参与导电的器件。如二极管、稳压管和三极管都可以统称为双极型半导体器件。

单极型半导体器件：只具有一种载流子（电子或空穴）参与导电的器件。如场效应管就称为单极型半导体器件。

1.2.2 杂质半导体

在本征半导体中掺进微量的其他元素（称为"杂质"）称为**杂质半导体**，即 N 型半导体、P 型半导体统称为杂质半导体，其结构和特性等如表 1.1 所示。

表 1.1　杂质半导体

项目	N 型半导体	P 型半导体
掺杂	五价元素（如：磷、砷）	三价元素（如：硼、铝）
结构示意图	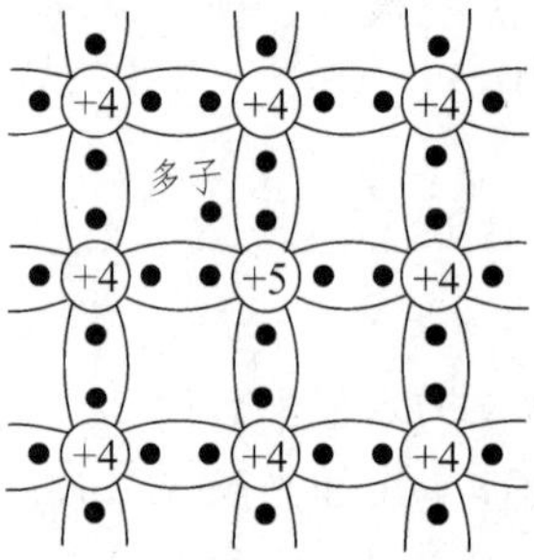	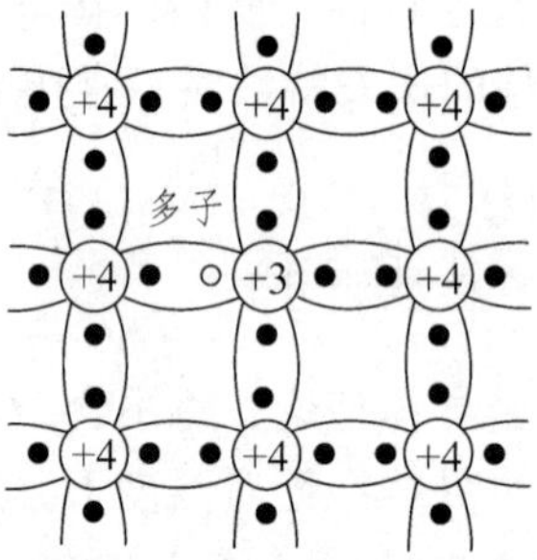
特点	多数载流子是电子，少数载流子是空穴	多数载流子是空穴，少数载流子是电子
示意图	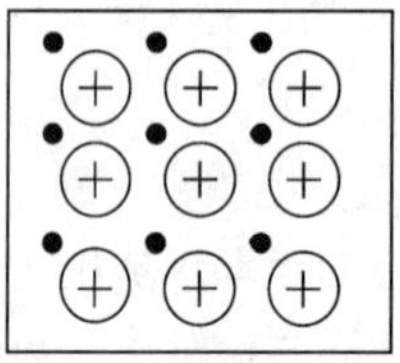	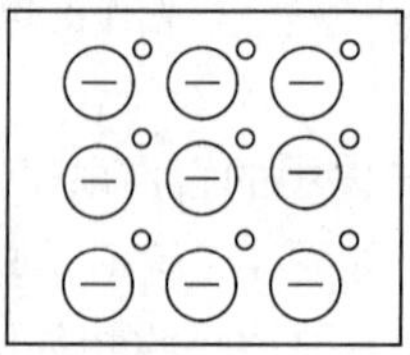

1）杂质半导体掺杂特性

在本征半导体中掺进**五价元素**（如磷、砷等），这些微量原子的外层有 5 个价电子，其中 4 个与本征半导体的外层电子组成共价键，多余的 1 个价电子则成为自由电子，由于自由电子为多数载流子，故称这类半导体为 **N 型半导体**。

在本征半导体中掺进**三价元素**（如硼、铝等），这些微量原子的外层有 3 个电子，在组成共价键的过程中多出 1 个空位（即空穴），由于空穴为多数载流子，故称这类半导体为 **P 型半导体**。

2）杂质半导体结构示意图

N 型半导体多余的 1 个价电子成为自由电子，即自由电子为多数载流子。

P 型半导体多出的一个空位成为空穴，即空穴为多数载流子。

3）杂质半导体特点

N 型半导体电子数目>>空穴数目，即电子为多数载流子，空穴为少数载流子。

P 型半导体空穴数目>>电子数目，即空穴为多数载流子，电子为少数载流子。

4）杂质半导体示意图

当五价杂质原子**失去**价电子时，成为**带正电**的杂质离子，用⊕表示 N 型半导体。

当三价杂质原子**获得**价电子时，成为**带负电**的杂质离子，用⊖表示 P 型半导体。

在杂质半导体中，多数载流子的数目与掺入杂质有关，掺入杂质越多，多数载流子的数目就越多；而少数载流子的数目则与温度有关，温度越高，少数载流子的数目就越多。应当注意，不论是哪一种掺杂半导体，虽然它们都有一种载流子占多数，但半导体中的正负电荷数是相等的，整个晶体仍然保持电中性。

1.2.3　PN 结的形成

PN 结是构成各种半导体器件的核心，许多半导体器件都是由不同数量的 PN 结构成的。所以，PN 结的理论是学习半导体器件的基础。

1. 载流子的运动

（1）扩散运动。

在电中性的半导体中，当同一种载流子出现浓度差别时，载流子将从浓度较高的区域向浓度较低的区域运动，这种由多数载流子形成的运动称为**扩散运动**。如图 1.3（a）所示。

（2）漂移运动。

在电场的作用下，少数载流子（即 N 型半导体中的空穴，P 型半导体中的自由电子）的定向运动，称为**漂移运动**。如图 1.3（c）所示。

2. PN 结的形成

在一块半导体晶体上，采取一定的掺杂工艺，使两边分别形成 P 型半导体和 N 型半导体，由于 N 型与 P 型半导体中浓度的不同，在交界处产生扩散运动。如图 1.3（a）所示。

扩散运动的结果：N 区侧因失去电子，留下带正电的杂质离子（用⊕表示）；P 区侧因失去空穴，留下带负电的杂质离子（用⊖表示），形成了一个很薄的**空间电荷区**，这个空间电荷区就称为**PN 结**。如图 1.3（b）所示。

在内电场的作用下，少子产生漂移运动，最后扩散运动与漂移运动达到相对的稳定，PN 结（即空间电荷区）处于动态平衡。如图 1.3（c）所示。

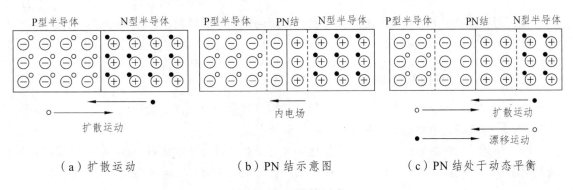

（a）扩散运动　　　　　　　（b）PN 结示意图　　　　　　　（c）PN 结处于动态平衡

图 1.3　PN 结的形成

PN 结的形成过程为：

多子浓度的差别→扩散运动→杂质离子形成空间电荷区→内电场 ⎨促使少子漂移 阻止多子扩散⎬ 达到动态平衡

　　PN 结是构成各种半导体器件的核心，不同的半导体器件的 PN 结的结构或数量有所不同。如半导体器件二极管、稳压管的结构中只有一个 PN 结，三极管的结构中有两个 PN 结。

1.2.4　PN 结的单向导电性

　　PN 结通常处于动态平衡状态，当外加一定的电压时，将会破坏这种动态平衡状态，即外加电压极性不同，PN 结呈现的导电性能也不同，其导电性能如表 1.2 所示。

表 1.2　PN 结的单向导电性

项目	PN 结外加正向偏置电压（简称：正偏）	PN 结外加反向偏置电压（简称：反偏）
电路图	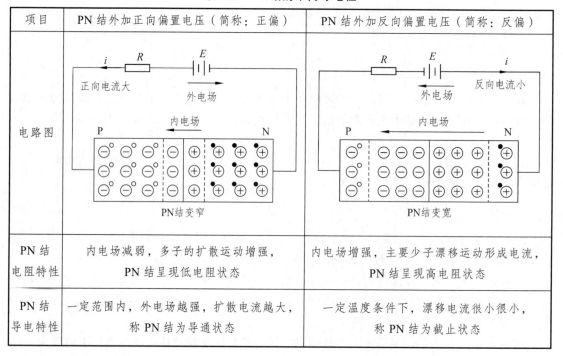 PN结变窄	PN结变宽
PN 结电阻特性	内电场减弱，多子的扩散运动增强，PN 结呈现低电阻状态	内电场增强，主要少子漂移运动形成电流，PN 结呈现高电阻状态
PN 结导电特性	一定范围内，外电场越强，扩散电流越大，称 PN 结为导通状态	一定温度条件下，漂移电流很小很小，称 PN 结为截止状态

1. PN 结外加正向偏置电压

　　在一定范围内，PN 结外加正向偏置越高，正向电流 i 则越大，这时 PN 结呈现低电阻状态，常称 PN 结处于**导通状态**。

2. PN 结外加反向偏置电压

　　PN 结外加反向偏置电压时，空间电荷区加宽，扩散运动几乎不能进行，反向电流很小，这时 PN 结呈现高电阻状态，常称 PN 结处于**截止状态**。

　　综上所述，PN 结加正偏时，呈现低电阻状态，PN 结为导通状态；PN 结加反偏时，呈现高电阻状态，PN 结为截止状态。这种导电特性称为 PN 结的**单向导电性**。

1.2.5 常见问题讨论

（1）双极型半导体器件与单极型半导体器件的参与导电的载流子没有区别。

解答：错。

双极型半导体器件参与导电的载流子为电子、空穴两种载流子。

单极型半导体器件参与导电的载流子为电子或空穴，即只有一种载流子参与导电。

（2）PN 结在什么条件下，显示其单向导电基本特性？

解答：在外加电压条件下。

PN 结的单向导电性只有在外加电压时才显示出来。

（3）在有外加电压时，PN 结呈现的电阻特性不变。

解答：错。

PN 结外加正向电压时，呈低电阻状态，即导通状态；外加反向电压时，呈高电阻状态，即截止状态。

1.3 半导体二极管及应用

1.3.1 基本概念

1. 基本结构

半导体二极管是由一个 PN 结加上相应的电极引线和管壳封装制成的。P 型半导体一端的电极为**阳极**（也称正极），N 型半导体一端的电极为**阴极**（又称负极）。如图 1.4（a）所示。

2. 图形符号

根据半导体二极管基本结构，在电子电路中用图 1.4（b）所示符号表示半导体二极管。

3. 伏安特性的测试

根据图 1.4（a）所示的二极管的基本结构和表 1.2 中的电路图可知，二极管是一个具有单向导电伏安特性的**双极型器件**；通过电路图 1.4（c）、（d）的实验测试，可得到如图 1.4（e）所示的伏安特性曲线，同时说明二极管是一个**非线性元件**。

1）正向特性测试

当二极管加正偏电压［如图 1.4（c）所示］时，调节电压源 E 值由 0 V 逐渐增加，同时用电压表和毫安表测量二极管上的正向电压和电流，得到二极管的正向伏安特性。

2）反向特性测试

当电压源反向连接［即如图 1.4（d）所示二极管加反偏电压］时，从 0 V 开始调节电压源 E 值，同时测量二极管的反向电压和电流，得到二极管的反向伏安特性。

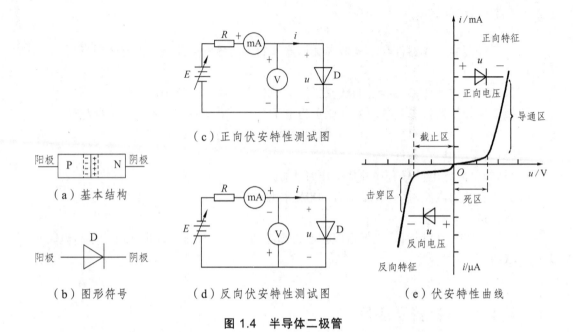

图 1.4　半导体二极管

4. 伏安特性曲线的分析

不同的半导体二极管的伏安特性是有差异的，由于基本结构中都仅存在一个 PN 结，则伏安特性曲线的基本形状是相似的，即都具有单向导电性，并且是双极型器件。

1）正向特性

图 1.4（e）中第一象限内的曲线称为**正向特性**。

（1）当二极管工作在"死区"状态下时，PN 结呈现高阻状态，正向电流几乎为零。通常，硅管的死区电压为 0.6 ～ 0.7 V，锗管的死区电压为 0.2 ～ 0.3 V。

（2）当正向电压 u 大于死区电压时，PN 结呈现低阻状态，正向电流增长很快。这时通常称二极管为**"正向导通"**状态。

2）反向特性

图 1.4（e）中第三象限内的曲线称为**反向特性**。

当外加反向电压不超过反向击穿电压时，PN 结呈现高阻状态，称二极管为**"反向截止"**状态。

当外加反向电压过高而超过反向击穿电压时，反向电流突然增大，称二极管反向击穿。击穿后的二极管失去了单向导电性能，即二极管损坏。

1.3.2　主要参数

二极管的特性可用两种方式来说明：一种是用伏安特性曲线；另一种是用一些数据，这些数据就称为二极管的参数。参数一般可从半导体器件手册中查到。主要参数有：

1. 最大整流电流 I_{OM}

最大整流电流是指二极管长期工作时，允许通过的最大正向平均电流。使用时应注意流过二极管的平均电流值不大于 I_{OM}，否则将会使二极管中 PN 结的结温超过允许值而损坏。

2. 最大反向工作电压 U_{DRM}

它是指二极管不被击穿所允许的最高反向电压。一般规定最高反向工作电压 U_{DRM} 为反向击穿电压的 1/2 ~ 2/3。

3. 最大反向电流 I_{RM}

在规定的环境温度下，二极管加上最大反向工作电压时的反向电流。反向电流越小，管子的单向导电性能越好。

半导体二极管还有一些其他参数，如正向压降、最高工作频率等。

1.3.3　二极管基本模型及电路分析

1. 二极管正向特性模型

在分析二极管的应用电路时，可以根据不同的场合和使用条件，选择不同的模型来等效代替。本教材主要介绍理想模型和恒压降模型两种。如图 1.5 所示。

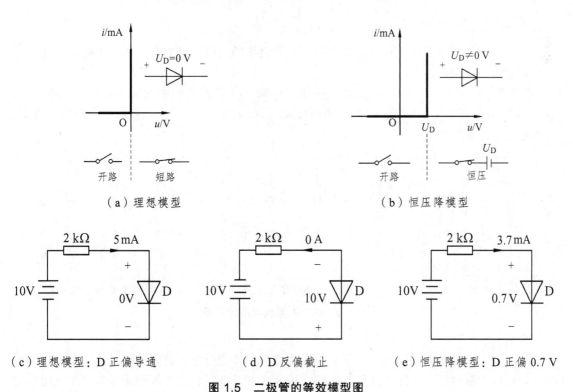

（a）理想模型　　　　　　　　　　（b）恒压降模型

（c）理想模型：D 正偏导通　　（d）D 反偏截止　　（e）恒压降模型：D 正偏 0.7 V

图 1.5　二极管的等效模型图

1）理想模型

二极管理想模型的伏安特性如图 1.5（a）所示，即二极管 D 相当于一个理想开关，正向导通，反向截止。

（1）二极管等效为"短路"。

当二极管外加正向电压大于零伏时，忽略二极管的正向压降，称二极管为"正向导通"状态。此时，二极管等效为"短路"，二极管两端的电压为 0 V，如图 1.5（c）所示。

（2）二极管截止。

当二极管外加反向电压时，称二极管为"反向截止"状态。此时，二极管等效为"开路"，流过二极管的电流为 0 V，如图 1.5（d）所示。

此模型主要用于低频大信号电路之中，例如整流电路。

2）恒压降模型

二极管恒压降模型的伏安特性如图 1.5（b）所示。

（1）二极管等效为"恒压源"。

当二极管 D 外加正向电压 $u \geqslant$ 死区电压 U_D 时，忽略正向动态电阻，二极管 D 等效为"恒压源 U_D"，如图 1.5（e）所示。

（2）二极管截止。

当 $u < U_D$ 时，二极管 D 为"反向截止"状态，二极管 D 等效为"开路"，通过二极管的电流为 0 V，如图 1.5（d）所示。

此模型主要用于低频小信号电路。

2. 二极管电路分析

正确判断出二极管的工作状态是分析二极管电路的关键，即判断二极管电路的工作状态是导通状态，还是截止状态。

【例 1.1】　在图 1.6（a）所示的电路中，已知二极管正向偏置电压为 0.7 V，电压源为 $U_{S1} = 5$ V，$U_{S2} = 10$ V，电阻 $R_1 = R_2 - 10$ kΩ，$R_3 = R_4 - 5$ kΩ，试判断二极管是导通还是截止，并求流过二极管的电流。

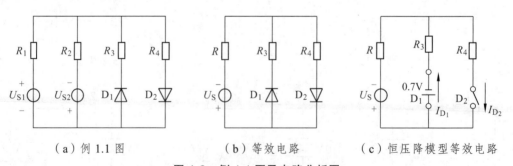

（a）例 1.1 图　　　　（b）等效电路　　　　（c）恒压降模型等效电路

图 1.6　例 1.1 图及电路分析图

分析：

（1）因二极管是非线性元件，所以不能用叠加定理进行分析计算。但是，两个电压源模型（即电阻串联电压源支路）是线性电路，可以用戴维南定理或电源模型等效变换法化简电路，如图 1.6（b）所示。

（2）根据二极管正向偏置电压为 0.7 V，用恒压降模型等效替代二极管，如图 1.6（c）所示。

解 由戴维南定理计算图（a）得图（b），其参数为

$$R = R_1 // R_2 = \frac{10}{2} = 5 \,(\text{k}\Omega)$$

$$U_S = \left(\frac{U_{S2}}{R_2} - \frac{U_{S1}}{R_1} \right) R = \left(\frac{10}{10 \times 10^3} - \frac{5}{10 \times 10^3} \right) \times 5 \times 10^3 = 2.5 \,(\text{V})$$

在图（b）中的电压源 U_S 作用下，二极管 D_1 承受的是正向电压，即 D_1 导通；D_2 承受是反向电压，即 D_2 截止。其等效电路如图（c）所示，则流过二极管的电流分别为

$$I_{D2} = 0 \,\text{A}$$

$$I_{D1} = \frac{U_S - 0.7}{R + R_3} = \frac{2.5 - 0.7}{(5 + 5) \times 10^3} = 0.18 \,(\text{mA})$$

结论：二极管是非线性元件，不能用叠加定理分析二极管电路；当已知二极管正向偏置电压不为零时，可用恒压降模型等效替代二极管。

【例 1.2】 图 1.7（a）电路中，已知二极管为理想元件，试判断二极管的工作状态，并求电压 U_{AO}。

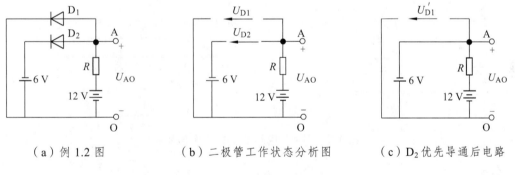

（a）例 1.2 图 （b）二极管工作状态分析图 （c）D_2 优先导通后电路

图 1.7 例 1.2 图及分析判断图

分析：

（1）由二极管的伏安特性可知：二极管由截止状态过渡到导通状态时，要通过一个"死区"，所以，当若干个二极管同时处于正向偏置电压时，正向偏置电压较大的二极管通过"死区"的时间较短而优先导通（用"短路"等效替代）；其他的二极管是否导通，须在优先导通二极管的条件下继续再做判断，依此类推。

（2）二极管正向偏置电压计算方法：将二极管从电路图中移去形成开路，并根据各个二极管在电路中的连接方式，分别设正向偏置电压为开路电压，最高的开路电压判断为优先导通的二极管。

解 设二极管正向偏置电压 U_{D1}、U_{D2} 如图（b）所示，得

$$U_{D1} = 12\text{ V}$$
$$U_{D2} = 18\text{ V}$$

因为 $U_{D1} < U_{D2}$，所以 D_2 管优先导通。由图（c）解得

$$U'_{D1} = -6\text{ V}$$

则 D_1 管截止，电压 U_{AO} 为

$$U_{AO} = -6\text{ V}$$

结论： 二极管在"截止"与"导通"之间相互转换时，要经过一个"死区"。因此，在几个二极管同时处于正向偏置电压时，正向偏置电压较大的二极管会优先导通。因优先导通的二极管等效为短路，导致电路电量发生变化，致使还没导通的二极管端电压有可能发生电压极性的变化。

【例 1.3】 已知如图 1.8（a）所示电路中的二极管为理想元件，输入信号电压 $u_i = 10\sin\omega t$ V，电源电压 $E = 5$ V，试判断二极管的工作状态，并画出输出电压 u_o 的波形图。

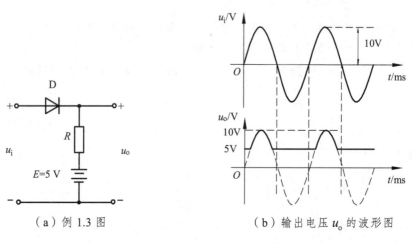

（a）例 1.3 图 　　　　　　（b）输出电压 u_o 的波形图

图 1.8 例 1.3 电路及分析计算波形图

分析：

（1）分析二极管工作状态时，首先应关注二极管是理想模型还是恒压降模型元件，本题已知二极管是理想模型，即二极管加正偏电压工作状态为导通，反偏电压工作状态为截止。

（2）u_o 的波形图是建立在正确判断出二极管工作状态的基础上，通过分析电路画出。

解 （1）二极管的工作状态。

当 $u_i > 5$ V 时，二极管 D 工作状态为导通，其输出电压 $u_o \approx u_i$。

当 $u_i \leqslant 5$ V 时，二极管 D 工作状态为截止，其输出电压 $u_o = 5$ V。

（2）画输出电压 u_o 的波形。

$u_i > 5$ V 时，$u_o \approx u_i$；$u_i \leqslant 5$ V 时，$u_o = 5$ V，解得输出电压 u_o 的波形如图 1.8（b）所示。

结论： 图 1.8（a）常称为整形器。利用整形器可以在输出端得到预期的波形图。

【例 1.4】 在如图 1.9（a）所示电路中，设二极管为理想元件，电压源 $E_1 = 3$ V，$E_2 = 6$ V，输入电压 $u_i = 12\sin\omega t$ V，试画出输出电压 u_o 的波形图。

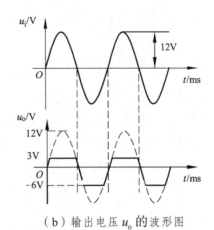

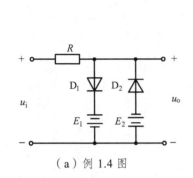

（a）例 1.4 图　　　　　　（b）输出电压 u_o 的波形图

图 1.9　例 1.4 图

分析： 因 D_1 串联 E_1 支路与 D_2 串联 E_2 支路为并联连接，所以，可先分别分析二极管导通时电压 u_i 的范围，如 $u_i > +3$ V 时，D_1 为导通状态，$u_i < -6$ V 时，D_2 为导通状态；再根据导通状态电压 u_i，得出 D_1、D_2 同时截止状态时电压 u_i 的范围，如 -6 V $\leqslant u_i \leqslant +3$ V。

解　当 $u_i > +3$ V 时，D_1 导通、D_2 截止，输出电压 $u_o = +3$ V；

当 $u_i < -6$ V 时，D_1 截止、D_2 导通，输出电压 $u_o = -6$ V；

当 -6 V $\leqslant u_i \leqslant +3$ V 时，D_1、D_2 同时截止，输出电压 $u_o \approx u_i$。

画出输出电压 u_o 的波形如图 1.9（b）所示。

结论： 图 1.9（a）所示电路对输入电压 u_i 正负半周的幅值进行了限制，即限制输出信号电压的范围，这种具有保护功能的电路称为限幅器。

【**例 1.5**】　在如图 1.10 所示电路中，已知电压源 $U_{CC} = 12$ V，电阻 $R = 3.9$ kΩ，二极管的正向压降忽略不计，试求下列几种情况下输出端 Y 的电位 U_Y 及各元件中通过的电流。

（1）电位 $U_A = U_B = U_C = 0$ V。

（2）电位 $U_A = 0$ V，$U_B = U_C = 3$ V。

（3）电位 $U_A = U_B = U_C = 3$ V。

分析：

（1）"电位" 指的是相对参考点（在电子电路中，一般，"参考点" 可不在电路图中画出）的电压。电路中 U_{CC}、U_Y、U_A、U_B、U_C 都表示的是电位变量。

（2）计算各元件中通过的电流的关键是正确判断二极管的工作状态，即正偏电压较高的二极管优先导通（已知二极管的正向压降为 0 V），反偏截止。

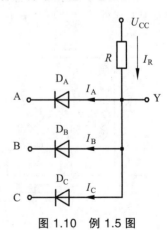

图 1.10　例 1.5 图

解

（1）电位 $U_A = U_B = U_C = 0$ V。

二极管 D_A、D_B、D_C 均正偏导通。即

$$U_Y = U_A = 0 \text{ V}$$

$$I_\mathrm{R} = \frac{U_\mathrm{CC} - U_\mathrm{Y}}{R} = \frac{12\,\mathrm{V}}{3.9\,\mathrm{k\Omega}} \approx 3\,\mathrm{(mA)}$$

$$I_\mathrm{A} = I_\mathrm{B} = I_\mathrm{C} = \frac{I_R}{3} \approx 1\,\mathrm{mA}$$

（2）电位 $U_\mathrm{A} = 0\,\mathrm{V}$，$U_\mathrm{B} = U_\mathrm{C} = 3\,\mathrm{V}$。

因 $U_\mathrm{A} = 0\mathrm{V}$，二极管 D_A 优先导通，D_B、D_C 均截止。即

$$U_\mathrm{Y} = U_\mathrm{A} = 0\,\mathrm{V}$$

$$I_\mathrm{R} = I_\mathrm{A} = \frac{U_\mathrm{CC} - U_\mathrm{Y}}{R} = \frac{12\,\mathrm{V}}{3.9\,\mathrm{k\Omega}} \approx 3\,\mathrm{(mA)}$$

$$I_\mathrm{B} = I_\mathrm{C} = 0\,\mathrm{A}$$

（3）电位 $U_\mathrm{A} = U_\mathrm{B} = U_\mathrm{C} = 3\,\mathrm{V}$。

因 $U_\mathrm{A} = U_\mathrm{B} = U_\mathrm{C} = 3\,\mathrm{V}$，二极管 D_A、D_B、D_C 均导通。即

$$U_\mathrm{Y} = U_\mathrm{A} = 3\,\mathrm{V}$$

$$I_\mathrm{R} = \frac{U_\mathrm{CC} - U_\mathrm{Y}}{R} = \frac{12\,\mathrm{V} - 3\,\mathrm{V}}{3.9\,\mathrm{k\Omega}} \approx 2.3\,\mathrm{(mA)}$$

$$I_\mathrm{A} = I_\mathrm{B} = I_\mathrm{C} = \frac{I_R}{3} \approx 0.77\,\mathrm{mA}$$

结论：在图 1.10 所示电路的输入电位 U_A、U_B、U_C 中，只要有零电位输入，输出端 Y 的电位 U_Y 就为零；只有当输入电位 $U_\mathrm{A} = U_\mathrm{B} = U_\mathrm{C} = 3\,\mathrm{V}$ 时，才有输出端 Y 的电位 $U_\mathrm{Y} = 3\,\mathrm{V}$。在数字逻辑电路称为与逻辑。

3. 单相桥式整流电路分析

【**例 1.6**】 单相桥式整流电路如图 1.11 所示。其输入电压 u_i 为正弦交流电压，二极管均为理想元件，试分析整流电路的波形图。

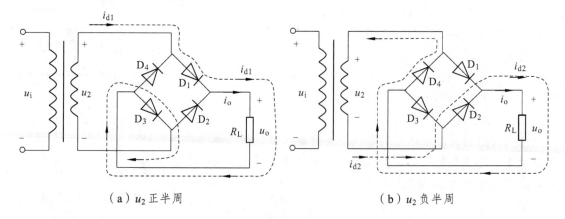

（a）u_2 正半周 （b）u_2 负半周

图 1.11 例 1.6 题电路的电压 u_o、电流 i_o 分析图

分析：因输入电压 u_2 为正弦交流电压，故将电压分为正半周和负半周来分别讨论 4 个二极管的工作状态，即导通还是截止，从而分析出整流电路的波形如图 1.12 所示。

解（1）电压 u_2 为正半周时。

因为 $u_2 > 0$，所以二极管 D_1、D_3 正偏导通，D_2、D_4 反偏截止。其电流 i_{d1} 的通路如图 1.11（a）所示。负载电阻 R_L 上得到一个正半波电压 u_o、电流 i_o。

（2）电压 u_2 为负半周时。

因为 $u_2 < 0$，所以二极管 D_2、D_4 正偏导通，D_1、D_3 反偏截止。其电流 i_{d2} 的通路如图 1.11（b）所示。负载 R_L 上得到另一个正半波电压 u_o、电流 i_o。

解得整流电路波形图如图 1.12 所示。

结论：充分利用二极管的单向导电性，巧妙地用二极管构成桥式电路，从而实现将正弦交流电整流变换为脉动电流。

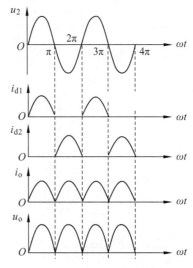

图 1.12　单相桥式整流电路波形图

1.3.4　常见问题讨论

（1）二极管为理想模型工作状态时，导通电压为零。

解答：错。

二极管为理想模型时，其正向偏置导通电压大于零，即忽略了二极管正向电压。

（2）二极管为恒压降模型工作状态时，导通电压为零。

解答：错。

二极管为恒压降模型时，只有当二极管两端的正向偏置电压大于等于死区电压时，才处于导通状态。

（3）二极管相当一个"理想开关"的含义是什么？

解答：当二极管外加正向电压大于零时，二极管等效为"短路"（即开关闭合）；当二极管外加反向电压或零电压时，二极管等效为"开路"（即开关打开）。

1.4　稳压二极管

稳压二极管又称为齐纳二极管，是一种按特殊工艺制造出来的面结合型硅二极管，其外形与普通二极管一样。由于它在电路中与适当阻值的电阻配合，能起到稳定电压的作用，所以称之为**稳压管**。如图 1.13（a）所示为稳压管的图形符号。

1.4.1　伏安特性

稳压管的伏安特性与普通二极管类似，只是稳压管的反向特性比较陡。如图 1.13（b）所示，其中，U_Z 称为**击穿电压**（又称**稳定电压**），I_Z 称为**稳定电流**。

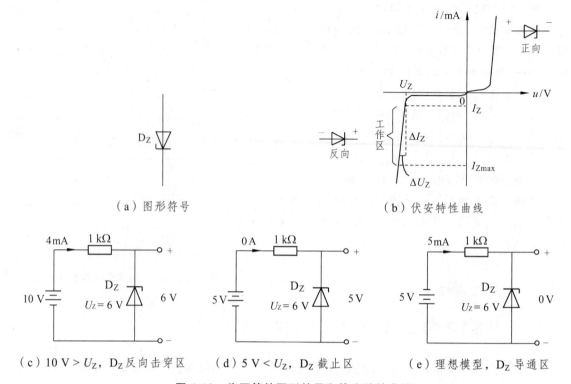

（a）图形符号　　　　　　　　　　　　（b）伏安特性曲线

（c）10 V > U_Z，D_Z 反向击穿区　　（d）5 V < U_Z，D_Z 截止区　　（e）理想模型，D_Z 导通区

图 1.13　稳压管的图形符号和伏安特性曲线

稳压管工作在反向击穿区。从图 1.13（b）所示反向特性曲线可以看出：

（1）截止区。

当反向电压小于其击穿电压 U_Z 时，反向电流很小（理想状态下视为 0 A），稳压管工作在截止区，如图 1.13（d）所示。

（2）反向击穿区。

当反向电压增高到击穿电压 U_Z 时，反向电流急剧增大，稳压管工作在反向击穿状态下。此时电流虽然在很大的范围内变化，但稳压管两端的电压变化 ΔU_Z 很小（理想状态下 $\Delta U_Z \approx 0$ V），如图 1.13（c）所示。利用这一特性，稳压管在电路中能起稳压作用。

注意：稳压二极管在稳压电路中，其最小反向工作电流不得小于 I_{Zmin}（最小电流）；最大反向工作电流不得大于 I_{Zmax}（最大电流）。即 $I_{Zmin} < i_Z < I_{Zmax}$。

稳压管与一般二极管不一样，它的反向击穿是可逆的。当去掉反向电压后，稳压管又恢复正常。但是，如果反向电流超过允许范围 I_{Zmax}，稳压管将会发生热击穿而损坏。

（3）正向导通区。

当稳压管外加正向电压时，如用理想模型分析，则稳压管正偏电压为 0 V，如图 1.13（e）所示。

1.4.2　主要参数

1. 稳定电压 U_Z

稳定电压 U_Z 是指稳压管在正常工作下管子两端的电压。对于同一型号的管子会有不同的稳定电压值，分散性比较大，通常对同一型号的管子给出一定的稳定电压范围。例如：2CW13 的 $U_Z = 5 \sim 6.5$ V。

2. 稳定电流 I_Z

稳定电流 I_Z 是指为了使稳压管具有较好的稳压特性所需流过管子的最小反向电流值。但在设计选用时常按工作电流的变化范围来考虑。

3. 最大稳定电流 I_{Zmax}

最大稳定电流 I_{Zmax} 是指稳压管工作时允许通过的最大反向电流。

4. 电压温度系数 α_u

电压温度系数是说明稳压管的稳压值受温度变化影响的系数，通常环境温度每变化 1 ℃ 所引起的稳压值相对变化量来表示，即

$$\alpha_u = \frac{\dfrac{\Delta U_Z}{U_Z}}{\Delta T} \quad (\%/℃)$$

式中，ΔT 是温度变化量；ΔU_Z 是稳压值由于温度而引起的变化量。

　　一般来说，稳压值低于 4 V 的稳压管，其电压温度系数是负的；高于 6 V 的稳压管，其电压温度系数是正的；而在 4 ~ 6 V 之间的稳压管，其电压温度系数有可能为正，也有可能为负；6 V 左右的管子，其稳压值受温度的影响就比较小，因此，选用稳压值 6 V 左右的稳压管，可得到较好的温度稳定性。

1.4.3　稳压管电路分析

　　【例 1.7】　在如图 1.14 所示电路中，设硅稳压管 D_{Z1} 和 D_{Z2} 的稳定电压为 $U_{Z1} = 6$ V，$U_{Z2} = 9$ V，稳压管的正向压降为 0.7 V。试求各电路的输出电压 U_o。

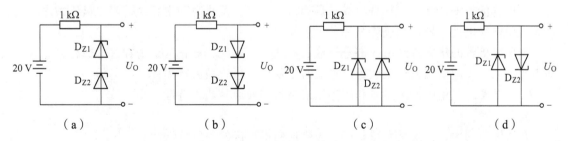

图 1.14　例 1.7 图

分析：

　　（1）图（a）电路中，D_{Z1}、D_{Z2} 均反偏，并且稳定电压 $U_{Z1} + U_{Z2} = 15$ V < 20 V，即 D_{Z1}、D_{Z2} 均工作在反向击穿区。

　　（2）图（b）电路中，D_{Z1}、D_{Z2} 均正偏，即 D_{Z1}、D_{Z2} 均工作在导通状态。

（3）图（c）电路中，D_{Z1}、D_{Z2} 均反偏，但两个稳压管 D_{Z1}、D_{Z2} 并联，所以，击穿电压低的 D_{Z1} 先击穿，使并联稳压管端电压 $U_O = U_{Z1} = 6\,V$，而 $U_{Z2} > 6\,V$，所以 D_{Z2} 不会被击穿，D_{Z2} 截止。

（4）图（d）电路中，D_{Z1} 反偏，D_{Z2} 正偏；因 D_{Z2} 导通，与其并联的 D_{Z1} 反偏电压为 $0.7\,V$，即 D_{Z1} 反偏电压小于稳定电压 $U_{Z1}=6\,V$，D_{Z1} 截止。

解

图（a）中 D_{Z1}、D_{Z2} 工作在反向击穿区，即

$$U_o = U_{Z1} + U_{Z2} = 6 + 9 = 15\,(V)$$

图（b）中 D_{Z1}、D_{Z2} 导通，即

$$U_o = U_{Z1} + U_{Z2} = 0.7 + 0.7 = 1.4\,(V)$$

图（c）中 D_{Z1} 工作在反向击穿区，D_{Z2} 截止，即

$$U_o = U_{Z1} = 6\,V$$

图（d）中 D_{Z2} 导通，D_{Z1} 截止，即

$$U_o = 0.7\,V$$

结论：当稳压管外加电压为反偏时，如果反偏电压向大于稳定电压 U_Z，则稳压管工作在反向击穿区；否则工作在截止区。

1.4.4　常见问题讨论

（1）当稳压管外加电压为反偏时，稳压管工作状态为反向击穿状态，即稳压状态。

解答：错。

在一定条件下，稳压管外加反偏电压时的工作状态有两种，即反向击穿状态和截止状态。

（2）稳压管与二极管的伏安特性没有区别。

解答：错。

二极管的伏安特性由 4 部分组成：导通区、死区、截止区和击穿区。当二极管被击穿后将失去单向导电性，导致二极管损坏。

稳压二极管的伏安特性由 5 部分组成：导通区、死区、截止区、击穿区（或称稳压区）和击穿。当其反向电流大于最大稳定电流时，稳压二极管被击穿损坏。

（3）在实际应用中，主要是利用稳压二极管的导通与截止特性。

解答：错。

在实际应用中，主要是利用稳压二极管反向击穿区的稳压特性。

1.5　单相桥式整流滤波稳压电路

电子电气设备通常需要直流电源供电，例如：在城市轨道供电系统中，牵引变电所将交

流电压转换为直流电压, 再通过直流牵引网为城市轨道列车提供电能。直流电源的种类有很多, 一般的直流电源的组成主要有 4 个模块: 整流变压器、整流电路、滤波电路和稳压电路。其框图如图 1.15 所示。其中:

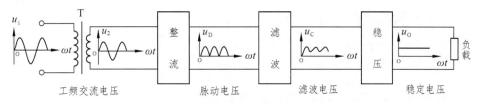

图 1.15　直流稳压电源的原理方框图

整流变压器 T: 将电网交流电压 u_i 变成合适的整流电压 u_2 (如图 1.15 所示的工频交流电压)。

整流电路: 利用二极管的单相导电性, 将交流电压变换成脉动电压 u_D。

滤波电路: 将脉动电压中的交流成分滤掉, 使输出电压为较平滑的直流电压 u_C (如图 1.15 所示的滤波电压)。

稳压电路: 减小较平滑的直流电压波动, 并自动调整稳定输出的直流电压 u_O (如图 1.15 所示的稳定电压)。

本节主要讨论最基本、最简单的直流稳压电源的工作原理 (称为**定性分析**) 及电压、电流的**平均值或最大值、有效值的计算** (称为**定量分析**)。

1.5.1　单相桥式整流电路定量分析

如图 1.16 所示电路**定性分**析的波形如图 1.12 所示, 而**定量分**析主要关注单相桥式整流电路电压、电流的**平均值**。

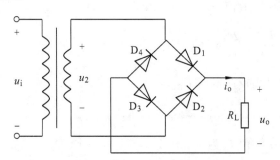

图 1.16　单相桥式整流电路

设整流变压器二次侧电压 $u_2 = \sqrt{2}U_2 \sin \omega t$, 则负载电压 u_o、负载电流 i_o、二极管中电流 i_D 等电量在一个周期内的平均值如下

平均负载电压 U_o 为

$$U_o = 1/\pi \int_0^\pi \sqrt{2}U_2 \sin \omega t d(\omega t) = 2\sqrt{2}U_2 / \pi \approx 0.9U_2$$

平均负载电流 I_o 为

$$I_o = \frac{U_o}{R_L} = 0.9\frac{U_2}{R_L}$$

每个二极管中流过的平均电流 I_D 为

$$I_D = \frac{I_o}{2} = 0.45\frac{U_2}{R_L}$$

每个二极管所承受的最高反向电压 U_{DRM} 为

$$U_{DRM} = \sqrt{2}U_2$$

变压器二次侧绕组的电流的有效值 I_2 为

$$I_2 = \frac{U_2}{R_L} = \frac{I_o}{0.9} = 1.11I_O$$

【例 1.8】 有一额定电压为 24 V，阻值为 50 Ω 的直流负载 R_L，采用单相桥式整流电路（如图 1.16 所示）供电，交流电源电压 u_i 为 220 V。试选择整流二极管的型号。

　　分析：在选择整流二极管的型号时，有两个参数必须明确，即每个二极管所承受的最高反向电压 U_{DRM} 和流过每个二极管的电流 I_D 平均值。

　　解

　　因为

$$I_o = \frac{U_o}{R_L} = 0.9\frac{U_2}{R_L}$$

所以，变压器二次侧电压有效值 U_2 为

$$U_2 = \frac{U_O}{0.9} = \frac{24}{0.9} = 26.6\ (V)$$

则每个二极管所承受的最高反向电压 U_{DRM} 为

$$U_{DRM} = \sqrt{2}U_2 = \sqrt{2} \times 26.6 = 37.6\ (V)$$

流过每个二极管的电流平均值 I_D 为

$$I_D = \frac{I_O}{2} = \frac{U_O}{2R_L} = \frac{24}{2 \times 50} = 0.24\ (A)$$

　　可以选用型号为 2CP33 A 的二极管。2CP33 A 的技术参数为：最大整流电流为 0.5 A，最高反向工作电压为 50 V。

　　结论：在选择二极管的型号时，实际选择的管子技术参数要大于定性分析计算的参数值。一般常用整流电路的相关参数计算及选择如表 1.3 所示。

表 1.3　常用整流电路技术参数及选择

名称	电路	负载平均电压	每个管子承受的最大反向电压	选择管子的参数		选择变压器的参数	
				每个管子的平均电流	每个管子承受的最大反向电压	变压器副绕组相电压有效值	变压器副绕组相电流有效值
单相半波	D i_o ...u_1 u_2 R_L u_o	$U_o=0.45U_2$	$U_{DRM}=1.41U_2$	I_o	$3.14U_o$	$2.22U_o+U_D$	$1.57I_o$
单相全波	D_1 i_o ...u_2 u_2 R_L u_o u_1 D_2	$U_o=0.9U_2$	$U_{DRM}=2.82U_2$	$0.5I_o$	$3.14U_o$	$1.11U_o+U_D$	$0.79I_o$
单相桥式	i_o ...u_1 u_2 R_L u_o	$U_o=0.9U_2$	$U_{DRM}=1.41U_2$	$0.5I_o$	$1.57U_o$	$1.11U_o+2U_D$	$1.11I_o$

注：（1）U_D 为正向二极管压降，可取 0.7 V，ZP 型取 1 V。

（2）表内公式供已知负载端直流电压、电流的条件下，选择整流管和变压器用。

1.5.2　单相桥式电容滤波电路

滤波电路的作用是滤去整流输出中的脉动电压（又称纹波电压），一般由电抗（电容 C、电感 L）元件组成。即利用电抗元件的储能功能，当电源电压升高时，电抗元件将能量储存起来，而当电源电压降低时，又将能量释放出来，从而使输出电压比较平滑，实现"滤波"。

常用的滤波电路有：电容滤波电路、电感电容滤波电路和π型滤波电路，如图 1.17 所示。下面重点介绍电容滤波电路，电路如图 1.18（a）所示。

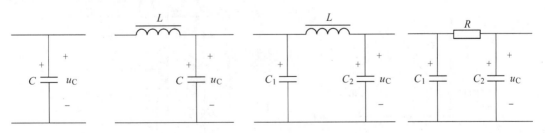

（a）电容滤波电路　　（b）电感电容滤波电路　　　　　　（c）π型 LC、RC 滤波电路

图 1.17　滤波电路图

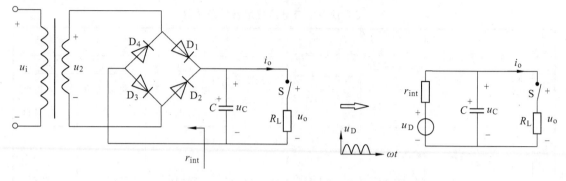

（a）单相桥式整流电容滤波电路　　　　　（b）图（a）的滤波等效电路

图 1.18　单相桥式整流电容滤波电路

1. 单相桥式电容滤波电路工作原理

单相桥式电容滤波电路如图 1.18（a）所示，并用电阻 r_{int}（当二极管导通时，r_{int} 很小；当二极管截止时，r_{int} 很大，可视为开路）串联电压源 u_D 等效替代其单相桥式整流电路模块，得到如图 1.18（b）所示的滤波等效电路。

1）$R_L = \infty$

开关 S 断开，设电容 C 的初始电压为零，电路接入交流电 u_i 后，电容 C 充电，由图 1.18（b）可得其电路的充电时间常数为

$$\tau_C = r_{int}C$$

式中，电阻 r_{int} 为单相桥式整流电路的等效电阻（如图 1.18（a）所示）。因为电容 C 充电时二极管导通，其导通阻值很小，即电阻 r_{int} 很小，致使时间常数 τ_C 很小，所以电容 C 充电时间很短，很快就充电到交流电压 u_2 的最大值 $\sqrt{2}U_2$（即等效电压源 u_D 的最大值）。

当电容 C 端电压 u_C 充电为 $\sqrt{2}U_2$ 时，二极管截止阻值很大，并且 $R_L = \infty$，所以电阻 r_{int} 很大，这时认为无电容 C 放电回路。

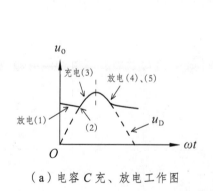

（a）电容 C 充、放电工作图　　　　　（b）单相桥式整流滤波电路波形图

图 1.19　单相桥式整流滤波电路波形分析图

2）$R_L \neq \infty$

电容 C 的充、放电工作过程如图 1.19（a）所示。

（1）电容 C 放电。

开关 S 闭合。设电容 C 初始电压为 $\sqrt{2}U_2$，脉动电压 u_D 从 0 开始上升，当 $u_D < u_C$ 时，4 个二极管均受反向电压的作用而截止，电容器 C 经负载电阻 R_L 放电，其放电的时间常数为

$$\tau_d = R_L C$$

（2）充、放电的转换。

因 $R_L \gg r_{int}$，故 $\tau_d \gg \tau_C$，放电速度很慢，并且电容电压 u_C 是按指数规律 $e^{\frac{t}{\tau_d}}$ 缓慢下降。与此同时，脉动电压 u_D 按正弦（正半周波形）规律上升，当 $u_D = u_C$ 时，电容 C 停止放电，随着电压 u_D 继续上升，电容 C 由放电转变为充电状态。

（3）$u_D > u_C$ 时，电容 C 充电。

电压 u_D 继续上升，使 $u_D > u_C$，二极管加正偏电压导通，电容 C 开始充电。因充电时间常数 $\tau_C = r_{int}C$ 很小，u_C 基本随着脉动电压 u_D 变化。当电压 u_C 充电为 $\sqrt{2}U_2$ 时，电容 C 将转为放电状态。

（4）u_D 由 $\sqrt{2}U_2$ 开始减小，电容 C 放电。

电压 u_D 从最大值 $\sqrt{2}U_2$ 开始按由慢到快的变化规律减小，而电压 u_C 则是按由快到慢的规律放电减小，此时，u_C 与 u_D 的变化基本相同。

（5）$u_D < u_C$ 时，电容 C 继续缓慢放电。

当脉动电压 u_D 减小的速度越来越快时，电容电压 u_C 减小的速度则越来越慢；当 $u_D < u_C$，二极管截止，电容 C 继续缓慢放电，周而复始，形成如图 1.19（b）所示的单相桥式整流滤波电路波形图。

2. 单相桥式整流滤波电路定量分析

（1）输出的电压脉动减小，输出电压平均值 U_o 提高，其值为

$$U_o = （1.1 \sim 1.2）U_2$$

（2）输出电压的脉动程度与电容器的放电时间常数 $R_L C$ 有关。$R_L C$ 越大，输出电压 U_o 的脉动就越小，电压 U_o 的平均值越高。为了使输出电压的脉动程度小些，一般要求

$$R_L C \geq (3-5)\frac{T}{2}$$

式中，T 是交流电源电压 u_2 的周期。

3. 注　意

（1）二极管的导通时间缩短，导通角小于 180°；滤波电容 C 开始充电时，流过二极管的电流幅值增加而形成较大的冲击电流。为了避免瞬间充电电流过大而烧坏管子，滤波电容不能无限制加大。

（2）由于在一周期内电容 C 的充电电荷等于放电电荷，即通过电容 C 的电流平均值为零，

在二极管导通期间其电流平均值近似等于负载电流的平均值，如图 1.19（b）所示。为了使二极管不因冲击电流而损坏，在选用二极管时，一般取额定正向平均电流为实际流进的平均电流的 2 倍左右。

（3）输出的直流、电压平均值受负载的影响较大。此电路带载能力较差，通常用于输出电压较高、负载电流变化较小的场合。

【例 1.9】 设计单相桥式整流电容滤波电路，电路如图 1.18（a）所示。交流电源频率 $f = 50\,\text{Hz}$，负载电阻 $R_L = 120\,\Omega$，要求输出直流电压 $U_o = 30\,\text{V}$，试选择整流元件及滤波电容。

分析： 进行整流二极管的选择时主要计算二极管的平均电流和承受的最高反向工作电压；对于滤波电容 C 则主要计算其电容值大小和耐压值。

解（1）选择整流二极管。

流过二极管的平均电流

$$I_D = \frac{1}{2}I_o = \frac{1}{2}\frac{U_o}{R_L} = \frac{1}{2} \times \frac{30}{120} = 125 \times 10^{-3}\,(\text{A}) = 125\,(\text{mA})$$

由 $U_o = 1.2U_2$，得到交流电压有效值

$$U_2 = \frac{U_o}{1.2} = \frac{30}{1.2} = 25\,(\text{V})$$

二极管承受的最高反向工作电压

$$U_{DRM} = \sqrt{2}U_2 = \sqrt{2} \times 25 = 35\,(\text{V})$$

可以选用 4 个型号为 2CZ11 A（$I_{RM} = 1\,000\,\text{mA}$，$U_{RM} = 100\,\text{V}$）的整流二极管。

（2）选择滤波电容 C。

取　　　　　　$$R_L C = 5 \times \frac{T}{2}$$

而　　　　　　$$T = \frac{1}{f} = \frac{1}{50} = 0.02\,(\text{s})$$

所以

$$C = \frac{1}{R_L} \times 5 \times \frac{T}{2} = \frac{1}{120} \times 5 \times \frac{0.02}{2} = 417 \times 10^{-6}\,(\text{F}) = 417\,(\mu\text{F})$$

可以选用 $C = 500\,\mu\text{F}$，耐压值为 $50\,\text{V}$ 的电解电容器。

结论： 所选择器件的实际参数应大于定量计算值。

1.5.3　稳压二极管稳压电路

1. 稳压电路分析

如图 1.20 所示为单相桥式整流滤波稳压电路，变压器的输出电压经过整流、滤波之后作为稳压电路的输入，但是此电压不稳定，所以，再通过稳压电路，使负载上得到较为平直的输出电压。下面以例题方式分析稳压电路的工作原理。

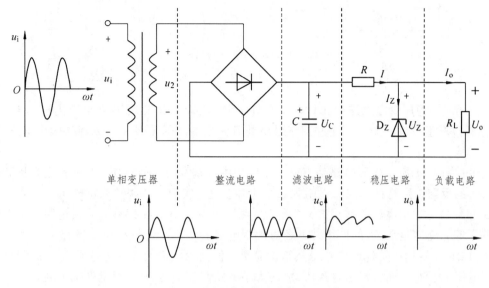

图 1.20　单相桥式整流滤波稳压电路

【例 1.10】　已知 U_C 为滤波电路输出电压，D_Z 为稳压管，R_L 为负载电阻，R 为限流电阻。试分析如图 1.21 所示稳压电路产生自动调整稳压的过程。

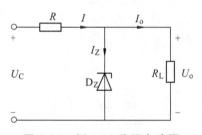

图 1.21　例 1.10 稳压电路图

分析：

（1）稳压二极管反向特性：当稳压管端的稳定电压发生很小的变化 ΔU_Z 时，则会引起稳定电流 I_Z 产生很大的变化 ΔI_Z，即稳压二极管可自动调节电流 I_Z 的大小。

（2）限流电阻 R 的作用：电流大小 I_Z 的变化引起电阻 R 上的压降 IR 的变化，以补偿电压 U_C 或负载 R_L 变化引起的电压 U_o 的变化，达到维持负载电压 U_o（U_Z）基本恒定的目的。

解　（1）当电压 U_C 发生波动（设电压 U_C 增加），负载 R_L 不变时，电路产生如下自动调整过程：

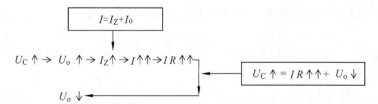

（2）当电压 U_C 一定时，负载 R_L 发生变化（设负载 R_L 减小）时，电路产生如下自动调整过程：

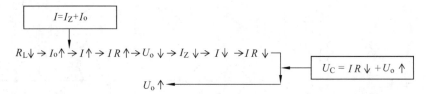

由此可见，稳压管在电路中起着电流调节作用，当输出电压 U_o 有微小变化时，将引起稳压管电流 I_Z 产生较大的变化，通过调整限流电阻 R 上的压降（即 RI）来保持输出电压 U_o 基本不变。

结论：图 1.21 所示稳压电路是直流稳压电源中最基本的一种模块，其电路主要是利用稳压二极管的反向击穿特性和限流电阻 R 上的电压变化，实现自动调整稳定电压 U_o。由于限流电阻 R 起到稳定输出电压的作用，又常称其为稳压电阻，而之所以称为限流电阻，是因为电阻 R 除了起到稳定电压 U_o 的作用外，还可限制电流 I_Z 大小，保护稳压二极管。

图 1.21 所示稳压管稳压电路虽然结构简单，但受稳压管最大稳定电流 I_{Zmax} 的限制，负载取用电流 I_o 较小，而且输出电压 U_o 值的大小不能调节，其 U_o 的稳定度也不高。

2. 稳压电路参数选择

稳压二极管 D_Z：

$$U_Z = U_o = (2 \sim 3)U_C$$

$$I_{Zmax} = (1.5 \sim 3)I_{omax}$$

限流电阻 R：

$$\frac{U_{Cmin} - U_Z}{I_{Zmin} + I_{omax}} \geqslant R \geqslant \frac{U_{Cmax} - U_Z}{I_{Zmax} + I_{omin}}$$

限流电阻 R 的额定功率 P_R：

$$P_R = (2 \sim 3) \cdot \frac{(U_{Cmax} - U_Z)^2}{R}$$

【例 1.11】 整流滤波稳压电路如图 1.20 所示，已知电容电压平均值 $U_C = 30$ V，稳压值 $U_Z = 12$ V，限流电阻 $R = 2$ kΩ，负载电阻 $R_L = 4$ kΩ，稳压管的稳定电流 $I_{Zmin} = 5$ mA，$I_{Zmax} = 18$ mA。试求：

（1）通过负载和稳压管的电流。

（2）变压器副绕组电压的有效值。

（3）通过二极管的平均电流和二极管所承受的最高反向电压。

分析：

（1）根据 $U_o = U_Z$ 参数值，得到负载电流 I_o；根据 KVL 解得限流电阻 R 两端的电压和电流，从而得到稳压管中的电流 I_Z。

（2）根据 $U_2 = \dfrac{U_C}{1.2}$ 得到变压器副绕组电压的有效值 U_2。

（3）根据 $I = 2I_D$ 解得二极管的平均电流 I_D；由变压器副绕组电压的最大值解得二极管所承受

承受的最高反向电压 U_{DRM} 。

解　（1）负载和稳压管的电流。

$$I_o = \frac{U_o}{R_L} = \frac{12}{4 \times 10^3} = 3 \times 10^{-3}\,(\text{A}) = 3\,(\text{mA})$$

限流电阻 R 两端的电压为

$$U_R = U_C - U_Z = 30 - 12 = 18\,(\text{V})$$

稳压管中的电流为

$$I_Z = I - I_o = \frac{U_R}{R} - I_o = \frac{18}{2 \times 10^3} - 3 \times 10^{-3} = 6 \times 10^{-3}\,(\text{A}) = 6\,(\text{mA})$$

（2）变压器副绕组电压的有效值。

$$U_2 = \frac{U_C}{1.2} = \frac{30}{1.2} = 25\,(\text{V})$$

（3）通过二极管的平均电流 I_D 和二极管承受的最高反向电压 U_{DRM} 。

$$I_D = \frac{I}{2} = \frac{U_R}{R} \times \frac{1}{2} = \frac{18}{2 \times 10^3} \times \frac{1}{2} = 4.5 \times 10^{-3}\,(\text{A}) = 4.5\,(\text{mA})$$

$$U_{DRM} = \sqrt{2}\,U_2 = \sqrt{2} \times 25 = 35.35\,(\text{V})$$

本章小结

1. PN 结的特点

PN 结具有单向导电特性，即外加正偏置电压时，正向电流较大，称之为**导通**状态；外加反向偏置电压时，反向电流很小，称之为**截止**状态。

2. 半导体二极管

（1）二极管是双极型半导体器件，即有两种载流子（电子和空穴）同时参于导电。

（2）二极管主要是利用 PN 结的单向导电特性制成的，是非线性电子元件。

（3）二极管工作区：导通区、死区、截止区和击穿区。

（4）常用二极管的理想模型和恒压降模型来分析电路。

① 理想模型。

二极管等效为一个理想开关，正向导通（即二极管端电压为零伏），反向截止（即流过二极管的电流为零安）。

② 恒压降模型。

二极管外加正向电压 $u \geqslant$ 死区电压 U_D 时，二极管 D 用恒压源 U_D 等效替代；当 $u < U_D$ 时，二极管截止，流过二极管的电流为 0 A。

3. 稳压管

主要应用稳压管的反向击穿特性，实现稳压功能。其反向工作区分为截止区和反向击穿区。

（1）截止区。

当反向电压小于其击穿电压 U_Z 时，稳压管工作在截止区。

（2）反向击穿区。

当反向电压大于等于击穿电压 U_Z 时，稳压管工作在反向击穿区。

4. 桥式整流滤波稳压电路

桥式整流滤波稳压电路的主要任务是将交流电网电压转换为稳定的直流电压，其电路由四个模块电路组成，即整流变压器电路、整流电路、滤波电路和稳压电路。

选择题

1. 已知二极管的正向压降为 0.7 V，则当二极管两端加上正向电压（　　　）。

　　A. 小于等于 0.7 V 时导通　　　　B. 大于 0.7 V 时导通　　　　C. 等于 0.7 时一定导通

2. 当 PN 结外加反向电压时，空间电荷区（　　　）。

　　A. 变宽　　　　　　B. 变窄　　　　　　　C. 消失　　　　　　　D. 不变

3. 如果二极管的正、反向电阻都很大，则该二极管（　　　）。

　　A. 正常　　　　　B. 已被击穿　　　　　C. 内部短路

4. 由理想二极管组成的电路如图 1.22 所示，试问输出电压 U_o 为（　　　）。

　　A. 3 V　　　　　　B. 6 V　　　　　　　C. 9 V　　　　　　　D. 15 V

5. 在如图 1.23 所示电路中，设二极管正向压降为 0.7 V，则输出电压 U_o 为（　　　）。

　　A. 6 V　　　　　　B. 5.3 V　　　　　　C. 4.7 V　　　　　　D. 0.7 V

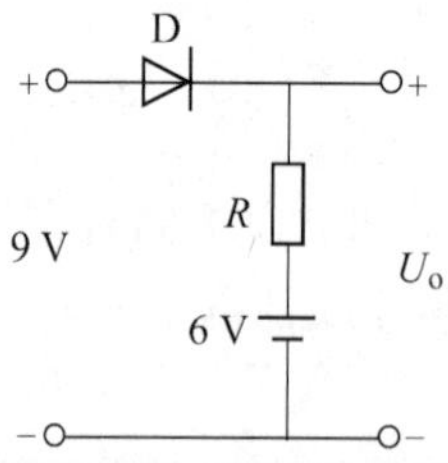

图 1.22　选择题 4 图 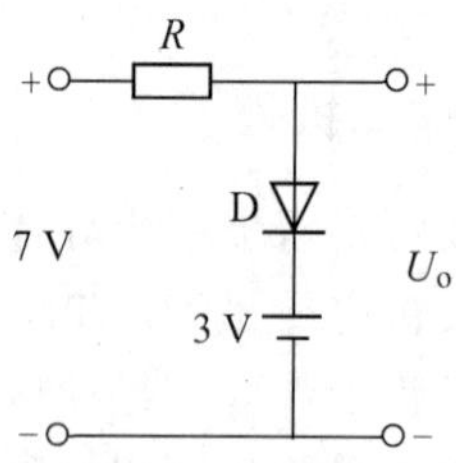　　　　　　　　　　图 1.23　选择题 5 图

6. 电路如图 1.24 所示，D_1、D_2 均为理想二极管，设输入电压 $u_i = 20\sin\omega t$ (V)，则输出电压 u_o 应为（　　　）。

　　A. 最大值为 20 V，最小值为 0 V　　　　　　B. 最大值为 20 V，最小值为 +6 V

　　C. 最大值为 6 V，最小值为 − 20 V　　　　　D. 最大值为 6 V，最小值为 0 V

7. 在如图 1.25 所示电路中，已知两个稳压管 D_{Z1}、D_{Z2} 的稳压值分别为 $U_{Z1} = 8$ V，$U_{Z2} = 6$ V，

正向偏置电压为 0.7 V，则电压 $U_o=$（   ）。

A. 14 V   B. 8.7 V   C. 6.3 V

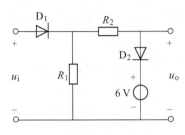   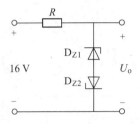

图 1.24 选择题 6 图   图 1.25   选择题 7 图

8. 稳压管是特殊的二极管，它一般工作在（   ）状态。

A. 正向导通   B. 反向截止   C. 反向击穿   D. 正向死区

9. 整流电路如图 1.26 所示，流过负载电流的平均值为 I_o，忽略二极管的正向压降，则变压器副边电流的有效值为（   ）。

A. $0.79I_o$ B. $1.11I_o$ C. $1.57I_o$ D. $0.82I_o$

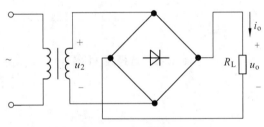

图 1.26   选择题 9 图

10. 整流电路如图 1.27 所示，设二极管为理想元件，已知变压器副边电压 $u_2 = \sqrt{2}U_2 \sin\omega t$ (V)，若二极管 D_1 因损坏而断开，则输出电压 u_o 的波形应为图（   ）。

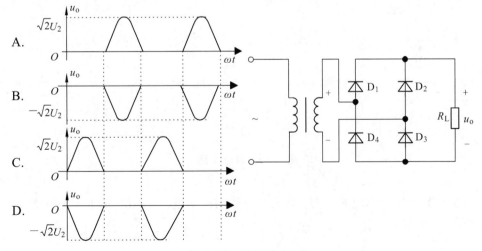

图 1.27   选择题 10 图

11. 整流电路如图 1.28 所示，正确的电路是图（　　　）。

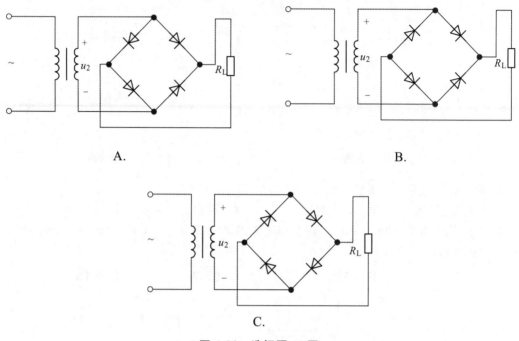

A.　　　　　　　　　　　　　　　　　　B.

C.

图 1.28　选择题 11 图

习　题

1. 在如图 1.29 所示电路中，已知输入电压 $u_i = 6\sin \omega t$ (V)，二极管的正向压降忽略不计，试分别画出输出电压 u_o 的波形。

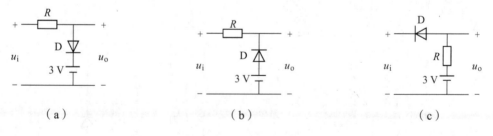

（a）　　　　　　　　　　（b）　　　　　　　　　　（c）

图 1.29　习题 1 图

2. 判断如图 1.30 所示电路中的二极管是导通还是截止，并求出 AO 两端的电压 U_{AO}（忽略二极管的正向压降）。

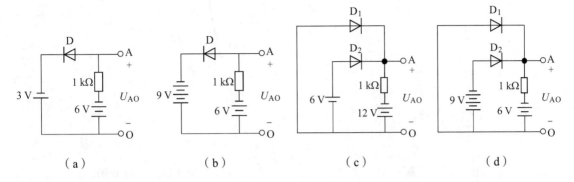

图 1.30　习题 2 图

3. 在如图 1.31 所示电路中，已知电压 $u_i = 30\sin\omega t$ (V)，试用波形图表示二极管上电压 u_D。

4. 在图 1.32 所示电路中，二极管为理想元件。试求在下面几种情况下，输出端 P 的电位 V_P 及各元件 R、D_1、D_2 中通过的电流。二极管的正向压降可忽略不计。

（1）$V_A = V_B = 0$ V。

（2）$V_A = +6$ V，$V_B = 0$ V。

（3）$V_A = V_B = 6$ V。

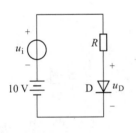

图 1.31　习题 3 图

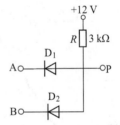

图 1.32　习题 4 图

5. 在图 1.33 所示电路中，设二极管 D 的正向导通压降 U_D=0.7 V。在下述条件下：

（1）$R_1 = 2$ kΩ，R_2=3 kΩ。

（2）$R_1 = R_2 = 3$ kΩ。

（3）$R_1 = 3$ kΩ，$R_2 = 2$ kΩ。

试判断二极管的工作状态，并求二极管中的电流 I_D。

6. 电路如图 1.34 所示，D_1、D_2 均为理想二极管，试求：

（1）$u_i > 6$ V 时的输出电压 u_o。

（2）$u_i < 3$ V 时的输出电压 u_o。

（3）3 V $< u_i <$ 6 V 时的输出电压 u_o。并判断各种输入电压 u_i 情况下二极管 D_1、D_2 的工作状态。

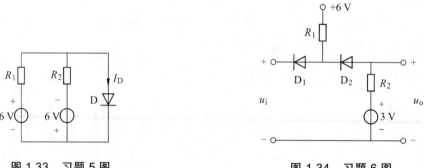

图 1.33　习题 5 图　　　　　　　　　图 1.34　习题 6 图

7. 在如图 1.35 所示电路中，已知硅稳压管 D_{Z1} 和 D_{Z2} 的正向压降为 0.7 V，稳定电压分别为 $U_{Z1}=6$ V、$U_{Z2}=12$ V，试求各电路的输出电压 U_o，并说明各稳压的工作状态。

8. 在如图 1.36 所示电路中，已知二极管的导通电压为 0.7 V，稳压管的稳定电压 $U_Z=9$ V，试求电流 I 为多少？

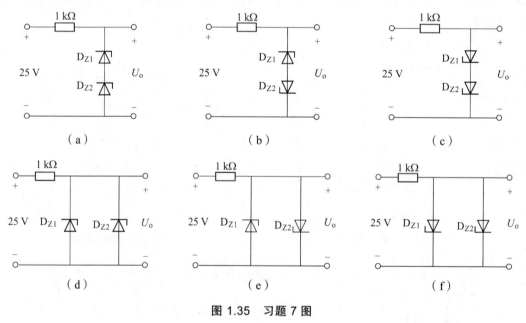

图 1.35　习题 7 图

9. 在如图 1.37 所示电路中，稳压管的稳定电压 $U_Z=6$ V，稳定电流 $I_Z=5$ mA。试求在稳定条件下 I_L 的数值最大不应超过多少？

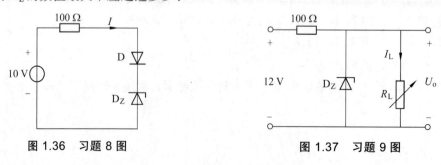

图 1.36　习题 8 图　　　　　　　　　图 1.37　习题 9 图

10. 在图 1.38 所示电路中，已知稳压管的稳定电压 $U_Z = 6$ V，试分别求在下述 4 种情况下的输出电压 U_o 和稳压管中通过的电流 I_D。

（1）$U_i = 12$ V，$R = 8$ kΩ。

（2）$U_i = 12$ V，$R = 4$ kΩ。

（3）$U_i = 24$ V，$R = 2$ kΩ。

（4）$U_i = 12$ V，$R = 1$ kΩ。

11. 电路如图 1.39 所示，试：

（1）分析整流电路是否能正常工作。

（2）标出负载电压的极性。

（3）若 D_2 脱焊，情况如何？

（4）若变器副边中心抽头脱焊，情况如何？

（5）若 D_2 接反，整流电器是否正常工作？

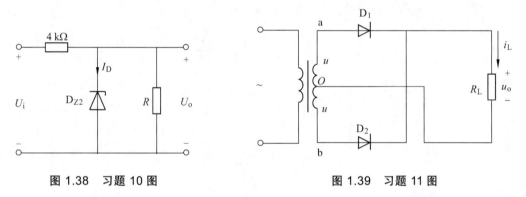

图 1.38 习题 10 图   图 1.39 习题 11 图

12. 设两只稳压值的正向导通电压降为 0.7 V，稳压值分别为 9 V 和 6 V。试问这两只稳压管在串联或并联使用时，可得到几种不同的稳压值？各为多少伏？并画出两只稳压管的连接电路图。

13. 有一单相桥式整流电路，已知变压器副绕组电压为 100 V，负载电阻为 2 kΩ，忽略二极管的正向电阻和反向电流。试求：

（1）负载电阻 R_L 两端电压的平均值 U_o 及电流的平均值 I_L。

（2）二极管中的平均电流 I_D 及各管所承受的最高反压 U_{DRM}。

14. 整流滤波稳压电路如图 1.40 所示，已知电压 $U_I = 30$ V，$U_o = 12$ V，电阻 $R = 2$ kΩ，$R_L = 4$ kΩ，稳压管的稳定电流 $I_{Zmin} = 5$ mA 和 $I_{Zmax} = 18$ mA，试求：

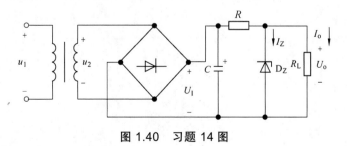

图 1.40 习题 14 图

（1）通过负载和稳压管的电流 I_o、I_Z。

（2）变压器二次电压的有效值 U_2。

（3）通过二极管的平均电流 I_D 和二极管承受的最高反向电压 U_{DRM}。

15. 如图 1.41 所示为一稳压电源，说明电路的各个组成部分，若变压器副边电压有效值 $U_2 = 20$ V，稳压管的稳压值 $U_Z = 12$ V。在下列几种情况下，分析电路的工作状态或发生何种故障。

（1）$U_o \approx 28$ V。

（2）$U_o \approx 24$ V。

（3）$U_o = 24$ V。

（4）$U_o \approx 18$ V。

（5）$U_o = 12$ V。

（6）$U_o = 9$ V。

（分析时，设 D 为理想器件，$R \leqslant R_L$，U_R 忽略不计）

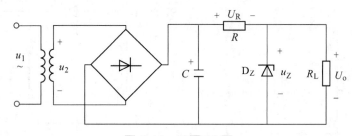

图 1.41　习题 15 图

第 2 章　基本放大电路

2.1　学习指导

本章节主要讨论：
（1）两种放大元件的基本结构、特性曲线、工作状态、等效电路和分析方法。
（2）基本放大电路的组成和特点，基本放大电路的静态工作点分析、动态参数分析以及微变等效电路的画法。

2.1.1　内容提要

1. 放大元件的简介

（1）简单介绍双极型晶体管（BJT，简称三极管）和单极型晶体管（FET，简称场效应管及 MOS 管）两个基本放大器件的结构、控制原理，输出特性曲线、输入特性曲线或传输特性曲线。
（2）放大元件工作状态的判断方法。
（3）放大元件的线性微变等效电路。

2. 基本的放大电路

（1）主要讨论共射极基本放大电路和共源极基本放大电路的组成，以及各个元件在放大电路中的作用。
（2）共射极基本放大电路的静态工作点 I_B、I_C 和 U_{CE} 的分析计算。
（3）基本放大电路的微变等效电路的作用及画法。
（4）基本放大电路动态参数的分析计算，即输入电阻 r_i、输出电阻 r_o、电压放大倍数 $\dot{A}_u$ 和 $\dot{A}_{uS}$。
（5）多级阻容耦合放大电路的分析计算。

2.1.2　重点与难点

1. 重　点

（1）掌握放大元件的特性曲线及工作状态的判断方法。
（2）掌握基本放大电路的静态分析、动态分析和微变等效电路的画法。

2. 难　点

（1）理解放大元件的工作原理、特性曲线和工作状态。

（2）掌握基本放大电路的分析计算。

2.2　基本放大器件晶体管

晶体管（transistor）是一种有三个电极的半导体器件。按其工作原理可分为双极型晶体管（BJT）和单极型晶体管（FET）。双极型晶体管有两种载流子（电子和空穴）同时参与导电，是一种电流控制型（CCCS）器件；单极型晶体管仅有一种载流子（电子或空穴）参与导电，是一种电压控制型（VCCS）器件。

2.2.1　双极型晶体管（三极管）

双极型晶体管简称为**三极管**，其分类有：

（1）按频率分：高频管、低频管。

（2）按功率分：大功率管、中功率管、小功率管。

（3）按材料分：硅管、锗管。

（4）按结构分：NPN 型、PNP 型。

1. 三极管的基本结构

三极管是由两个 PN 结组成的，根据组合的方式不同，可分为 NPN 型和 PNP 型两种，其结构示意图和图形符号如图 2.1 所示。

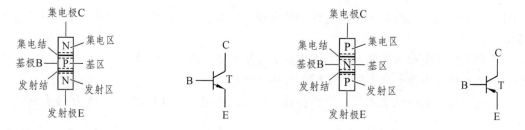

（a）NPN 型结构示意图　　（b）NPN 型图形符号　　（c）PNP 型结构示意图　　（d）PNP 型图形符号

图 2.1　三极管的结构示意图和图形符号

1）结构示意图的基本概念

三极管是由三个导电区、三个电极和二个 PN 结组成的。

（1）三个导电区。

基区、发射区和集电区称为三极管的三个导电区。

（2）三个电极。

由三个导电区域引出三个电极（即三个管脚），分别称为基极 B、发射极 E 和集电极 C。

（3）二个 PN 结。

两个导电区域之间形成 PN 结，即基区和发射区之间的 PN 结称为**发射结**，基区和集电区之间的 PN 结称为**集电结**。

2）三个导电区的特点

（1）基区起控制载流子的作用。

掺杂浓度很低，做得很薄，一般仅为几个微米到几十微米。

（2）发射区起发射载流子的作用。

掺杂浓度比基区大得多。

（3）集电区起收集载流子的作用。

掺杂浓度比发射区小，尺寸较大，所以发射极和集电极是不能互换的。

2．三极管的连接方式

三极管有三个电极，任选其中一个电极为公共电极，则可组成三种不同的连接方式，分别称为：共基极、共发射极、共集电极，如图 2.2 所示。

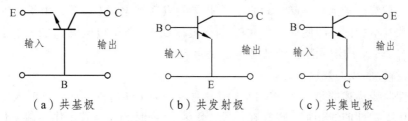

（a）共基极　　　　（b）共发射极　　　　（c）共集电极

图 2.2　三极管的三种连接方式

三种连接电路虽然各具特点，但是无论采用哪种接法、哪一种类型的三极管，其工作原理都是相同的。

3．三极管的伏安特性曲线及工作状态

1）三极管的伏安特性曲线

三极管伏安特性曲线是指三极管各电极之间电压和电流的关系曲线。其特性曲线直观地表达出管子内部的物理变化规律，描述出管子的外特性。下面以共发射极电路（如图 2.3 所示）为例，讨论三极管的输入、输出特性曲线。

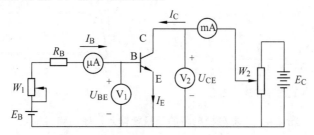

图 2.3　三极管特性曲线测试电路图

在图 2.3 所示电路中，电压 U_{BE} 称为**发射结电压**，电压 U_{CB} 称为**集电结电压**，电压 U_{CE} 称为**集-射极电压**，电流 I_B 称为**基极电流**，电流 I_C 称为**集电极电流**，电流 I_E 称为**发射极电流**，电阻 W_1、W_2 称为可调电位器。

集-射极电压 U_{CE} 的大小可通过调节可调电位器 W_2 来实现；基极电流 I_B 的大小可通过调节可调电位器 W_1，改变发射结电压 U_{BE} 来实现。

（1）输入特性曲线。

输入特性曲线：当集-射极电压 U_{CE} 为常数时，基极电流 I_B 与发射结电压 U_{BE} 之间的关系曲线族，如图 2.4（a）所示，即

$$I_B = f(U_{BE})\big|_{U_{CE}=常数} \tag{2.1}$$

① 输入特性曲线的测试。

根据式（2.1）所示输入特性电量关系，调节电位器 W_2 使 $U_{CE}=0\ V$，再调节电位器 W_1，电压表 V_1 测量发射结电压 U_{BE}，使其由 $0\ V$ 逐渐增加，同时用 μA 电流表测量对应的基极电流 I_B。由测量的 U_{BE}、I_B 的数据可画出如图 2.4（a）所示 $U_{CE}=0V$ 的输入特性曲线。

集-射极电压 U_{CE} 取不同的电压值时，将得到不同的输入特性曲线，如图 2.4（a）所示。

当集-射极电压 $U_{CE}\geqslant1\ V$ 时，集电结电压 U_{CB} 所产生的 PN 结内电场把绝大部分从发射区扩散到基区的载流子拉入集电区。因此，在相同的发射结电压 U_{BE} 下，由于从发射区发射到基区的电子数基本相同，即使继续增大集-射极电压 U_{CE}，对基极电流 I_B 的影响也不大，故集-射极电压 $U_{CE}\geqslant1\ V$ 的输入特性曲线基本上是重合的。

② 输入特性曲线的死区电压。

输入特性曲线描述的是一个 PN 结（即发射结）的正向特性，所以其输入特性曲线与二极管的正向伏安特性曲线相似，也存在一段"死区"，这时的三极管工作在截止状态（即基极电流 $I_B\approx0$）。只有当外加电压大于死区电压（即发射结死区电压 U_{BE}）时，三极管的基极电流 $I_B>0$。

为了方便学习讨论，本教材指定在正常工作时，NPN 型硅管的发射结死区电压 U_{BE} 为 $0.6\sim0.7\ V$；PNP 型锗管的发射结死区电压 U_{BE} 为 $-0.2\sim-0.3\ V$。

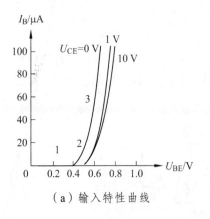
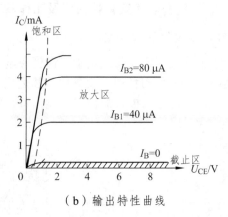

（a）输入特性曲线   （b）输出特性曲线

图 2.4 共发射极电路的三极管输入、输出特性曲线

（2）输出特性曲线。

输出特性曲线：指当基极电流 I_B 为常数时，集电极电流 I_C 与集-射极电压 U_{CE} 之间的关系曲线族如图 2.4（b）所示，即

$$I_C = f(U_{CE})\big|_{I_B=常数} \tag{2.2}$$

如图 2.4（b）所示为以基极电流 I_B 为变量的一组特性曲线，下面以基极电流 $I_{B1} = 40\ \mu A$ 的曲线为例来展开讨论。

① 饱和状态。

当调节图 2.3 中的可调电位器 W_2，使式（2.2）中集-射极电压 $U_{CE}=0\ V$ 时，因集电极没有收集从发射区发射到基区的电子的作用，所以集电极电流 $I_C=0$。当集-射极电压 U_{CE} 微微增大时，发射结虽处于正向电压之下（即 $U_{BE} > 0$），但集电结电压 U_{CB} 很小（例如：$U_{CE} < 1\ V$，$U_{BE}=0.7\ V$；$U_{CB}= U_{CE}$　$U_{BE} \leqslant 0.3\ V$），集电区收集电子的能力很弱，此时，集电极电流 I_C 主要由集-射极电压 U_{CE} 决定，随着集一射极电压 U_{CE} 的增加而增加，其变化规律如图 2.4（b）所示的饱和区。当三极管工作在饱和区时，称管子工作在**饱和状态**。

② 放大状态。

三极管进入饱和区后，继续增大集-射极电压 U_{CE}（即增加集电结电压 U_{CB}），当式（2.2）集-射极电压 $U_{CE}>1\ V$ 时，基区中的绝大部分电子被集电区收集；如果再继续增高集-射极电压 U_{CE}，集电极电流 I_C 也不会有明显地增加，特性曲线基本与集-射极电压 U_{CE} 轴平行，如图 2.4（b）所示的放大区，三极管在放大区的工作状态称为放大状态，又称为三极管的**恒流特性**。

三极管工作在**放大状态**下的基本条件：**发射结加正向偏置电压，集电结加反向偏置电压**。

③ 电流放大特性。

当基极电流 I_B 增大时，集电极电流 I_C 随之增大，曲线上移，且集电极电流 I_C 比基极电流 I_B 增加的多得多，如图 2.4（b）所示的基极电流 I_B 是微安级增加，集电极电流 I_C 则是毫安级的增加，其关系为

$$I_C = \beta I_B$$

上式中，β 称为交流电流放大系数。上式显示了三极管的电流放大作用，所以称三极管为**电流放大器件**。

2）三极管工作区的特点

根据不同的外加结电压 U_{BE}、U_{CB}，三极管的工作状态有所不同，其工作状态有三种：**饱和状态**、**放大状态**和**截止状态**；三种工作状态对应输出特性曲线的三个工作区，即饱和区、放大区和截止区。

（1）饱和区特点。

如图 2.4（b）所示的饱和区中集电极电流 I_C 受集-射极电压 U_{CE} 控制，该区域内 U_{CE} 较小，一般 $U_{CE} < 0.7\ V$（硅管），三极管**没有放大作用**。其电压、电流特点为

电压条件：发射结、集电结均为正偏，即 $U_{BE} > 0$，$U_{BC} > 0$。

临界饱和：$I_{BS} = \dfrac{I_{CS}}{\beta}$，$U_{CES} \approx 0.3\ \text{V}$ 或 $U_{CES} \approx 0\ \text{V}$（注：变量下标"S"表示其电量是临界饱和值）。

电流关系：集电极电流 I_C 基本上不受基极电流 I_B 的控制，即 $I_C \neq \beta I_B$，$I_B > I_{BS}$。

（2）放大区特点。

如图 2.4（b）所示的放大区中集电极电流 I_C 基本平行于 U_{CE} 轴，称为**线性区**。其放大状态的电压、电流特点如下：

① 电压条件：发射结正偏，集电结反偏，即 $U_{BE} > 0$，$U_{BC} < 0$。

② 电流关系：$I_C = \beta I_B$，即集电极电流 I_C 与基极电流 I_B 成正比关系。并且有 $0 < I_B < I_{BS}$。

（3）截止区特点。

如图 2.4（b）所示的截止区中基极电流 $I_B \approx 0$，其截止状态的电压、电流特点为

电压条件：发射结反偏，即 $U_{BE} \leqslant 0$。

电流关系：$I_B \approx 0$，$I_C \approx 0$，三极管 C、E 之间相当于开路，失去电流放大作用。

分析放大电路时，常根据三极管的结偏置电压的大小和管子的电流关系来判定工作状态。在实验中则通过测定三极管的极间电压判定工作状态。

【例 2.1】 在如图 2.5 所示电路中，已知所有的二极管、三极管均为硅管，即 PN 结正偏电压为 0.7 V，放大系数 $\beta = 60$。试分析各三极管的工作状态。

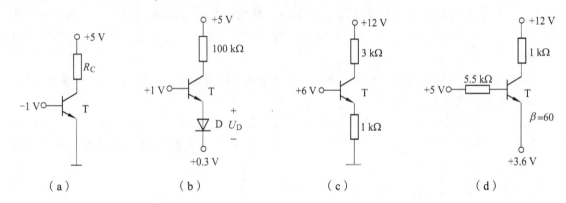

图 2.5　例 2.1 图

分析：

（1）首先判断三极管发射结是否反偏，如果反偏，则工作状态为截止状态。

（2）发射结正偏，但 $U_{BE} <$ 死区电压，工作状态为截止状态。

（3）发射结正偏，$U_{BE} \geqslant$ 死区电压，则通过基极电流 I_B 判断，即设临界饱和 $U_{CES} = 0$ V，计算临界饱和电流 $I_{BS} = \dfrac{I_{CS}}{\beta}$，当 $I_B > I_{BS}$ 时为饱和状态；当 $0 < I_B < I_{BS}$ 时为放大状态。

解　（1）求解图（a）。

因 NPN 型三极管的基极电压为负电压（即 $U_{BE} = -1$ V），发射结反偏，所以三极管工作状态为截止状态。

（2）求解图（b）。

发射结正偏

$$U_{BE} = (1-0.3) - U_D = 0.7 - U_D$$

即 $U_{BE} < 0.7\,\mathrm{V}$，所以三极管工作状态为截止状态。

（3）求解图（c）。

发射结正偏（$U_{BE} \geqslant 0.7\,\mathrm{V}$），集电结反偏（$U_{BC} < 0$）。设临界饱和 $U_{CES} = 0\,\mathrm{V}$，则临界饱和电流为

$$I_{CS} \approx I_{ES} = \frac{12}{(3+1)\times10^3} = 3\times10^{-3}\,(\mathrm{A}) = 3\,(\mathrm{mA})$$

$$I_{BS} = \frac{I_{CS}}{\beta} = \frac{3\times10^{-3}}{60} == 50\times10^{-6}\,(\mathrm{A}) = 50\,(\mu\mathrm{A})$$

设三极管工作在放大状态区，则有

$$I_B = \frac{6-U_{BE}}{10^3} = \frac{6-0.7}{10^3} = 5.3\times10^{-3}\,(\mathrm{A}) = 5.3\,(\mathrm{mA})$$

即 $I_B > I_{BS}$，三极管工件状态为饱和状态。

（4）求解图（d）。

发射结正偏，集电结反偏。设三极管临界饱和电压为 $U_{CES} = 0\,\mathrm{V}$，则

$$I_{CS} = \frac{12}{10^3} = 12\times10^{-3}\,(\mathrm{A}) = 12\,(\mathrm{mA})$$

$$I_{BS} = \frac{I_{CS}}{\beta} = \frac{12\times10^{-3}}{60} = 0.2\times10^{-3}\,(\mathrm{A}) = 0.2\,(\mathrm{mA})$$

如设晶体管工作在放大状态区，则有

$$I_B = \frac{5-0.7-3.6}{5.5\times10^3} = 0.127\times10^{-3}\,(\mathrm{A}) \approx 0.127\,(\mathrm{mA})$$

即 $I_B < I_{BS}$，三极管工件状态为放大状态。

【例 2.2】 用万用表测得工作在放大状态下的三极管的 3 个极（见图 2.6）对地电位分别为：$V_1 = -7\,\mathrm{V}$，$V_2 = -2\,\mathrm{V}$，$V_3 = -2.7\,\mathrm{V}$，试判断此三极管的类型和引脚名称。

分析：已知三极管工作在"放大状态"，则说明三极管发射结正偏，集电结反偏，介于中间电位值的对应管脚为基极 B；根据锗管 U_{BE} 为 0.2～0.3 V、硅管 U_{BE} 为 0.6～0.7 V，确定发射极 E 管脚；再根据放大状态下，NPN 型管的 $U_{BE} > 0$，PNP 型管的 $U_{BE} < 0$，判断三极管的类型。

解 已知三个管脚电位关系为

$$V_1 < V_3 < V_2$$

则管脚 3 为基极 B。又因

$$V_3 - V_2 = -2.7 - (-2) = -0.7\,(\mathrm{V})$$

则管脚 2 为发射极 E，管脚 1 集电极 C。由于

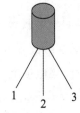

图 2.6 例 2.2 图

$$U_{BE} = V_3 - V_2 = -0.7 \,(\text{V}) < 0$$

$$V_3 - V_1 = -2.7 - (-7) = 4.3 \,(\text{V})$$

则三极管类型为 PNP 型硅管。

4．主要参数

三极管的特性除了用特性曲线的直观方式表达外，还可以用参数来说明。参数表征管子性能和使用范围，若不加注意就会使管子的工作不满足要求，甚至损坏管子。晶体管的主要参数有下面几个。

1）电流放大系数 $\bar{\beta}$、β

当无输入信号时，晶体管接成共射极电路，其集电极直流电流 I_C 与基极直流电流 I_B 的比值称为共发射极直流电流放大系数 $\bar{\beta}$（手册上用 h_{FE} 表示），即

$$\bar{\beta} = \frac{I_C}{I_B}$$

在共发射极电路中，当集-射极电压 U_{CE} 为常数时，集电极电流的变化量 ΔI_C 与基极电流的变化量 ΔI_B 的比值称为晶体管的共发射极交流放大系数 β（手册上用 h_{fe} 表示），即

$$\beta = \frac{\Delta I_C}{\Delta I_B}\bigg|_{U_{CB}=常数}$$

从定义上来看，$\bar{\beta}$ 和 β 是不相同的，但在输出特性曲线近于平行的情况下，两者数值较为接近，所以常用 $\bar{\beta} \approx \beta$ 这个近似关系进行估算。在选择晶体管时，应注意选择 β 值的大小，β 值太小，管子的电流放大能力差；β 值太大，管子的热稳定性较差。通常小功率管以 100 左右为宜。

2）集-基极反向饱和电流 I_{CBO}

I_{CBO} 是由于集电结处于反向偏置，集电区和基区少数载流子的漂移运动所形成的电流。因此 I_{CBO} 受温度的影响较大。在室温下，小功率锗管的 I_{CBO} 为几微安到几十微安，小功率硅管在 1 μA 以下。I_{CBO} 越小，温度漂移稳定性越好，所以很多场合选用硅管。

3）集-射极反向电流（穿透电流）I_{CEO}

I_{CEO} 是指当晶体管基极开路（$I_B=0$）、集电结处于反向偏置和发射结处于正向偏置时的集电极电流。

4）集电极最大允许电流 I_{CM}

集电极电流 I_C 超过一定值时，电流放大系数 β 将有明显下降，当 β 值下降到正常数值的 2/3 时的集电极电流称为集电极最大允许电流 I_{CM}。在使用晶体管时，I_C 超过了 I_{CM} 并不一定会使管子损坏，只不过会使 β 值减小而已。

5）集电极最大允许耗散功率 P_{CM}

由于集电极电流在流经集电结时，集电结消耗较大的功率，产生的热量结温升高，从而会引起晶体管参数的变化。当晶体管因受热而引起的参数变化不超过允许值时，集电极所消耗的最大功率称为集电极最大允许耗散功率 P_{CM}。

P_{CM} 值与环境温度有关，因此三极管还受使用温度的限制。也就是说受结温的限制，通常锗管允许结温为 70～90 ℃，硅管约为 150 ℃。对于大功率三极管，常用加装散热片的方法来提高 P_{CM} 值。

6）集-射极击穿电压 $BU_{(BR)CEO}$

在常温（25 ℃）下，基极开路时，加在集电极和发射极之间的最大允许电压称为集-射极击穿电压 $BU_{(BR)CEO}$。如果集-射电压 $U_{CE} > BU_{(BR)CEO}$，三极管的集电极电流将变得很大，从而产生击穿现象，管子性能变坏，甚至损坏。三极管如果工作在高温下，其 $BU_{(BR)CEO}$ 值将要降低，使用时应特别注意。

2.2.2 单极型晶体管（场效应管）

单极型晶体管简称场效应管。场效应管与三极管相比较，有如下特点：

（1）场效应管是一种电压控制器件；三极管则是电流控制器件。

（2）场效应输入电阻高，可高达 $10^{8}\sim10^{15}\ \Omega$；三极管输入电阻仅有 $10^{2}\sim10^{4}\ \Omega$。

（3）场效应管具有噪声低、热稳定性好、抗辐射能力强、耗电少等优点，因此被广泛应用于各种电子线路中。

场效应管按参与导电的载流子来划分，有自由电子作为载流子的 N 沟道器件和空穴作为载流子的 P 沟道器件。按其结构划分，常见的场效应管有两种类型：结型场效应管和绝缘栅场效应管，如图 2.7 所示。

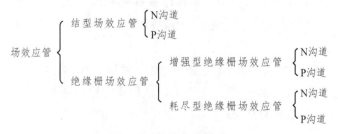

图 2.7 场效应管分类

1. 结构及特性曲线

1）结型场效应管

结型场效应管又称 J 型管，其结构示意图和电路符号如图 2.8 所示。

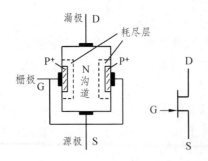 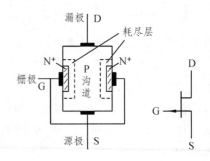

（a）N 沟道结型场效应管结构图和电路符号　　　（b）P 沟道结型场效应管结构图和电路符号

图 2.8　结型场效应管结构示意图和电路符号

（1）栅源电压 u_{GS} 对导电沟道的控制作用如图 2.9 所示。

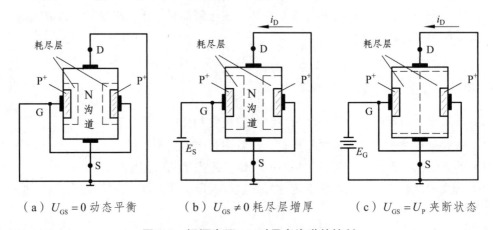

（a）$U_{GS}=0$ 动态平衡　　　（b）$U_{GS} \neq 0$ 耗尽层增厚　　　（c）$U_{GS}=U_P$ 夹断状态

图 2.9　栅源电压 u_{GS} 对导电沟道的控制

① 图 2.9（a）中 $u_{GS}=0$、$u_{DS}=0$，耗尽层（PN 结）动态平衡。

② 图 2.9（b）中 $u_{GS} \neq 0$、$u_{DS}=0$，即在栅极 G 和源极 S 之间施加反偏电压 E_S，随着栅源电压 $|u_{GS}|$ 的增加，耗尽层增厚，导电 N 沟道逐渐变窄，从而导致 N 沟道电阻 r_{DS} 增大（参与导电的自由电子减少）。

③ 图 2.9（c）中，若栅源电压 $|u_{GS}|$ 继续增加，则导电 N 沟道继续变窄，最后 N 沟道完全消失，这时导电 N 沟道电阻 r_{DS} 趋于无穷大。这种状态称为**夹断状态**，N 沟道刚刚合拢时的栅源电压 U_{GS} 称为**夹断电压** U_P，即

$$u_{GS} = u_{GD} = U_P \tag{2.3}$$

由于两个 PN 结处于反向偏置，所以栅极电流 $i_G \approx 0$。

可见，结型场效应管可视为一个由电压控制的可变电阻。改变栅源电压 u_{GS}，就可控制导电沟道的宽度，即控制漏极和源极之间的电阻。

（2）栅源电压 u_{GS} 控制漏极电流 i_D。

结型场效应管工作在放大状态的基本条件是：在漏极与源极之间加正向偏置电压 u_{DS}，栅

极与源极之间加反向偏置电压 u_{GS}，即在如图 2.10（a）所示 N 沟道结型场效应管电路图中，$u_{DS} > 0$，$u_{GS} < 0$。

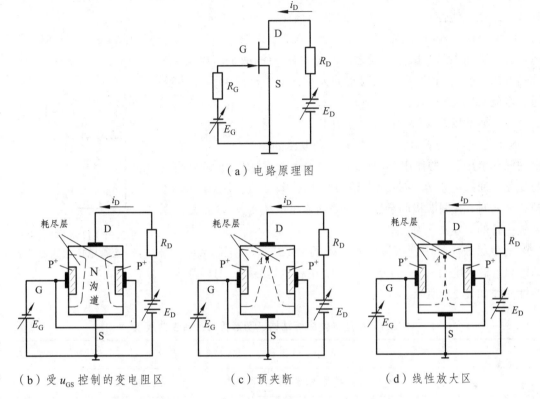

（a）电路原理图

（b）受 u_{GS} 控制的变电阻区　　　　（c）预夹断　　　　（d）线性放大区

图 2.10　u_{GS}、u_{DS} 对漏极 i_D 的控制原理图

① 如图 2.10（b）所示，当增加漏源电压 u_{DS} 时，耗尽层呈楔型分布。

当 u_{GS} 为常数，u_{DS} 在较小范围内变化时，u_{DS} 对 N 沟道形状的影响不大，导电 N 沟道电阻 r_{DS} 近似为常量，即漏极电流为

$$i_D = \left. \frac{u_{DS}}{r_{DS}} \right|_{u_{GS}=\text{常数}}$$

若改变 u_{GS} 的大小，则将改变导电 N 沟道电阻 r_{DS} 的大小，从而改变 i_D 与 u_{DS} 的正比系数。因此，可认为此时管子工作在一个受 u_{GS} 控制的可**变电阻区**（见表 2.1 中的输出特性曲线）。

② 如图 2.10（c）所示，当 u_{DS} 增加到某一定值时，耗尽层将在漏极附近 A 点处相遇，这种情况称为**预夹断**。预夹断时各极之间电压关系为

$$u_{GD} = u_{GS} - u_{DS} \tag{2.4}$$

由式（2.3）、式（2.4）得

$$U_P = u_{GS} - u_{DS} \tag{2.5}$$

③ 如图 2.10（d）所示，若再继续增大 u_{DS}，则被夹断的沟道将向源极 S 方向扩展。由于夹断区呈高阻性质，因此增加的 u_{DS} 几乎完全降落在夹断的耗尽层区中，而沟道非夹断区上的电压降基本不受 u_{DS} 变化的影响，从而使 i_D 几乎维持不变（输出特性曲线趋于水平），此时管子工作在**线性放大区**（见表 2.1 中的输出特性曲线）。

综上所述，若将 u_{DS} 固定于某一合适的值，增大 $|u_{GS}|$，则会使耗尽层变厚、导电沟道电阻增大，进而引起 i_D 减小。反之，i_D 随着 $|u_{GS}|$ 的减小而变大。这就是利用改变 u_{GS} 的大小来控制 i_D 的大小，即用栅源电压 u_{GS} 控制漏源电流 i_D 的工作原理。

（3）结型场效应管的电压放大作用。

N 沟道结型场效应管电压放大原理电路如图 2.11 所示，在一定的漏源电压 u_{DS} 的作用下，改变 u_{GS} 的大小可控制 i_D 的大小。而 i_D 的变化可通过电阻 R_D 转换成电压的变化。当输入信号电压 u_i 接入栅源之间时，在漏源极间会获得较大的输出电压 u_{DS}，这就是结型场效应管的电压放大作用。

结型场效应管中，栅极与沟道间的 PN 结是反向偏置的，栅源电阻（输入电阻）R_{GS} 可达到 $10^8\ \Omega$ 左右。其结构、图形符号及特性曲线如表 2.1 所示。

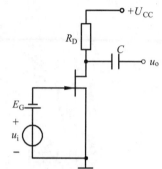

图 2.11　N 沟道结型场效应管电压放大原理

表 2.1　结型场效应管结构、图形符号及特性曲线表

场效应管	结型场效应管（又称 J 型管）	
	N 型导电沟道	P 型导电沟道
结构	漏极 D／耗尽层／P+／栅极 G／N 沟道／P+／源极 S	漏极 D／耗尽层／N+／栅极 G／P 沟道／N+／源极 S
图形符号	D／G／S	D／G／S
栅源工作电压	$u_{GS} < 0$	$u_{GS} > 0$

续表

场效应管	结型场效应管（又称 J 型管）	
	N 型导电沟道	P 型导电沟道
N 沟道特性曲线	（1）输出特性曲线：$i_D = f(u_{DS})\big|_{u_{GS}=常数}$。 ① 可变电阻区。 在此区域中，场效应管可视为一个受栅源电压 u_{GS} 控制的可变电阻。 ② 线性放大区。 在此区域中，特性曲线趋于水平，漏极电流 i_D 受控于栅源电压 u_{GS}，而几乎与漏源电压 u_{DS} 无关。 ③ 击穿区。 当漏源电压 u_{DS} 超过 PN 结所能承受的反向电压时，发生击穿现象。为了避免管子损坏，场效应管不允许工作在这一区域 ④ 截止区。 当栅源电压 $u_{GS} \leq U_P$ 夹断电压时，导电沟道被夹断，漏极电流 $i_D \approx 0$，管子进入截止区。 （2）转移特性曲线：$i_D = f(u_{GS})\big|_{u_{DS}=常数}$。 转移特性曲线是用来表示输入电压 u_{GS} 对输出漏极电流 i_D 的控制作用。 图中表示某一 N 沟道结型场效应管，当漏源电压 $u_{DS} = 10\ \text{V}$ 时的转移特性曲线。 （3）无输入特性曲线：$i_G \approx 0$	 输出特性曲线 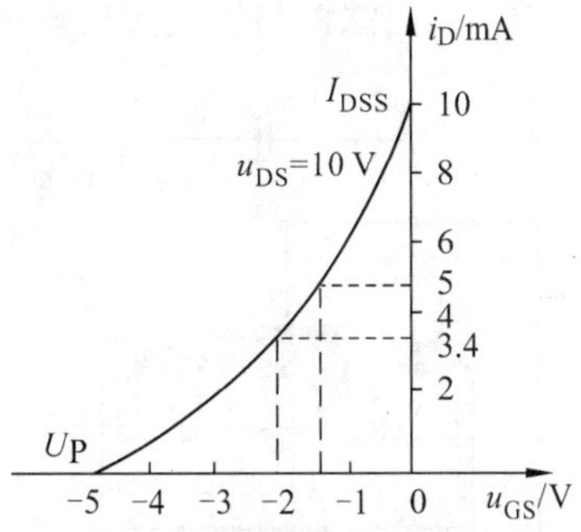 转移特性曲线
夹断	导电沟道刚刚合拢时的栅源电压 u_{GS} 称为夹断电压 U_P 导电沟完全消失时，沟道电阻趋于无穷大，这种状态称为夹断状态	

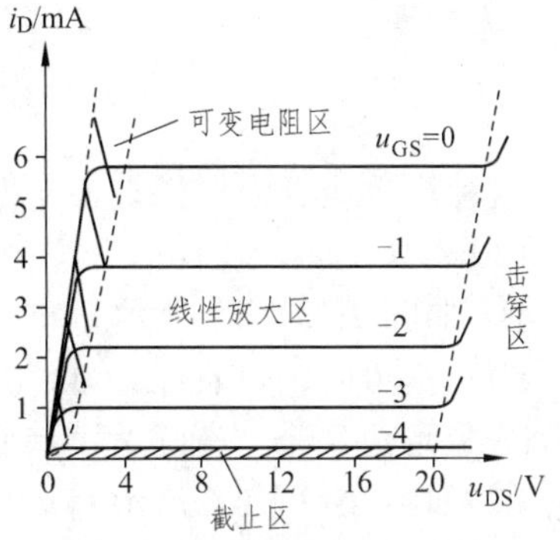

2）绝缘栅场效应管

最常用的绝缘栅场效应管为金属氧化物半导体场效应管，简称为 MOS（Metal Oxide Semiconductor）场效应管。按其工作状态可以分为**增强型**和**耗尽型**两类，而每类又有 N 沟道和 P 沟道之分。

绝缘栅场效应管的栅极与导电沟道之间用一绝缘层隔开，其栅源电阻 R_{GS} 高达 $10^{15}\ \Omega$，栅极电流 i_G 几乎为零。由于在制作上比较简单，所以大量地应用于集成电路的制造中。下面以 N 沟道为例来进行讨论。

（1）N 沟道增强型绝缘场效应管。

如图 2.12（a）所示是 N 沟道增强型 MOS 管的结构示意图。在一块杂质浓度较低的 P 型薄硅片衬底上，扩散两个掺杂浓度很高的 N⁺型区，然后在 P 型硅表面制作 SiO_2 薄层作为绝缘层，穿过绝缘层引出两个铝电极，分别为源极 S 和漏极 D，并在绝缘层上面引出一个铝电极为栅极 G。

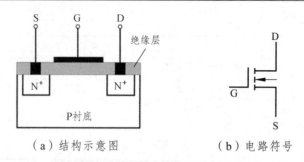

（a）结构示意图　　　　　　　　（b）电路符号

图 2.12　N 沟道增强型场效应管

　　这种场效应管的栅极与各电极之间是绝缘的，因此称为绝缘栅场效应管。电路符号如图 2.12（b）所示。

　　① 如图 2.13（a）所示，$u_{GS}=0$，无导电沟道，$i_D=0$。

　　当 $u_{GS}=0$ 时，如果 $u_{DS}\neq0$，由于在两个由 N 型半导体组成的漏极与源极之间，被 P 型衬底隔开，形成两个"背靠背"串联的 PN 结，所以不具有原始导电沟道。

　　② 如图 2.13（b）所示，u_{GS} 产生导电沟道，$i_D=0$。

　　当栅极与源极之间加正向电压 u_{GS}，将其由 0 V 逐渐增大，在电场作用下，衬底中的自由电子将被吸引到与绝缘层的交界面处，填补空穴而形成负离子的耗尽层。如果继续增大 u_{GS}，吸引到交界面处的自由电子更多，填补空穴后有剩余，便在交界面处形成一个 N 型层（称为反型层），使漏极与源极间出现了导电沟道。

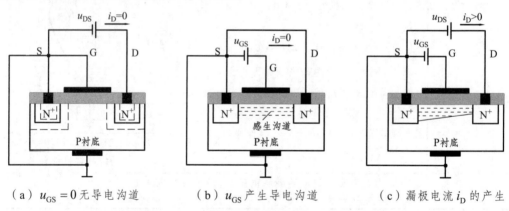

（a）$u_{GS}=0$ 无导电沟道　　　（b）u_{GS} 产生导电沟道　　　（c）漏极电流 i_D 的产生

图 2.13　N 沟道增强型场效应管的工作原理

　　③ 如图 2.13（c）所示，加一正向电压 u_{DS}，将产生漏极电流 i_D。

　　加电压 u_{DS} 后，沿着源极→沟道→漏极将产生一个横向电位梯度，越靠近漏极，栅极与沟道间的电位差越小，沟道就越窄。

　　若增大 u_{GS}，则沟道展宽，其沟道电阻减小，i_D 增大。由此可见，改变栅源电压 u_{GS}，可以控制漏极电流 i_D 的大小。

　　（2）N 沟道耗尽型绝缘栅场效应管。

　　N 沟道耗尽型 MOS 管的结构与 N 沟道增强型 MOS 管的结构相似，只是在二氧化硅绝缘层中掺入了大量正离子。这些正离子吸引 P 型衬底中的自由电子到栅极下方，在漏极和源极间形成原始导电沟道。其结构示意图和电路符号如图 2.14 所示。

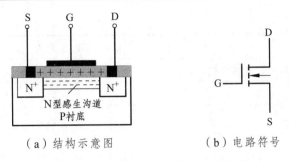

（a）结构示意图　　　　　　　（b）电路符号

图 2.14　N 沟道耗尽型绝缘栅场效应管

① 耗尽型管与增强型管相比，结构变化不大，其控制特性却有明显的改进。在 u_{DS} 为常数的情况下，当 $u_{GS}=0$ 时，漏、源极之间已可导通，流过原始导电沟道的是饱和漏极电流 I_{DSS}。

② 当 $u_{GS}>0$ 时，在 N 型沟道内感应出更多的自由电子，使导电沟道变厚，i_D 增大，所以 i_D 随 u_{GS} 的增大而增大。

③ 当 $u_{GS}<0$ 时，u_{GS} 抵消了绝缘层中正离子的作用，使导电沟道变薄，沟道电阻增加，i_D 变小（但 $|u_{GS}|>|U_P|$）。

④ 当 u_{GS} 等于**夹断电压** U_P 时，沟道被夹断，管子截止，$i_D \approx 0$。

绝缘栅场效应管的结构、图形符号及特性曲线如表 2.2 所示。

表 2.2　绝缘栅场效应管结构、图形符号及特性曲线表

场效应管	绝缘栅场效应管（MOS 管）			
	增强型绝缘栅场效应管		耗尽型绝缘栅场效应管	
	N 沟道	P 沟道	N 沟道	P 沟道
结构	N 沟道结构：在 P 型薄硅片衬底上，扩散两个掺杂浓度很高的 N 型区（N^+ 表示），引出两个铝电极 S、D；在绝缘层 SiO_2 上引出铝电极 G。由于两个 N 型半导体之间，被 P 型衬底隔开，形成两个"背靠背"串联的 PN 结，所以不具有原始导电沟道		N 沟道结构：结构与 N 沟道增强型 MOS 管相似，只是在 SiO_2 绝缘层中掺入了大量正离子。在正离子作用下，漏极 D 和源极 S 间形成原始导电沟道	
图形符号				

续表

	绝缘栅场效应管（MOS 管）			
场效应管	增强型绝缘栅场效应管		耗尽型绝缘栅场效应管	
	N 沟道	P 沟道	N 沟道	P 沟道
N 沟道特性曲线	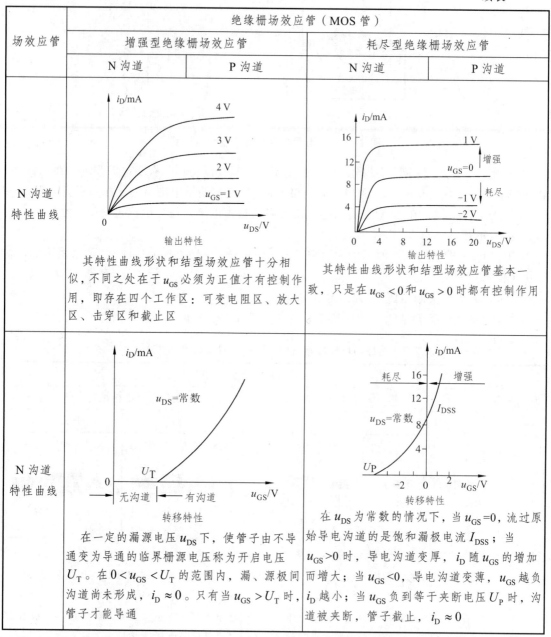 其特性曲线形状和结型场效应管十分相似，不同之处在于 u_{GS} 必须为正值才有控制作用，即存在四个工作区：可变电阻区、放大区、击穿区和截止区		其特性曲线形状和结型场效应管基本一致，只是在 $u_{GS}<0$ 和 $u_{GS}>0$ 时都有控制作用	
N 沟道特性曲线	在一定的漏源电压 u_{DS} 下，使管子由不导通变为导通的临界栅源电压称为开启电压 U_T。在 $0<u_{GS}<U_T$ 的范围内，漏、源极间沟道尚未形成，$i_D \approx 0$。只有当 $u_{GS}>U_T$ 时，管子才能导通		在 u_{DS} 为常数的情况下，当 $u_{GS}=0$，流过原始导电沟道的是饱和漏极电流 I_{DSS}；当 $u_{GS}>0$ 时，导电沟道变厚，i_D 随 u_{GS} 的增加而增大；当 $u_{GS}<0$，导电沟道变薄，u_{GS} 越负 i_D 越小；当 u_{GS} 负到等于夹断电压 U_P 时，沟道被夹断，管子截止，$i_D \approx 0$	

2. 场效应管的主要参数

各类场效应管的主要参数基本相同。需要注意的是，结型场效应管和耗尽型 MOS 管用夹断电压 U_P 来表征管子的特性，而增强型 MOS 管用开启电压 U_T 来表征管子的特性。其主要参数如下：

1）夹断电压 U_P

在 u_{DS} 为某一固定值（通常为 10 V）的条件下，使 i_D 等于某一微小电流（通常小于 50 μA）

时，栅源电压 u_{GS} 为夹断电压 U_P。

2）开启电压 U_T

在 u_{DS} 为某一固定值的条件下，使沟道可以将漏极和源极连接起来的最小的 u_{GS} 值为 U_T。

3）饱和漏极电流 I_{DSS}

在 $u_{GS}=0$ 的条件下，漏源电压 $|u_{DS}|$ 大于夹断电压 $|U_P|$ 时的漏极电流称为 I_{DSS}。

4）栅源直流输入电阻 R_{GS}

栅源电压（通常 $u_{GS}=10\,V$）与栅极电流之比。场效应管的直流输入电阻 R_{GS} 很大。

5）漏源击穿电压 BU_{DS}

在增加漏源电压过程中，使 i_D 开始剧增的 u_{DS} 值称漏源击穿电压。

3. 场效应管使用注意事项

（1）在使用场效应管时，除了注意不要超过它的极限参数（最大漏源电流 I_{DSM}、最大耗散功率 P_{DM}、漏源击穿电压 BU_{DS}、栅源击穿电压 BU_{GS} 等）之外，对于绝缘栅场效应管还应注意由于感应电压过高而造成场效应管击穿的问题。

（2）绝缘栅场效应管输入电阻很高，所以在栅极感应出来的电荷就很难通过这个电阻泄漏掉。电荷的积累使电压升高，造成栅极氧化层击穿而损坏管子。为此，在测量和使用时，必须始终保持栅源极之间有一定的直流通路，不可以用万用表的欧姆挡定性地测试 MOS 管。

（3）保存场效应管时，应将各电极短路；在焊接时，最好将三个电极用导线捆绕短路，并顺着源、栅的次序焊在电路上，电烙铁或测试仪表与场效应管接触时，均应事先接地。

2.2.3 常见问题讨论

（1）三极管是一个基射极电压 u_{BE} 控制集电极电流 i_C 器件。

解答：错。

三极管是一个电流控制器件，即基极电流 i_B 控制集电极电流 i_C。

（2）场效应管是一个电压控制电流器件。

解答：对。

场效应管是一个栅源电压 u_{GS} 控制漏极电流 i_D 的器件，即电压控制器件。

（3）三极管用输入特性曲线和输出特性曲线描述其器件的伏安特性。

解答：对。

三极管特性曲线描述了器件有三个工作区：饱和区、放大区和截止区。

（4）场效应管用输入特性曲线和输出特性曲线描述其器件的伏安特性。

解答：错。

场效应管是用输出特性曲线和转移特性曲线来描述其伏安特性和控制关系。由于栅极电流 $i_D \approx 0$，所以无输入特性曲线。场效应管有四个工作区：可变电阻区、放大区、击穿区和截止区。

2.3   三极管基本放大电路

三极管放大电路构成的条件为：一是**发射结正偏，集电结反偏**；二是放大电路要有完善的**直流通路**和**交流通路**。

三极管放大电路的分析主要是围绕**静态工作点**的设置和放大电路的**动态技术指标**展开。即直流通路分析为静态分析，其值为静态工作点值；交流通路分析为动态分析，其值为动态技术指标值。

2.3.1   基本放大电路的组成

如图 2.15 所示电路是共发射极基本放大电路（又称单管电压放大电路），其电路主要由输入电路模块、放大电路模块、输出电路模块等三个单元电路模块组成，输入模块中含有输入交流信号源 u_i，放大模块中含有放大器件三极管，输出模块中含有负载电阻 R_L 和输出端电压为 u_o。电路中各元件的作用如下：

1. 三极管 T

三极管 T 是电流放大器件。其放大作用是利用基极电流 i_B 来控制集电极电流 i_C，将直流电源 U_{CC} 的能量转化为所需的信号供给负载。

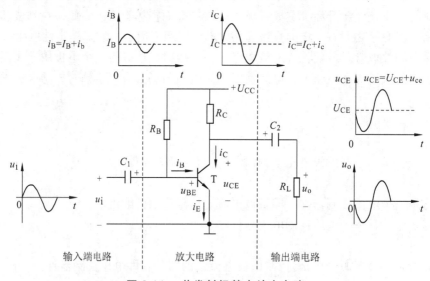

图 2.14   共发射极基本放大电路

2. 直流电压源 U_{CC}

直流电压源 U_{CC} 的作用有两个：一是保证发射结处于正向偏置、集电结处于反向偏置，使三极管工作在放大状态；二是为放大电路提供能源。

3. 集电极电阻 R_C

集电极电阻 R_C 的作用是将集电极电流 i_C 的变化转换为输出电压 u_o 的变化，以实现输入信号的电压放大。

4. 基极电阻 R_B（偏流电阻）

基极电阻 R_B 的作用是为三极管提供合适的基极电流 i_B。

5. 耦合电容器 C_1 和 C_2

耦合电容器 C_1 和 C_2 有两个作用：一是隔断直流（简称"隔直"），即利用 C_1、C_2 隔断放大电路与信号源、放大电路与负载之间直流联系，以免其直流工作状态互相影响；二是传输交流（简称"通交"），即由 C_1、C_2 沟通信号源、放大器和负载三者之间的交流通路，简称为"隔直通交"。

注意：

（1）交、直流叠加电量表示方式：变量为斜体小写，下标为正体大写，如 u_{BE}。

（2）直流电量表示方式：变量为斜体大写，下标为正体大写，如 U_{BE}。

（3）交流电量表示方式：变量为斜体小写，下标为正体小写，如 u_{be}。

（4）在图 2.14 中，基极电阻 R_B、电压源 U_{CC} 和发射结电压 U_{BE} 构成放大电路的直流输入回路。

（5）在图 2.14 中，集电极电阻 R_C、电压源 U_{CC} 和集-射极电压 U_{CE} 构成放大电路的直流输出回路。

2.3.2　放大电路的静态分析

放大电路的静态分析指的是电路处于直流状态（输入信号 $u_i = 0$ 时的状态）下的参数分析，基极电流 I_B、集电极电流 I_C 和集-射极电压 U_{CE} 称为**静态值**。以图 2.15 所示放大电路为例，讨论静态分析。

【**例 2.3**】　在如图 2.15 所示电路中，已知电压源 $U_{CC} = 12$ V，基极电阻 $R_B = 280$ kΩ，集电极电阻 $R_C = 3$ kΩ，晶体管放大系数 $\beta = 60$，发射结电压 $U_{BE} = 0.7$ V，试求放大电路的静态值。

分析：

（1）根据 KVL，列出输入回路电压方程式为 $U_{CC} = U_{BE} + I_B R_B$，解得静态基极电流 $I_B = \dfrac{U_{CC} - U_{BE}}{R_B}$，其中已知发射结电压 $U_{BE} = 0.7$ V。

（2）由式 $I_C = \beta I_B$ 得集电极电流 I_C，其中已知 $\beta = 60$。

（3）由输出回路电压方程式 $U_{CE} = U_{CC} - I_C R_C$ 解得集-射极电压 U_{CE}。

解　基极偏置电流 I_B

$$I_B = \frac{U_{CC} - U_{BE}}{R_B} = \frac{12 - 0.7}{280 \times 10^3} \approx 40 \times 10^{-6} \text{ (A)} = 40 \text{ (μA)}$$

集电极电流 I_C

$$I_C = \beta I_B = 60 \times 40 \times 10^{-6} = 2.4 \times 10^{-3} \text{ (A)} = 2.4 \text{ (mA)}$$

集-射极电压 U_{CE}

$$U_{CE} = U_{CC} - I_C R_C = 12 - 2.4 \times 10^{-3} \times 3 \times 10^3 = 4.8 \ (V)$$

结论： 图 2.15 所示电路的静态值计算式为：

基极电流 I_B

$$I_B = \frac{U_{CC} - U_{BE}}{R_B} \tag{2.6}$$

集电极电流 I_C

$$I_C = \beta I_B \tag{2.7}$$

集-射极电压 U_{CE}

$$U_{CE} = U_{CC} - I_C R_C \tag{2.8}$$

【**例 2.4**】 放大电路如图 2.16 所示，已知电压源 $U_{CC} = 15$ V，集电极电阻 $R_C = 3 \ k\Omega$，基极电阻 $R_B = 390 \ k\Omega$，发射极电阻 $R_{E1} = 100 \ \Omega$，$R_{E2} = 1 \ k\Omega$，负载电阻 $R_L = 10 \ k\Omega$，发射结电压 $U_{BE} = 0.7V$，集-射极临界饱和电压 $U_{CES} = 0$ V，放大系数 $\beta = 99$，耦合电容的容量对放大电路的工作频率足够大。试讨论三极管的工作状态，如工作状态为放大状态，则计算静态工作点值。

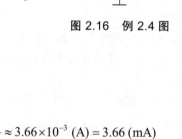

图 2.16 例 2.4 图

分析：

（1）首先判断放大电路的工作状态。当 $I_B < I_{BS}$ 时，电路工作状态为放大状态。

（2）三个静态工作点值（I_B、I_C、U_{CE}）的解题思路与例 2.3 相似。只是注意在列 KVL 方程时，发射极上连接有两个电阻 R_{E1}、R_{E2}。

解 （1）三极管的工作状态。

临界饱和值为

$$I_{CS} = \frac{U_{CC} - U_{CES}}{R_C + R_{E1} + R_{E2}} = \frac{15}{(4 + 0.1 + 1) \times 10^3} \approx 3.66 \times 10^{-3} \ (A) = 3.66 \ (mA)$$

$$I_{BS} = \frac{I_{CS}}{\beta} = \frac{3.66 \times 10^{-3}}{99} \approx 37 \times 10^{-6} \ (A) = 37 \ (\mu A)$$

设三极管工作在放大状态下，有

$$\begin{cases} U_{CC} = I_B R_B + U_{BE} + I_E(R_{E1} + R_{E2}) \\ I_E = I_B + I_C = I_B + \beta I_B = (1 + \beta) I_B \end{cases}$$

解联立方程组，得

$$I_B = \frac{U_{CC} - U_{BE}}{R_B + (1 + \beta)(R_{E1} + R_{E2})}$$

$$= \frac{15 - 0.7}{[390 + (1 + 99) \times (0.1 + 1)] \times 10^3} = 28.6 \times 10^{-6} \text{ (A)} = 28.6 \text{ (}\mu\text{A)}$$

由上述分析可知，$I_B < I_{BS}$，所以晶体管工作在放大状态。

（2）计算静态工作点 I_B、I_C、U_{CE}。

$$I_B = 28.6 \ \mu\text{A}$$

$$I_C = \beta I_B = 99 \times 28.6 \times 10^{-6} = 2.83 \text{ mA}$$

设 $I_E \approx I_C$，则有

$$U_{CE} = U_{CC} - R_C I_C - I_E(R_{E1} + R_{E2})$$

$$\approx U_{CC} - I_C(R_C + R_{E1} + R_{E2})$$

$$= 15 - 2.83 \times 10^{-3} \times (3 + 0.1 + 1) \times 10^3 = 3.38 \text{ (V)}$$

结论：

（1）当发射极正偏时，三极管的工作状态主要是通过临界饱和值进行判断，即 $I_B < I_{BS}$ 为放大状态，$I_B > I_{BS}$ 则为饱和状态。

（2）当发射极没有连接电阻时（见图 2.15），基极电流求解式为式（2.6）；当发射极连接有电阻 R_E 时（见图 2.16），基极电流求解式为

$$I_B = \frac{U_{CC} - U_{BE}}{R_B + (1 + \beta)R_E} \tag{2.9}$$

注意：

（1）式（2.6）与式（2.9）的区别是发射极电阻 R_E 引起的计算式分母的变化。

（2）放大工作状态下，集电极电流 $I_C = \beta I_B$ 与电路结构无关。

（3）输出回路写 KVL 方程解 U_{CE} 时，可以应用 $I_E \approx I_C$ 概念分析计算。

2.3.3　放大电路的动态分析

设放大电路中的直流电压源 U_{CC} 为零，形成由交流输入信号 u_i 作用的动态电路，即动态分析是围绕着放大电路的交流通路展开讨论，其主要的动态性能技术指标有：电压放大倍数 $\dot{A}_u$ 和 $\dot{A}_{uS}$、输入电阻 r_i 和输出电阻 r_o。

1. 动态性能技术指标分析

一般基本的放大电路可分为三个单元电路模块：输入端电路模块、放大电路模块和输出电路模块。如图 2.15 所示。下面用框图方式表示三个单元电路模块，如图 2.17 所示，讨论动态值的基本概念。

（1）电压放大倍数 $\dot{A}_u$、$\dot{A}_{uS}$ 的定义，电路如图 2.18 所示。

电压放大倍数定义为

$$\dot{A}_{u} = \frac{\dot{U}_{o}}{\dot{U}_{i}} \qquad\qquad (2.10)$$

即电压放大倍数 $\dot{A}_{u}$ 表示输出电压 u_{o} 相对于输入电压 u_{i} 的倍数。

$$\dot{A}_{uS} = \frac{\dot{U}_{o}}{\dot{U}_{S}} \qquad\qquad (2.11)$$

即电压放大倍数 $\dot{A}_{uS}$ 表示输出电压 u_{o} 相对于输入信号源电压 u_{S} 的倍数。

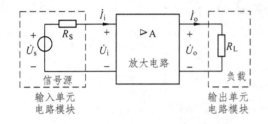 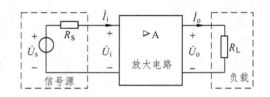

图 2.17　基本放大电路框图　　　　图 2.18　电压放大倍数的定义图

（2）放大电路的输入电阻 r_{i} 的定义，电路如图 2.19 所示。

输入电阻 r_{i} 定义为

$$r_{i} = \frac{\dot{U}_{i}}{\dot{I}_{i}} \qquad\qquad (2.12)$$

图 2.19　输入电阻的定义图

即从放大电路模块的输入端看过去的等效电阻 r_{i}，由欧姆定律得式（2.12）。

注意：输入电阻 r_{i} 是一个交流动态电阻，是对交流信号而言的电阻。

通常希望放大电路的输入电阻 r_{i} 值高一些，这是因为 r_{i} 较小会引起以下后果：

① 通过信号源电流较大，增加信号源的负担；

② 当信号源存在内阻 R_{S} 时，r_{i} 上的分压较小，即 u_{i} 较小；

③ 在多极放大电路中，后级放大电路的输入电阻，就是前级放大电路的负载电阻，r_{i} 较小将使前级放大电路的电压放大倍数降低。

（3）放大电路的输出电阻 r_{o} 的定义，电路如图 2.20 所示。

放大电路对负载电阻 R_{L}（或对后级放大电路）来说，可以被视为一个等效电压源模型，即将负载电阻 R_{L} 移去形成二端网络，其二端网络的等效电阻被定义为放大电路的输出电阻 r_{o}。

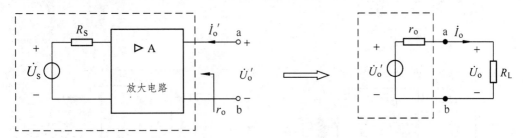

图 2.20 输出电阻的定义图

根据图 2.20 所示电路，可得出计算输出电阻 r_o 的三种方法：

① 串、并联法。设图 2.20 电路中所有独立电源为零，构成无源二端网络，如图 2.21 所示，用电阻串、并联等计算方法，计算其等效电阻 r_o。

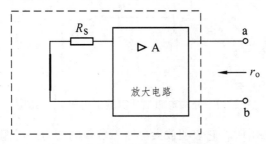

图 2.21 串、并法计算输出电阻 r_o 图

② 开短路法。通过计算如图 2.22 所示电路的开路电压 $\dot{U}_o'$、短路电流 $\dot{I}_{oS}'$ 和戴维南定理等效电路分析，得出输出电阻 r_o 计算式为

$$r_o = \frac{\dot{U}_o'}{\dot{I}_{oS}'}$$

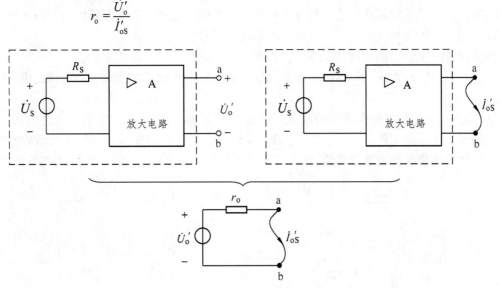

图 2.22 开短路法计算等效输出电阻 r_o 示意图

③ 外加电源法。如图 2.23 所示，外加电源可以是电压源 $\dot{U}_S'$，也可以是电流源 $\dot{I}_S'$。根据欧姆定律得输出电阻 r_o 计算式：

$$r_{\mathrm{o}} = \left.\frac{\dot{U}_{\mathrm{S}}'}{\dot{I}_{\mathrm{S}}'}\right|_{\dot{U}_{\mathrm{S}}=0}$$

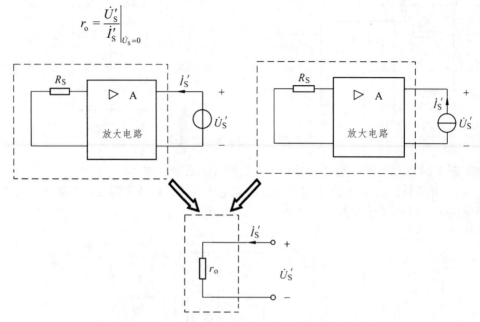

图 2.23　外加电源法计算输出电阻 r_{o} 电路图

注意：r_{o} 是交流动态电阻，它表明放大电路带负载的能力，r_{o} 阻值越大表明带负载的能力越差，反之则强。

2. 三极管微变等效电路（低频小信号模型）

我们已经定义了动态放大电路的三个技术指标：电压放大倍数 $\dot{A}_{\mathrm{u}}$ 和 $\dot{A}_{\mathrm{uS}}$、输入电阻 r_{i} 和输出电阻 r_{o}，但对于如何具体地进行分析计算，则必须画出动态放大电路的微变等效电路，即核心问题是三极管如何用微变等效线性电路模型来替代。

为了保证三极管工作在**线性状态下**，三极管必须满足的工作条件为：

① 输入信号 u_{i} 很小，即信号 u_{i} 在静态工作点附近进行微小的变化，其变化范围不超出放大区；

② 将三极管输出特性曲线中的放大区理想化为线性区，即电压与电流为线性关系。

在满足上述限定工作条件下，动态电路分析中的三极管可用如图 2.24 所示等效线性电路来替代，称为**三极管微变等效电路**。

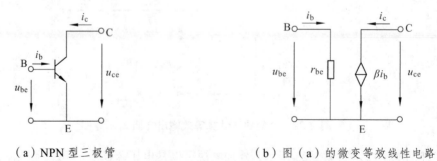

（a）NPN 型三极管　　　　　　　　　（b）图（a）的微变等效线性电路

图 2.24　NPN 型三极管及微变效电路

图 2.24（b）所示电路中，电阻 r_{be} 称为**三极管**的输入电阻。常用下式计算

$$r_{\text{be}} = 300 + (1+\beta)\frac{26\,(\text{mV})}{I_E\,(\text{mA})} \tag{2.13}$$

3. 放大电路的微变等效电路及动态参数分析

放大电路的动态分析分为两步：首先是画出放大电路的微变等效电路图，其次是根据微变等效电路解动态参数 $\dot{A}_u$、r_i 和 r_o 值。

【**例 2.5**】　放大电路如图 2.25（a）所示，试画出放大电路的微变等效电路，并写出计算电压放大倍数 $\dot{A}_u$、输入电阻 r_i 和输出电阻 r_o 的表达式。

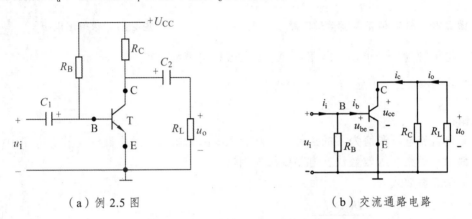

　　　　（a）例 2.5 图　　　　　　　　　　　（b）交流通路电路

图 2.25　例 2.5 题电路图和交流通路电路图

分析：

（1）电路的等效变换。令直流电压源为零（即 $U_{CC}=0$），将耦合电容 C_1 和 C_2 视为"短路"，即 U_{CC}、C_1 和 C_2 用"短路线"等效替代，如图 2.25（b）所示。

（2）设三极管工作在线性放大区，用图 2.24（b）等效替代图 2.25（b）中的三极管，得到如图 2.26 所示的微变等效电路。

（3）根据动态参数的定义写出 $\dot{A}_u$、r_i 和 r_o 表达式。

解　（1）画出放大电路的微变等效电路，如图 2.25 所示。

（2）写出 $\dot{A}_u$、r_i 和 r_o 的表达式。

由式（2.13）得

$$r_{\text{be}} = 300 + (1+\beta)\frac{26\,(\text{mV})}{I_E\,(\text{mA})}$$

电压放大倍数

$$\dot{A}_u = \frac{\dot{U}_o}{\dot{U}_i} = \frac{-\beta \dot{I}_b(R_C /\!/ R_L)}{\dot{I}_b r_{\text{be}}} = -\frac{\beta(R_C /\!/ R_L)}{r_{\text{be}}}$$

输入电阻

$$r_i = R_B /\!/ r_{\text{be}}$$

用外加电压源法求输出电阻 r_o，电路如图 2.27 所示。

因为 $\dot{I}_b = 0$

所以 $\dot{I}_c = \beta \dot{i}_b = 0$

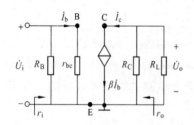 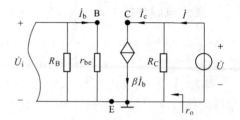

图 2.26　图 2.24 的微变等效电路　　　　图 2.27　求输出电阻

授控电流源为零，可用"断路"等效替代授控电流源。得

$$r_o = \frac{\dot{U}}{\dot{I}} = R_C$$

结论：

（1）在直流电压源值为零的条件下，画放大电路的微变等效电路时，放大电路中电压源和电容都用"短路"等效替代，电路变量为相量。

（2）动态参数式为

$$\dot{A}_u = -\frac{\beta(R_C /\!/ R_L)}{r_{be}} \tag{2.14}$$

$$r_i = R_B /\!/ r_{be} \tag{2.15}$$

$$r_o = R_C \tag{2.16}$$

式（2.14）中的负号表示输出电压与输入电压的相位相反。

【**例 2.6**】放大电路如图 2.28 所示，参数与例 2.4 题相同，并已知信号电源内阻 $R_S = 1\,\text{k}\Omega$，试：

（1）画出微变等效电路。

（2）计算输入电阻 r_i、输出电阻 r_o 和电压放大倍数 $\dot{A}_u$、$\dot{A}_{uS}$。

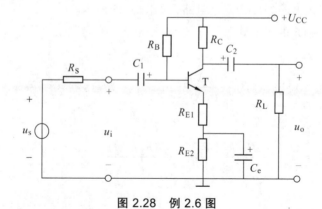

图 2.28　例 2.6 图

分析:

（1）令: $U_{CC} = 0$, 耦合电容 C_1、C_2 和旁路电容 C_e "短路"; 用图 2.24 (b) 等效替代三极管, 得到微变等效电路如图 2.29 所示。

（2）输入电阻 $r_i = R_B // r_i'$, 其中 r_i' 表示由 AB 端向右看的等效电阻, 即 $r_i' = \dfrac{\dot{U}_i}{\dot{I}_b}$; 用开短路法 (如图 2.30 所示) 可得输出电阻 $r_o = R_C$; 由图 2.29 解电压放大倍数 $\dot{A}_u = \dfrac{\dot{U}_o}{\dot{U}_i}$, 由图 2.31 解电压放大倍数 $\dot{A}_{uS} = \dfrac{\dot{U}_o}{\dot{U}_S}$。

解　（1）画出微变等效电路如图 2.29 (a) 所示。

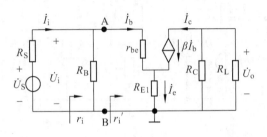 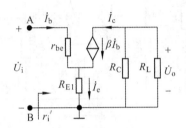

（a）微变等效电路　　　　　　　　（b）输入电阻 r_i' 示意图

图 2.29　放大电路的微变等效电路及输入电阻计算分析图

由例 2.4 题可知, 静态工作点 $I_E \approx I_C = 2.83\,\text{mA}$, 由式 (2.13) 得

$$r_{be} = 300 + (1+\beta)\frac{26\,(\text{mV})}{I_E\,(\text{mA})}$$

$$= 300 + (1+99) \times \frac{26\,(\text{mV})}{2.83\,(\text{mA})} \approx 1.219\,(\text{k}\Omega)$$

（2）解输入电阻 r_i。

根据图 2.29 (a) 解 r_i

$$r_i = R_B // r_i'$$

根据图 2.29 (b) 解 r_i'

$$r_i' = \frac{\dot{U}_i}{\dot{I}_b}$$

列出图 2.29 (b) 中 KCL 方程有

$$\dot{I}_e = \dot{I}_b + \beta\dot{I}_b = (1+\beta)\dot{I}_b$$

列出图 2.29 (b) 中 KVL 方程有

$$\dot{U}_i = r_{be}\dot{I}_b + R_{E1}\dot{I}_e = (r_{be} + R_{E1}(1+\beta))\dot{I}_b$$

则 r_i' 为

$$r_i' = \frac{\dot{U}_i}{\dot{I}_b} = r_{be} + R_{E1}(1+\beta)$$

输入电阻 r_i 为

$$r_i = R_B // r_i' = R_B //(r_{be} + R_{E1}(1+\beta))$$
$$= 390//(1.219 + 100 \times 0.1) = 10.89 \text{ (k}\Omega\text{)}$$

（3）输出电阻 r_o。

用开短路法求输出电阻 r_o，如图 2.30 所示。

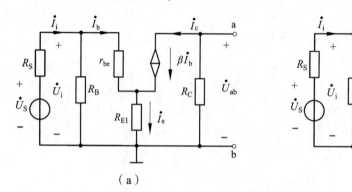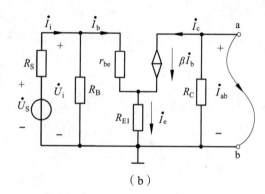

$$\text{（a）} \qquad\qquad\qquad\qquad\qquad \text{（b）}$$

图 2.30　开短路法求输出电阻

求图 2.30（a）中的开路电压 $\dot{U}_{ab}$，得

$$\dot{U}_{ab} = -\beta R_C \dot{I}_b$$

求图 2.30（b）中的短路电流 $\dot{I}_{ab}$，得

$$\dot{I}_{ab} = -\beta \dot{I}_b$$

输出电阻 r_o 为

$$r_o = \frac{\dot{U}_{ab}}{\dot{I}_{ab}} = \frac{-\beta R_C \dot{I}_b}{-\beta \dot{I}_b} = R_C = 3 \text{ k}\Omega$$

（4）计算电压放大倍数 $\dot{A}_u$、$\dot{A}_{uS}$。

由图 2.29 得 $\dot{A}_u$ 为

$$\dot{A}_u = \frac{\dot{U}_o}{\dot{U}_i} = \frac{-\beta \dot{I}_b \cdot (R_C // R_L)}{r_{be}\dot{I}_b + (1+\beta)R_{E1}\dot{I}_b} = \frac{-\beta \cdot (R_C // R_L)}{r_{be} + (1+\beta)R_{E1}}$$
$$= \frac{-99 \times (3//10) \times 10^3}{(1.219 + 100 \times 0.1) \times 10^3} \approx -20.33$$

由图 2.31 解得

$$\dot{U}_i = r_i \cdot \frac{\dot{U}_S}{R_S + r_i}$$

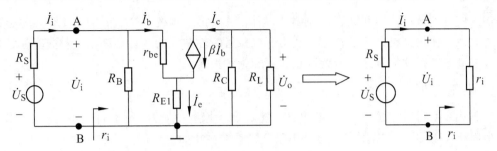

图 2.31　计算 $\dot{A}_{us}$ 的等效电路

电压放大倍数 $\dot{A}_{uS}$

$$\dot{A}_{uS} = \frac{\dot{U}_o}{\dot{U}_S} = \frac{\dot{U}_o}{\dot{U}_i} \cdot \frac{\dot{U}_i}{\dot{U}_S} = \dot{A}_u \cdot \frac{\dot{U}_i}{\dot{U}_S}$$

即

$$\dot{A}_{uS} = \dot{A}_u \cdot \frac{\dot{U}_i}{\dot{U}_S} = \dot{A}_u \cdot \frac{r_i}{R_S + r_i}$$

$$= (-20.33) \times \frac{10.89 \times 10^3}{(1 + 10.89) \times 10^3} = -18.62$$

结论：

（1）放大电路中的电容元件在微变等效电路中都用"短路"等效替代。

（2）当在微变等效电路中，发射极连接有电阻 R_E 元件时，其动态分析式为

$$r_i = R_B \,//\,(r_{be} + R_E(1+\beta)) \tag{2.17}$$

$$\dot{A}_u = \frac{-\beta \cdot (R_C \,//\, R_L)}{r_{be} + (1+\beta)R_E} \tag{2.18}$$

（3）不论放大电路的发射极是否连接有电阻 R_E 元件，其电压放大倍数 $\dot{A}_{uS}$ 式为

$$\dot{A}_{uS} = \dot{A}_u \cdot \frac{r_i}{R_S + r_i} \tag{2.19}$$

2.3.4　静态工作点的稳定问题简介

放大电路的静态工作点不合适，是引起动态工作点进入非线性区使放大信号失真的重要因素之一。实践证明，即使是设置了合适的静态工作点，但在外部因素（例如温度变化、晶体管老化、电源电压的波动等）的影响下，也会引起静态工作点的偏移，这种现象叫作静态工作点漂移，严重时会使放大电路不能正常工作。

1. 静态工作点对放大性能的影响

电压放大电路的基本要求就是输出信号尽可能不失真。所谓失真，是指输出信号的波形

不像输入信号的波形。引起失真的原因有多种，其中最基本的一个就是静态工作点不合适或者信号太大，使放大电路的工作范围超出了三极管特性曲线的线性范围。这种失真通常称为非线性失真。非线性失真又可分为截止失真和饱和失真。

1）截止失真

在图 2.32（a）中，静态工作点 Q 的位置太低，使输入信号的负半周进入截止区工作，i_b 的负半周和 u_{ce} 的正半周被削平。这种由于三极管的截止而引起的失真称为截止失真。

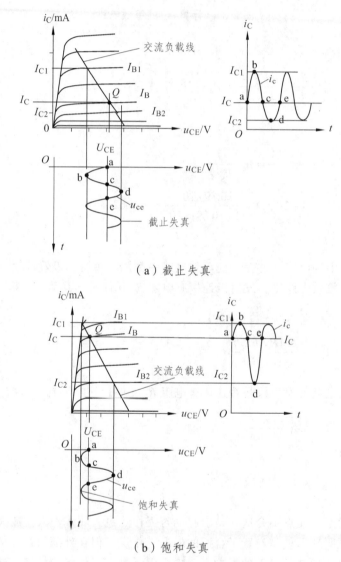

（a）截止失真

（b）饱和失真

图 2.32　静态工作点引起的输出电压波形失真

2）饱和失真

在图 2.32（b）中，静态工作点 Q 的位置太高，使输入信号的正半周进入饱和区工作，u_{ce} 和 i_c 出现失真，如图中 u_{ce} 的负半周已不是正弦变化。这种由于三极管的饱和而引起的失真称为饱和失真。

因此，要使放大电路不产生非线性失真，必须要有一个合适的静态工作点 Q，且输入信号 u_i 的幅值不能太大。在小信号放大电路中，此条件一般都能满足。

2. 温度对静态工作点的影响

外部因素中，对静态工作点影响最大的是温度，因为半导体材料对温度是非常敏感。严格地说，晶体管全部参数都与温度有关。但对静态工作点影响最大的是 U_{BE}、β 和 I_{CBO} 这三个参数。当温度升高时，静态电流 I_C 随着温度升高而增大，其参数变化关系如下：

$$t^\circ \uparrow \rightarrow \left\{ \begin{array}{c} U_{BE} \downarrow \rightarrow I_B \uparrow \\ \beta \uparrow \\ I_{CBO} \uparrow \rightarrow I_{CEO} \uparrow \end{array} \right\} \rightarrow I_C \uparrow$$

3. 分压式偏置电路

如果当温度变化时，静态电流 I_C 自动维持近似不变，静态工作点就可以稳定在原来设置处。实现这一设想的电路叫分压式偏置电路，它是应用最广泛的一种偏置电路，如图 2.33 所示，它能自行调节偏置电流 I_B。

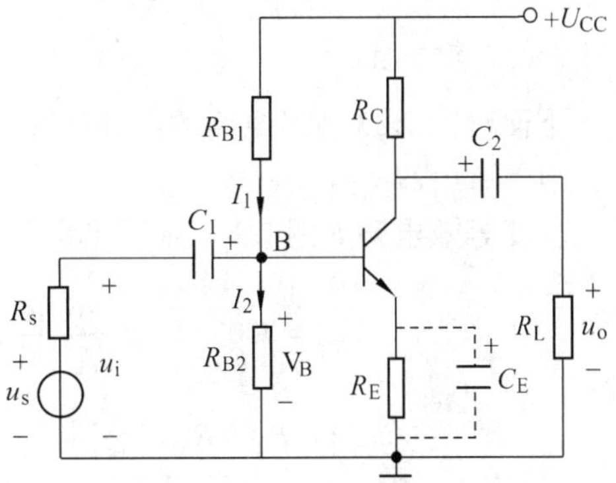

1）稳定静态工作点原理

在 R_{B1}、R_{B2} 构成的分压电路上，由 KCL 可列出

$$I_1 = I_2 + I_B$$

若使 $I_2 \gg I_B$，通常对硅管取 $I_2 \geq (5 \sim 10)I_B$，对锗管取 $I_2 \geq (10 \sim 20)I_B$，则有

$$I_1 \approx I_2 \approx \frac{U_{CC}}{R_{B1} + R_{B2}}$$

基极 B 点电位为

$$V_B = R_{B2}I_2 = \frac{R_{B2} \cdot U_{CC}}{R_{B1} + R_{B2}} \tag{2.20}$$

图 2.33　分压式偏置电路

式（2.20）表明 V_B 与三极参数无关，不受温度影响。

静态工作点的稳定是由 V_B 和 R_E 共同作用来实现的，其稳定静态工作点的过程如下：

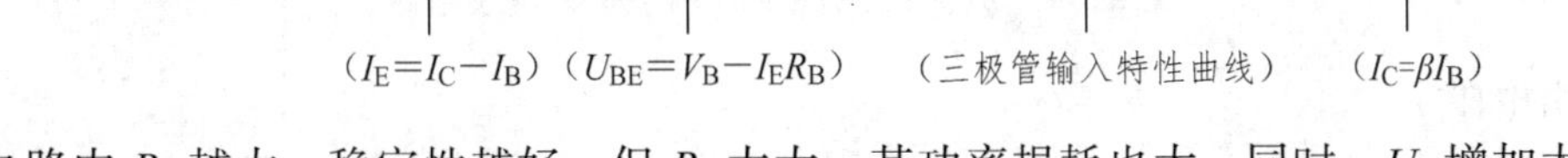

设温度升高 ⟶ $I_C \uparrow$ ⟶ $I_E \uparrow$ ⟶ $U_{BE} \downarrow$ ⟶ $I_B \downarrow$ ⟶ $I_C \downarrow$

（$I_E = I_C - I_B$）（$U_{BE} = V_B - I_E R_B$）　（三极管输入特性曲线）　（$I_C = \beta I_B$）

在电路中 R_E 越大，稳定性越好，但 R_E 太大，其功率损耗也大。同时，U_E 增加太大，三极管的工作范围变窄，容易引起失真。因此 R_E 不宜取得太大。在小电流工作状态下，R_E 值为几百欧到几千欧；大电流工作时，R_E 为几欧到几十欧。

　　R_E 的接入使发射极电流交流分量 i_e 在 R_E 上产生交流压降 u_e，从而降低电压放大倍数 $\dot{A}_u$。常在 R_E 两端并联发射极交流旁路电容 C_E（图 2.33 中虚线所示）。只要 C_E 电容量足够大，对交流可视作短路，对直流分量视为开路。其电容量一般为几十微法到几百微法。

2）静态分析

放大电路如图 2.33 所示。

基极电位：$V_B = \dfrac{R_{B2}}{R_{B1} + R_{B2}} U_{CC}$

发射极电流：$I_E = \dfrac{V_B - U_{BE}}{R_E}$ 　　　　　　　　　　　　（2.21）

集电极电流：$I_C \approx I_E$ 　　　　　　　　　　　　　　　　　　（2.22）

基极电流：$I_B = \dfrac{I_C}{\beta}$ 　　　　　　　　　　　　　　　　（2.23）

集射极电压：$U_{CE} \approx U_{CC} - I_C(R_C + R_E)$ 　　　　　　　　（2.24）

3）动态分析

下面对图 2.33 所示电路的两种情况（即有电容 C_E 和无电容 C_E）进行动态参数讨论。

（1）有电容 C_E。

微变等效电路如图 2.34（a）所示。输入电阻 r_i 为

$$r_{be} = 300 + (1+\beta)\frac{26\,(\text{mV})}{I_E\,(\text{mA})}$$

$$r_i = R_{B1} \,//\, R_{B2} \,//\, r_{be} \qquad\qquad (2.25)$$

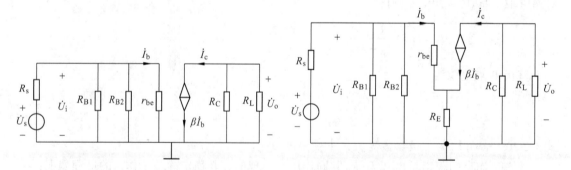

（a）有射极旁路电容 C_E 时的微变等效电路　　　　（b）无射极旁路电容 C_E 时的微变等效电路

图 2.34　放大电路图 2.33 的微变等效电路

输出电阻 r_o

$$r_o = R_C$$

电压放大倍数

$$\dot{A}_{\mathrm{u}} = \frac{\dot{U}_{\mathrm{o}}}{\dot{U}_{\mathrm{i}}} = -\frac{\beta(R_{\mathrm{C}} /\!/ R_{\mathrm{L}})}{r_{\mathrm{be}}}$$

$$\dot{A}_{\mathrm{uS}} = \frac{\dot{U}_{\mathrm{o}}}{\dot{U}_{\mathrm{S}}} = \dot{A}_{\mathrm{u}} \cdot \frac{r_{\mathrm{i}}}{R_{\mathrm{S}} + r_{\mathrm{i}}} = -\frac{\beta(R_{\mathrm{C}} /\!/ R_{\mathrm{L}})}{r_{\mathrm{be}}} \cdot \frac{r_{\mathrm{i}}}{R_{\mathrm{S}} + r_{\mathrm{i}}}$$

（2）无电容 C_{E}。

微变等效电路如图 2.34（b）所示。输入电阻 r_{i} 为

$$r_{\mathrm{i}} = R_{\mathrm{B1}} /\!/ R_{\mathrm{B2}} /\!/ (r_{\mathrm{be}} + R_{\mathrm{E}}(1+\beta)) \qquad (2.26)$$

输出电阻 r_{o}

$$r_{\mathrm{o}} = R_{\mathrm{C}}$$

电压放大倍数

$$\dot{A}_{\mathrm{u}} = \frac{\dot{U}_{\mathrm{o}}}{\dot{U}_{\mathrm{i}}} = -\frac{\beta(R_{\mathrm{C}} /\!/ R_{\mathrm{L}})}{r_{\mathrm{be}} + (1+\beta)R_{\mathrm{E}}}$$

$$\dot{A}_{\mathrm{uS}} = \frac{\dot{U}_{\mathrm{o}}}{\dot{U}_{\mathrm{S}}} = -\frac{\beta(R_{\mathrm{C}} /\!/ R_{\mathrm{L}})}{r_{\mathrm{be}} + (1+\beta)R_{\mathrm{E}}} \cdot \frac{r_{\mathrm{i}}}{R_{\mathrm{S}} + r_{\mathrm{i}}}$$

注意：动态解题过程中，直接引用了例 2.5、例 2.6 的基本概念或结论，这是模拟电子技术在做定量分析时的一大特点：即可以直接引用你所掌握的知识，不需要再重新推导证明其所引用的方程式。

2.3.5　射极输出器简介

放大电路的负载接在晶体管的发射极上，由发射极输出放大电路信号，称为**射极输出器**。对交流信号而言，这种电路的输入端和输出端是以集电极作为公共端的，所以又称为**共集电极放大电路**，如图 2.35 所示。

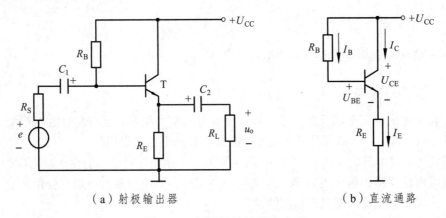

（a）射极输出器　　　　　　　　（b）直流通路

图 2.35　射极输出器放大电路

1. 静态分析

由图 2.35（b）中的直流通路列方程可计算静态工作点

$$I_B = \frac{U_{CC} - U_{BE}}{R_B + (1+\beta)R_E}$$

$$I_C = \beta I_B$$

$$U_{CE} = U_{CC} - R_E I_E \approx U_{CC} - R_E I_C$$

2. 动态分析

对图 2.36 所示电路进行动态分析，可得出射极输出器的三个主要特点。

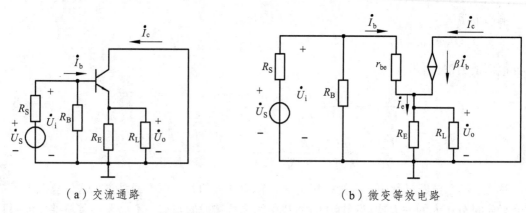

（a）交流通路　　　　　　　　　　（b）微变等效电路

图 2.36　图 2.35 放大电路的微变等效电路

（1）电压放大倍数近似为 1，但恒小于 1，输出电压与输入电压同相，具有跟随作用。

在图 2.36（b）中，可知

$$\dot{U}_o = \dot{I}_e(R_E /\!/ R_L) = (1+\beta)(R_E /\!/ R_L)\dot{I}_b$$

$$\dot{U}_i = \dot{I}_b r_{be} + \dot{I}_e(R_E /\!/ R_L) = [r_{be} + (1+\beta)(R_E /\!/ R_L)] \cdot \dot{I}_b$$

电压放大倍数

$$\dot{A}_u = \frac{\dot{U}_o}{\dot{U}_i} = \frac{(1+\beta)R_L'}{r_{be} + (1+\beta)R_L'}$$

式中，$R_L' = R_E /\!/ R_L$。通常 $(1+\beta)R_L' \gg r_{be}$，所以

$$\dot{A}_u = \frac{\dot{U}_o}{\dot{U}_i} \approx 1 \tag{2.27}$$

上式表明输出电压全部反馈到输入端，没有电压放大作用。但因发射电流 i_e 大于基极电流 i_b，即 $i_e = (1+\beta)i_b$，所以仍具有一定的电流放大和功率放大作用。

根据式（2.27）得 $\dot{U}_o \approx \dot{U}_i$，$\dot{U}_o$ 与 $\dot{U}_i$ 同相，因此，输出端电位随着输入端电位的变化而变化，所以电路又称为射极跟随器。当 $\dot{U}_i$ 大小一定时，不论负载大小如何变化，$\dot{U}_o$ 基本保持不变，这说明射极输出器具有恒压特性。

（2）输入电阻高。

输入电阻

$$r_i = \frac{\dot{U}_i}{\dot{I}_i} = R_B /\!/ [r_{be} + (1+\beta)(R_E /\!/ R_L)] \tag{2.28}$$

共集组态基本放大电路的输入电阻比共射组态基本放大电路要大。

（3）输出电阻低。

输出电阻

$$r_{\mathrm{o}} \approx \frac{r_{\mathrm{be}} + R_{\mathrm{S}}'}{1 + \beta} \tag{2.29}$$

由于 r_{be} 和 R_{S}' 值都较小，而 $\beta \gg 1$，因此射极输出器的输出电阻很低，与共发射极放大电路相比要低得多。较小的输出电阻特性，说明射极输出器具有较强的带负载能力。

射极输出器在电子线路中应用如下：

① 因输入电阻 r_{i} 大，可用作多级放大电路的输入级；

② 因输出电阻 r_{o} 小，具有较强的带负载能力，也可用作输出极；

③ 射极输出器还可用作多级放大电路的中间级，由于它的输入电阻 r_{i} 大，使前级放大电路的负载电阻增大，电压放大倍数增大，而输出电阻 r_{o} 小，使射极输出器对后级具有恒压源特性，所以射极输出器起着阻抗变换作用。

2.3.6　常见问题讨论

（1）放大电路的静态工作点是指在什么条件下的分析，分析计算哪些参数？

解答：在放大电路交流输入信号为零的条件下，分析计算直流电路的基极电流 I_{B}、集电极电流 I_{C} 和集射极电压 U_{CE}。即 I_{B}、I_{C} 和 U_{CE} 三个参数称为静态工作点。

（2）放大电路的动态分析的条件是什么？分析计算哪些参数？

解答：在放大电路的直流电压源为零条件下，由交流信号源驱动的电路分析为动态分析。动态分析计算参数为：电压放大倍数 $\dot{A}_{\mathrm{u}}$ 和 $\dot{A}_{\mathrm{us}}$、输入电阻 r_{i} 和输出电阻 r_{o}。

（3）画放大电路的微变等效电路时，哪些元件用"短路"等效替代？

解答：画放大电路的微变等效电路时，将直流电压源、耦合电容 C_1、C_2 和发射极旁路电容 C_{e} 及其他电容器件用"短路"等效替代；用图 2.24（b）等效替代三极管。

（4）射极输出器放大电路有电压放大作用。

解答：错。

射极输出器放大电路的电压放大倍数近似为 1，即 $\dot{A}_{\mathrm{u}} = \dfrac{\dot{U}_{\mathrm{o}}}{\dot{U}_{\mathrm{i}}} \approx 1$

2.4　场效应管基本放大电路的动态分析

场效应管与双极型晶体管相比较，场效应管的源极、漏极、栅极相当于双极型晶体管的发射极、集电极、基极。与之相对应，场效应管的放大电路也有共源、共漏、共栅三种连接方法，最常用的是共源极电路（见图 2.37），这种电路的电压放大性能良好，输入电阻高。

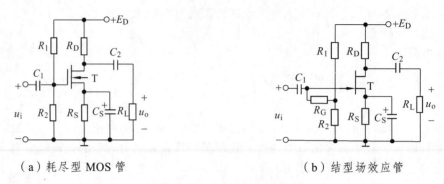

（a）耗尽型 MOS 管　　　　　　　　　（b）结型场效应管

图 2.37　分压式自给偏压电路

2.4.1　场效应管基本放大电路

场效应管基本放大电路的分析与三极管基本放大电路的分析相似，分析工作在小信号状态下的放大电路静态工作点和动态参数。

如图 2.37 所示电路中的各元件作用如下：

R_S 为源极电阻，静态工作点受它的控制，其阻值约为几千欧。

C_S 为源极旁路电容，用来防止交流负反馈，其电容量约为几十几微法。

R_G、R_1、R_2 为栅极电阻，为栅极提供固定的正电位。

R_D 为漏极电阻，它使放大电路具有电压放大功能，其阻值约为几十千欧。

C_1、C_2 分别为耦合电容，其电容量为 $0.01 \sim 0.04\ \mu F$。

C_S 为源极旁路电容。

当图 2.37 所示电路中无信号输入时，电路电量参数为静态工作点。静态工作点主要有漏极电流 I_D、栅源电压 U_{GS}，解下列联立方程即可计算出静态工作点：

$$\begin{cases} U_{GS} = \dfrac{R_2}{R_1 + R_2} E_D - I_D R_S \\ I_D = I_{DSS} \left(1 - \dfrac{U_{GS}}{U_P}\right)^2 \end{cases}$$

在分析静态工作点时，注意栅极电流 $I_G = 0$，$I_S = I_D$。

2.4.2　场效应管放大电路的动态分析

场效应管是一个电压控制器件，即栅源电压 u_{gs} 控制漏极电流 i_d。在低频小信号情况下用图 2.38 所示微变等效电路来替代场效应管。其中 g_m 称为低频跨导。

图 2.37 所示放大电路的微变等效电路如图 2.39 所示。其画图的推理过程与三极管放大电路的微变等效电路相同，即令直流电压源为零，电容器件用"短路"等效替代，

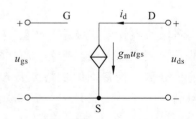

图 2.38　场效应管微变等效电路

场效应管用图 2.38 等效替代。

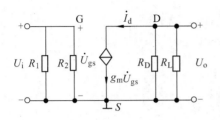

（a）图 2.37（a）有源极旁路电容 C_S

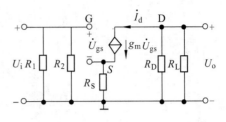

（b）图 2.37（a）无源极旁路电容 C_S

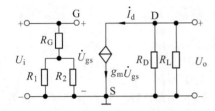

（c）图 2.37（b）有源极旁路电容 C_S

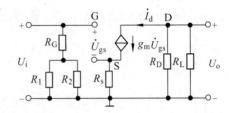

（d）图 2.37（b）无源极旁路电容 C_S

图 2.39　图 2.37 所示放大电路的微变等效电路

（1）图 2.39（a）、图 2.39（c）的动态参数 $\dot{A}_u$ 和 r_i、r_o。

因 $\dot{U}_i = \dot{U}_{gs}$，$\dot{I}_d = g_m\dot{U}_{gs}$，$R'_L = R_D // R_L$，则输出电压 $\dot{U}_o$ 为

$$\dot{U}_o \approx -\dot{I}_d(R_D // R_L) = -g_m\dot{U}_{gs}R'_L = -g_m\dot{U}_iR'_L$$

电压放大倍数 $\dot{A}_u$ 为

$$\dot{A}_u = \frac{\dot{U}_o}{\dot{U}_i} = \frac{-g_m\dot{U}_iR'_L}{\dot{U}_i} = -g_mR'_L \tag{2.30}$$

图 2.39（a）中的输入电阻 r_i 为

$$r_i = R_1 // R_2 \tag{2.31}$$

图 2.39（c）中的输入电阻 r_i 为

$$r_i = R_G + (R_1 // R_2) \tag{2.32}$$

输出电阻 r_o 为

$$r_o = R_D \tag{2.33}$$

（2）图 2.39（b）、图 2.39（d）的动态参数 r_i、r_o 和 $\dot{A}_u$。

图 2.39（b）中的输入电阻 r_i 如式（2.31）所示；图 2.39（d）中的输入电阻 r_i 如式（2.34）所示；输出电阻 r_o 如式（2.33）所示。

输出电压 $\dot{U}_o$ 为

$$\dot{U}_o = -\dot{I}_dR'_L = -g_m\dot{U}_{gs}R'_L$$

输入电压 $\dot{U}_i$ 为

$$\dot{U}_i = \dot{U}_{gs} + \dot{I}_d R_S = \dot{U}_{gs} + g_m \dot{U}_{gs} R_S = \dot{U}_{gs}(1 + g_m R_S)$$

电压放大倍数 $\dot{A}_u$ 为

$$\dot{A}_u = \frac{\dot{U}_o}{\dot{U}_i} = \frac{-g_m R'_L}{1 + g_m R_S} \tag{2.34}$$

可见，源极旁路电容 C_S 主要对输入电阻 r_i、电压放大倍数 $\dot{A}_u$ 有影响，如式 2.31 与式 2.32、式（2.30）与式（2.34）有所不同，而输出电阻 $r_o = R_D$ 相同。

2.4.3　常见问题讨论

（1）场效应管放大电路的静态工作点是指在什么条件下的分析，分析计算哪些参数？

解答：在场效应管放大电路交流输入信号为零的条件下，分析计算静态工作点的漏极电流 I_D、栅源电压 U_{GS}。

（2）场效应管放大电路的动态分析的条件是什么？分析计算哪些参数？

解答：在场效应管放大电路的直流电压源为零条件下，由交流信号源驱动的电路分析。其动态分析计算参数与三极管放大电路动态分析相同，即电压放大倍数 $\dot{A}_u$ 和 $\dot{A}_{uS}$、输入电阻 r_i 和输出电阻 r_o。

（3）场效应管放大电路的栅极电流为多少？

解答：栅极电流 $i_G = 0$。

2.5　阻容耦合放大电路简介

2.5.1　耦合方式

通常放大电路的输入信号都很微弱，一般为毫伏或微伏数量级，这样微弱的信号仅经过单级放大电路是无法实现上千万倍的信号放大要求的。为了推动负载工作，就要求多个单级放大电路连接起来，构成多级放大电路，使信号逐级得到放大，这样就可在输出端获得足够大的电压和功率。

在多级放大电路中，每两个单级放大电路之间的连接方式叫耦合。实现耦合的电路称为级间耦合电路，其任务是将前级信号传送到后级。对级间耦合电路的基本要求是：

（1）级间耦合电路对前、后级放大电路静态工作点不产生影响。

（2）级间耦合电路不会引起信号失真。

（3）尽量减少信号电压在耦合电路上的压降。

多级放大电路中的级间耦合通常有三种耦合方式：阻容耦合、变压器耦合和直接耦合。如图 2.40 所示。

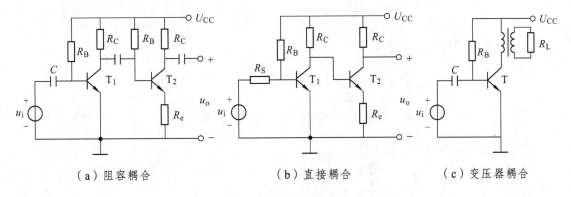

（a）阻容耦合　　　　　　　（b）直接耦合　　　　　　　（c）变压器耦合

图 2.40 耦合方式

1. 阻容耦合

在多级放大电路中，用电阻、电容耦合的电路称为**阻容耦合**。阻容耦合交流放大电路是低频放大电路中应用得最多、最常见的电路。图 2.40（a）为两级阻容耦合放大电路，两级之间通过耦合电容 C_2 和第二级放大电路的输入电阻 r_{i2} 的连接，构成阻容耦合放大电路。其特点是各级静态工作点互不影响，不适合传送缓慢变化信号和直流信号。

2. 变压器耦合

用变压器构成级间耦合电路的称为**变压器耦合**（如图 2.40（c）所示）。由于变压器体积与重量较大，成本较高，所以变压器耦合在交流电压放大电路中应用较少，而应用较多的是在功率放大电路中。

3. 直接耦合

直接耦合方式就是级间不需要耦合元件（如图 2.40（b）所示）。其特点是不仅能传送交流信号，还能传送直流信号。多用于直流放大电路和线性集成电路中。

2.5.2 多级阻容耦合放大电路分析简介

1. 静态分析

由于电容的"隔直"作用，多级阻容耦合放大电路的各级之间无直流联系，各级静态工作点互不影响，即每级放大电路的静态工作点可以单独分析。

2. 动态分析

如图 2.41 所示两级阻容耦合放大电路的框图。分析推导得：

第一级放大电路的电压放大倍数 $\dot{A}_{u1}$ 为

$$\dot{A}_{u1} = \frac{\dot{U}_{o1}}{\dot{U}_i}$$

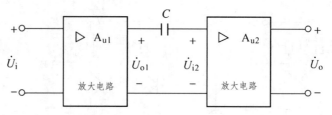

图 2.41 两级阻容耦合放大电路

第二级放大电路的电压放大倍数 $\dot{A}_{u2}$ 为

$$\dot{A}_{u2} = \frac{\dot{U}_o}{\dot{U}_{i2}}$$

第一级放大电路的输出电压 $\dot{U}_{o1}$ 就是第二级的输入电压 $\dot{U}_{i2}$，即

$$\dot{U}_{o1} = \dot{U}_{i2}$$

$$\dot{A}_{u2} = \frac{\dot{U}_o}{\dot{U}_{i2}} = \frac{\dot{U}_o}{\dot{U}_{o1}}$$

放大电路的放大倍数 $\dot{A}_u$ 为

$$\dot{A}_u = \frac{\dot{U}_o}{\dot{U}_i} = \frac{\dot{U}_{o1}}{\dot{U}_i} \cdot \frac{\dot{U}_o}{\dot{U}_{o1}} = \dot{A}_{u1} \cdot \dot{A}_{u2} \tag{2.35}$$

两级放大电路的总电压放大倍数 $\dot{A}_u$ 等于各级电压放大倍数 $\dot{A}_{u1}$ 和 $\dot{A}_{u2}$ 的乘积。由此可以推出以下参数：

1）n 级放大电路的总电压放大倍数

n 级放大电路的总电压放大倍数等于各个单级放大器放大倍数的乘积。

$$\dot{A}_u = \dot{A}_{u1} \cdot \dot{A}_{u2} \cdot \dot{A}_{u3} \cdots \dot{A}_{un} = \prod_{k=1}^{n} \dot{A}_{uk} \tag{2.36}$$

2）n 级放大电路的输入电阻

n 级放大电路第一级的输入电阻就是 n 级放大电路的输入电阻，即

$$r_i = r_{i1} \tag{2.37}$$

3）n 级放大电路的输出电阻

n 级放大电路最末一级的输出电阻就是 n 级放大电路的输出电阻，即

$$r_o = r_{on} \tag{2.38}$$

【例 2.7】 如图 2.42（a）所示的两级阻容耦合放大电路，已知电压源 $U_{CC} = 20$ V，电阻 $R_S = 1$ kΩ，$R_{B1} = 100$ kΩ，$R_{B2} = 24$ kΩ，$R_{C1} = 15$ kΩ，$R_{E1} = 5.1$ kΩ，$R_{B1}' = 33$ kΩ，$R_{B2}' = 6.8$ kΩ，$R_{C2} = 2.5$ kΩ，$R_{E2} = 2$ kΩ，$R_{L2} = 5.1$ kΩ，发射结电压 $U_{BE1} = U_{BE2} = 0.7$ V，放大系数 $\beta_1 = 60$，$\beta_2 = 120$，试求：

（1）静态工作点。

（2）画出微变等效电路。

（3）输入电阻 r_i、输出电阻 r_o。

（4）总电压放大倍数 $\dot{A}_{uS}$。

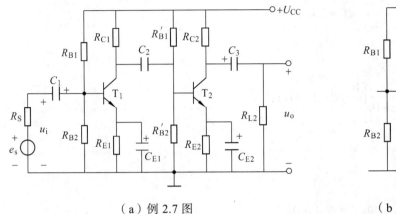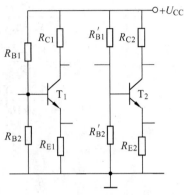

（a）例 2.7 图 （b）图（a）的直流通路

图 2.42 例 2.7 的两级阻容耦合放大电路

分析：

（1）由于电容的"隔直"作用，图 2.42（a）的直流通路如图 2.42（b）所示。用单管放大电路静态工作点分析方法计算。

（2）第一极的输入电阻等于放大电路的输入电阻；最后一极的输出电阻等于放大电路的输出电阻；两个单级放大器放大倍数的积等于放大电路的放大倍数。

解

（1）静态工作点。

第一极静态工作点为

$$V_{B1} = \frac{R_{B2}}{R_{B1}+R_{B2}} \cdot U_{CC}$$

$$= \frac{24}{100+24} \times 20 = 3.87\ (V)$$

$$I_{E1} = \frac{V_{B1}-U_{BE1}}{R_{E1}}$$

$$= \frac{3.87-0.7}{5.1 \times 10^3\ \Omega} = 0.62\ (mA)$$

因 $I_{C1} \approx I_{E1}$，则

$$I_{B1} = \frac{I_{C1}}{\beta_1}$$

$$= \frac{0.62}{60} \times 10^{-3} \approx 10.3\ (\mu A)$$

$$U_{CE1} = U_{CC} - I_{C1}(R_{C1}+R_{E1})$$

$$= 20 - 0.62 \times (15+5.1) \approx 7.54\ (V)$$

第二极静态工作点为

$$V_{B2} = \frac{R'_{B2}}{R'_{B1} + R'_{B2}} \cdot U_{CC}$$

$$= \frac{6.8}{33 + 6.8} \times 20 = 3.42 \text{ (V)}$$

$$I_{E2} = \frac{V_{B2} - U_{BE2}}{R_{E2}}$$

$$= \frac{3.42 - 0.7}{2 \times 10^3} \text{ (A)} = 1.36 \text{ (mA)}$$

因 $I_{C2} \approx I_{E2}$ ，则

$$I_{B2} = \frac{I_{C2}}{\beta_2}$$

$$= \frac{1.36}{120} \text{ (mA)} \approx 11.3 \text{ (μA)}$$

$$U_{CE2} = U_{CC} - I_{C2}(R_{C2} + R_{E2})$$
$$= 20 - 1.36 \times (2.5 + 2) = 13.88 \text{ (V)}$$

（2）画出微变等效电路，如图 2.43（a）所示。

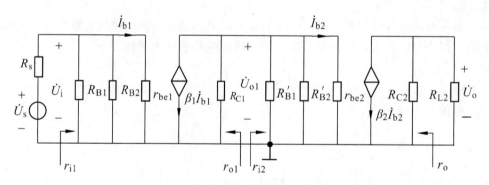

（a）微变等效电路

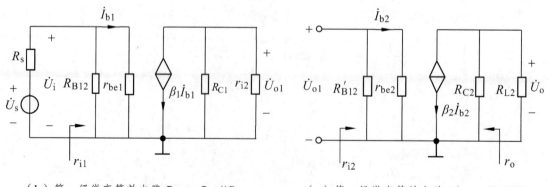

（b）第一级微变等效电路 $R_{B12} = R_{B1} // R_{B2}$　　　（c）第二级微变等效电路 $R'_{B12} = R'_{B1} // R'_{B2}$

图 2.43　两级阻容耦合放大电路的微变等效电路

（3）求解输入电阻 r_i。

$$r_{be1} = 300 + (\beta_1 + 1)\frac{26}{I_{E1}}$$

$$= 300 + 61 \times \frac{26}{0.62} = 2\ 860\ (\Omega) = 2.86\ (k\Omega)$$

$$r_{be2} = 300 + (\beta_2 + 1)\frac{26}{I_{E2}}$$

$$= 300 + 121 \times \frac{26}{1.36} = 2\ 610\ (\Omega) = 2.61\ (k\Omega)$$

由式（2.37）得 r_i 为

$$r_i = r_{i1} = R_{B2} // R_{B1} // r_{be1}$$
$$= 24 // 100 // 2.86 = 2.5\ (k\Omega)$$

（4）输出电阻 r_0。

由式（2.38）得 r_0 为

$$r_o = R_{C2} = 7.5\ (k\Omega)$$

（5）总电压放大倍数 $\dot{A}_{uS}$。

第二极放大电路的输入电阻 r_{i2} 为

$$r_{i2} = R'_{B2} // R'_{B1} // r_{be2}$$
$$= 6.8 // 33 // 2.61 = 1.78\ (k\Omega)$$

由图 2.43（b）得 $\dot{A}_{u1}$ 为

$$\dot{A}_{u1} = -\frac{\beta_1(R_{C1} // r_{i2})}{r_{be1}}$$

由图 2.43（c）得 $\dot{A}_{u2}$ 为

$$\dot{A}_{u2} = -\frac{\beta_2(R_{C2} // R_{L2})}{r_{be2}}$$

总电压放大倍数 A_{uS} 为

$$\dot{A}_{uS} = \dot{A}_{u1} \cdot \dot{A}_{u2} \cdot \frac{r_{i1}}{R_S + r_{i1}}$$

$$= \left(-\frac{\beta_1(R_{C1} // r_{i2})}{r_{be1}}\right) \cdot \left(-\frac{\beta_2(R_{C2} // R_{L2})}{r_{be2}}\right) \cdot \frac{r_{i1}}{R_S + r_{i1}}$$

$$= \left(-\frac{60(15 // 1.78)}{2.86}\right) \cdot \left(-\frac{120(7.5 // 5.1)}{2.61}\right) \cdot \frac{2.5}{1 + 2.5} = 3\ 360$$

2.5.3　常见问题讨论

（1）n 级放大电路的输入电阻 r_i 等于各极放大电路输入电阻之和。

解答：错。

n 级放大电路的输入电阻 r_i 等于第一级放大电路的输入电阻 r_{i1}，即 $r_i = r_{i1}$。

（2）n 级放大电路的输出电阻 r_o 等于各极放大电路输出电阻之和。

解答：错。

n 级放大电路的输出电阻 r_o 等于放大电路最后一级的输出电阻 r_o。

（3）n 级放大电路的总电压放大倍数 $\dot{A}_u$ 等于各个单级放大器放大倍数之和。

解答：错。

n 级放大电路的总电压放大倍数等于各个单级放大器放大倍数的乘积。即

$$\dot{A}_u = \dot{A}_{u1} \cdot \dot{A}_{u2} \cdot \dot{A}_{u3} \cdots \dot{A}_{un} = \prod_{k=1}^{n} \dot{A}_{uk}$$

本章小结

本章主要放大器件的特性和基本放大电路的静态、动态分析。

1. 放大器件

1）三极管

（1）工作区：饱和区、放大区、截止区。其中，放大区有 $I_C = \beta I_B$。

（2）特性曲线：输入特性曲线、输出特性曲线。

（3）NPN 型动态等效电路如图 2.44 所示。

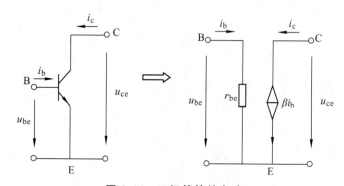

图 2.44　三极管等效电路

2）场效应管

（1）工作区：可变电阻区、放大区、截止区、击穿区。

（2）特性曲线：输出特性曲线、转移特性曲线。

（3）动态等效电路如图 2.45 所示。

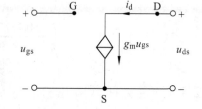

图 2.45　场效应管微变等效电路

2. 放大电路

1）三极管放大电路

（1）静态分析：基极电流 I_B、集电极电流 I_C 和集-射极电压 U_{CE}。

（2）画放大电路的微变等效电路。

（3）动态分析：电压放大倍数 $\dot{A}_u$、$\dot{A}_{uS}$、输入电阻 r_i 和输出电阻 r_o。

2）场效应管放大电路

（1）画放大电路的微变等效电路。

（2）动态分析：电压放大倍数 $\dot{A}_u$、$\dot{A}_{uS}$、输入电阻 r_i 和输出电阻 r_o。

3. 阻容耦合放大电路

（1）n 级放大电路的总电压放大倍数：$\dot{A}_u = \dot{A}_{u1} \cdot \dot{A}_{u2} \cdots \dot{A}_{un} = \prod\limits_{k=1}^{n} \dot{A}_{uk}$。

（2）n 级放大电路的输入电阻：$r_i = r_{i1}$。

（3）n 级放大电路的输出电阻：$r_o = r_{on}$。

选择题

1. 测得某三极管 C、B、E 极电位分别是 10 V、6 V、5.3 V，则该管工作在（　　）状态。

    A. 放大　　　　　　B. 饱和　　　　　　　C. 截止　　　　　　D. 不确定

2. 三极管电流放大倍数 β 值是反映（　　）能力的参数。

    A. 电压控制电压　　　　　　　　　　B. 电流控制电流

    C. 电压控制电流　　　　　　　　　　D. 电流控制电压

3. 电路如图 2.46 所示，则三极管工作在（　　）。

    A. 截止状态　　　　B. 放大状态　　　　　C. 饱和状态

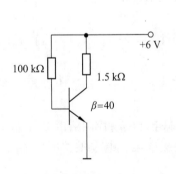

图 2.46　选择题 3 图

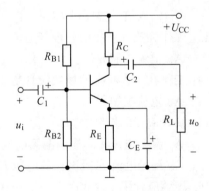

图 2.47　选择题 4 图

4. 放大电路如图 2.47 所示，由于 R_{B1} 和 R_{B2} 阻值选取得不合适而产生了饱和失真，为了改善失真，正确的做法是（　　）。

    A. 适当增加 R_{B2}，减小 R_{B1}　　　　　　B. 保持 R_{B1} 不变，适当增加 R_{B2}

    C. 适当增加 R_{B1}，减小 R_{B2}　　　　　　D. 保持 R_{B2} 不变，适当减小 R_{B1}

5. 在三极管组成的共射基本放大电路中，当温度急剧升高时，电路工作点及电路将（　　）。

A. Q 点上移，易产生饱和失真　　　　B. Q 点下移，易产生截止失真

C. Q 点上移，易产生截止失真　　　　D. Q 点下移，易产生饱和失真

6. 微变等效电路法适用于放大电路的（　　　）。

A. 静态和动态分析　　　　　　　　B. 静态分析　　　　C. 动态分析

7. 在共射放大器中，如果调整 R_b 使三极管的集电极电流增大，则三极管的输入电阻
（　　　）。

A. 增大　　　　　　　B. 不变　　　　　　　C. 减小

8. 分压式偏置共射放大电路在发射极电阻旁并上一个电容 C_e，C_e 作用是（　　　）。

A. 稳定静态工作点　　　　　　　　B. 交流旁路，减少信号有 R_e 上的损失

C. 改善输出电压波形　　　　　　　D. 减小信号失真

9. 在共射分压偏置电路中，欲使三极管的基极电压稳定，应满足（　　　）关系。

A. $I_1 \approx I_B$　　　　B. $I_2 \gg I_B$　　　　C. $I_B \gg I_2$　　　　D. $I_2 = I_B$

10. 在分压偏置电路中，若减小发射极电阻 R_E 的阻值，将使放大器工作点的稳定性
（　　　）。

A. 提高　　　　　　B. 下降　　　　　　C. 不变

11. 在共射放大电路中，集电极电阻 R_C 的作用是（　　　）。

A. 放大电流

B. 调节 I_{BQ}

C. 调节 I_{CQ}

D. 防止输出信号交流对地短路，把放大后的电流转换成电压

12. 若放大器的输出信号既发生饱和失真又发生截止失真，则原因是（　　　）。

A. 静态工作点太高　　　　　　　　B. 静态工作点过低

C. 输入信号幅度过大　　　　　　　D. 输入信号幅度过小

13. 工作在放大状态的三极管是（　　　）。

A. 电流控制元件　　　　　　B. 电压控制元件　　　　　　C. 不可控元件

14. 工作在放大状态的场效应管是（　　　）。

A. 电流控制元件　　　　　　B. 电压控制元件　　　　　　C. 不可控元件

15. 场效应管的控制关系是（　　　）。

A. 漏源电压 U_{DS} 控制漏极电流 I_D　　　　B. 栅源电压 U_{GS} 控制漏极电流 I_D

C. 漏极电流 I_D 控制栅源电压 U_{GS}　　　　D. 漏极电流 I_D 控制漏源电压 U_{DS}

16. 场效应管用于放大时，应工作在（　　　）。

A. 可变电阻区　　　　　　　B. 饱和区　　　　　　　C. 击穿区

17. 为了减小测试仪表对被测电路的影响，要求放大电路输入级的输入电阻在 $10^9\,\Omega$ 以
上，放大管应采用（　　　）。

A. 晶体管　　　　　　B. 结型场效应管　　　　　　C. 绝缘栅场效应管

18. 场效应管的主要优点是（　　　）。

A. 输出电阻小　　　　　　　　　　B. 输入电阻大

C. 为电流控制器件　　　　　　　　D. 组成放大电路时的电压放大系数大

19. 场效应管放大电路的输入电阻，主要由（　　　）决定。

　　A. 管子类型　　　　B. g_m　　　　　　C. 偏置电路　　　　D. U_{GS}

习　题

1. 在如图 2.48 所示电路中，试分析电路中三极管 T 的工作状态。设三极管放大状态时的工作电压 $U_{BE} = 0.7\ \text{V}$，临界饱和电压 $U_{CES} = 0.3\ \text{V}$。

2. NPN 型双极型晶体管的集电极和发射极都是 N 型半导体，两个极是否可以互换使用？为什么？

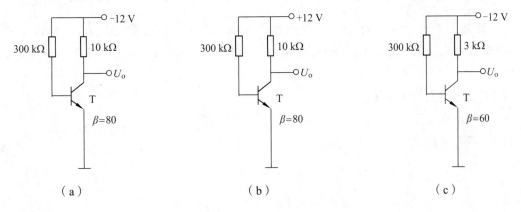

图 2.48　习题 1 图

3. 有一只晶体管接在放大电路中，现测得它的三个管脚对地电位分别为 $-9\ \text{V}$、$-6\ \text{V}$ 和 $-6.2\ \text{V}$，试判别管子的三个电极，并说明这只晶体管是哪种类型的。

4. 如果另一只晶体管的三个管脚电位分别为 $+3\ \text{V}$、$+9\ \text{V}$ 和 $+3.6\ \text{V}$，试判别管子的三个电极，并说明这只管子是哪种类型。

5. 三极管放大电路如图 2.49 所示，已知电压源 $U_{CC} = 12\ \text{V}$，电阻 $R_C = 3\ \text{k}\Omega$，$R_B = 240\ \text{k}\Omega$，三极管的电流放大倍数 $\beta = 40$，负载电阻 $R_L = 6\ \text{k}\Omega$。试求：

（1）静态值 I_B、I_C、U_{CE}。

（2）画出微变等效电路。

（3）输入电阻 r_i、输出电阻 r_o 和电压放大倍数 $\dot{A}_u$。

6. 在如图 2.50 所示电路中，已知电压源 $U_{CC} = 24\ \text{V}$，电阻 $R_C = 3.3\ \text{k}\Omega$，$R_E = 1.5\ \text{k}\Omega$，$R_{B1} = 33\ \text{k}\Omega$，$R_{B2} = 10\ \text{k}\Omega$，电流放大倍数 $\beta = 66$。试求：

（1）静态值 I_B、I_C 和 U_{CE}。

（2）画出微变等效电路，计算输入电阻 r_i、输出电阻 r_o。

（3）分别计算当负载电阻 $R_L = \infty$、$R_L = 5.1\ \text{k}\Omega$ 时的电压放大倍数 $\dot{A}_u$。

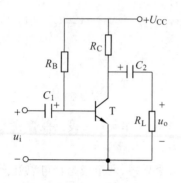

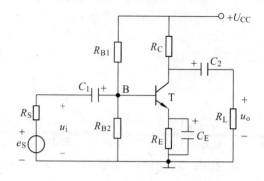

图 2.49　习题 5 图　　　　　　　　　　　图 2.50　习题 6 图

7. 在如图 2.51 所示电路中，已知电流放大倍数 $\beta=60$，信号源电压 $E_S=15\ \text{mV}$，电阻 $R_S=0.6\ \text{k}\Omega$，$R_{B1}=120\ \text{k}\Omega$，$R_{B2}=39\ \text{k}\Omega$，$R_C=3.9\ \text{k}\Omega$，$R_{E1}=100\ \Omega$，$R_{E2}=2\ \text{k}\Omega$，$R_L=3.9\ \text{k}\Omega$。试求：

（1）静态值 I_B、I_C 和 U_{CE}。

（2）画出微变等效电路，计算输入电阻 r_i、输出电阻 r_o。

（3）计算电压放大倍数 $\dot{A}_u$、$\dot{A}_{uS}$。

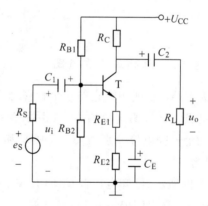

图 2.51　习题 7 图

8. 在如图 2.52 所示场效应管放大电路中，已知管子的 $U_P=-1\ \text{V}$，$I_{DSS}=0.45\ \text{mA}$，$g_m=0.7\ \text{mA/V}$，其他电路元件参数如图所示，试：

（1）画出微变等效电路，计算输入电阻 r_i、输出电阻 r_o 和电压放大倍数 $\dot{A}_u$。

（2）如将旁路电容 C_S 除去，计算 $\dot{A}_{uf}$。

9. 在如图 2.53 所示源极输出器中，已知管子的 $g_m=0.5\ \text{mA/V}$，电路元件参数如图 2.51 所示。试画出微变等效电路，并求其电压放大倍数 $\dot{A}_u$，输入电阻 r_i 和输出电阻 r_o。

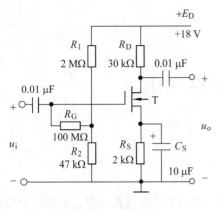

图 2.52 习题 8 图

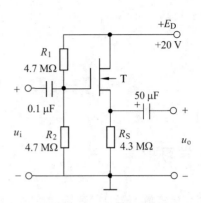

图 2.53 习题 9 图

10. 两级阻容耦合放大电路如图 2.54 所示，设两管输入电阻 r_{be} 均为 1.2 kΩ，电流放大倍数 $\beta_1 = 100$、$\beta_2 = 80$，电阻 $R_{B1} = 100$ kΩ，$R_{B2} = 24$ kΩ，$R_{C1} = 15$ kΩ，$R_{E1} = 5.1$ kΩ，$R'_{B1} = 33$ kΩ，$R'_{B2} = 6.8$ kΩ，$R_{C2} = 7.5$ kΩ，$R_{E2} = 2$ kΩ，$R_L = 5$ kΩ，$R_S = 0$。试画出微变等效电路，并求其电压放大倍数 $\dot{A}_u$、输入电阻 r_i 和输出电阻 r_o。

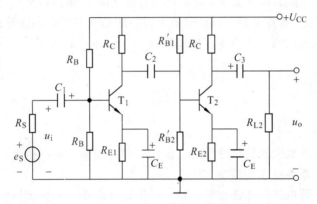

图 2.54 习题 10 图

11. 两级放大器电路如图 2.55 所示，已知 T_1 管的 $g_m = 2$ mA/V，T_2 管的 $\beta = 50$，$r_{be} = 0.955$ kΩ，试画出微变等效电路，并求其电压放大倍数 $\dot{A}_u$、输入电阻 r_i 和输出电阻 r_o。

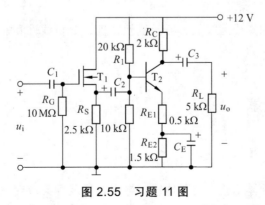

图 2.55 习题 11 图

第3章　集成运算放大电路

3.1　学习指导

集成运算放大器是一种具有高增益的多级放大器，只有工作在线性区时，运算放大器才能够放大直流电压和一定频率范围的交流电压。所以，在对本章的学习中应关注集成运算放大器的线性特性与非线性特性的区别，从而理解线性特性的"虚短"和"虚断"基本概念及应用。

3.1.1　内容提要

本章主要介绍：反馈的基本概念（即正反馈、负反馈）、集成运算放大器的线性应用电路（即比例运算电路、加法运算电路、减法运算电路、积分运算电路和微分运算电路等）、电压比较器电路（即零压比较器、任意电压比较器）。

3.1.2　重点与难点

1. 重　点

（1）掌握集成运算放大器线性特性的"虚短"和"虚断"基本概念。
（2）掌握反馈的基本概念和判断方法。
（3）掌握比例运算电路、加法运算电路、减法运算电路、积分运算电路和微分运算电路等电路的分析方法。
（4）掌握电压比较器电路的基本概念。

2. 难　点

综合应用电路理论和集成运算放大器的线性特性，分析线性和非线性运算放大电路的输出与输入电压的关系 $u_o = f(u_i)$。

3.2　集成运算放大器

3.2.1　集成运算放大器的概述

集成电路是应用半导体工艺，将晶体管、电阻、导线等集成在一块硅片上的固体器件，按功能可分为模拟集成电路和数字集成电路两种。

模拟集成电路有运算放大器、宽频带放大器、功率放大器、模拟乘法器、模拟锁相环、模数和数模转换器等。

集成运算放大器是一种具有高增益的多级放大器，能够放大直流和一定频率范围的交流电压。早期的运算放大器主要用于模拟计算机中。运算放大器能够实现加、减、乘、除、微分和积分等数学运算，所以简称为运算放大器（或运放），其种类、型号很多，电路形式也有所不同，但归纳起来，可分为简单型、通用型和专用型 3 种。

集成运算放大器的性能可用一些参数来表示。集成运算放大器的主要参数有：

（1）开环电压增益（A_o）。

在没有外接反馈电路、输出端开路的情况下，当输入端加入低频小信号电压时所测的电压放大倍数，称为开环电压增益，其值越大越稳定，它是决定运算精度的主要因素。通常开环电压增益为 $10^3 \sim 10^8$。

（2）输入失调电压（U_{OS}）。

在理想的运算放大器中，当输入电压 $u_i=0$ 时，$u_o \neq 0$，如果要使 $u_o=0$，必须在输入端加入一个很小的补偿电压，这个电压就是输入失调电压 U_{OS}。U_{OS} 一般都在几毫伏以下。

（3）输入失调电流（I_{OS}）。

静态时，流入运算放大器两个输入端的基极静态电流之差称为输入失调电流 I_{OS}。I_{OS} 一般为几十到几百纳安，高质量的运放低于 1 nA。

（4）输入偏置电流（I_{iB}）。

其值为（$I_{B1}+I_{B2}$）/2，它的大小反映了输入电阻的大小。I_{iB} 一般为几百纳安，高质量的运放为几个纳安。

（5）最大差模输入电压（U_{idm}）。

运算放大器两个输入端所允许加的最大电压值称为最大差模输入电压。一般为 ± 5 V。F007 型运放则为 ± 30 V。

（6）静态功耗（P_{CO}）。

静态时，在不接负载的情况下，运算放大器本身所消耗电源的总功率称为静态功率。一般为几十到几百毫瓦，专用低功耗组件为几毫瓦。

（7）最大输出电压（U_{PP}）。

在额定电源电压下，运算放大器所能输出的最大峰-峰电压值。

3.2.2　运算放大器的特性及线性电路模型

1. 图形符号

根据国家标准，运算放大器的图形符号及功能说明如图 3.1（a）所示。其中：A_o 为放大器未接反馈电路时的电压放大倍数，称为**开环电压增益**或**开环电压放大倍数**，即在**线性条件**下有

$$u_o = -A_o(u_- - u_+) = -A_o u_i \tag{3.1}$$

由于实际运放的开环电压增益很高，一般为 $10^3 \sim 10^7$。因此在不特别关心其数值的场合，开环电压增益可用符号 ∞ 表示，其图形符号如图 3.1（b）所示。

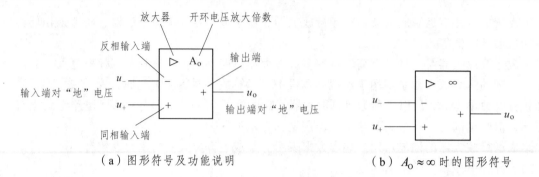

（a）图形符号及功能说明　　　　　　　　（b）$A_o \approx \infty$ 时的图形符号

图 3.1　运算放大器的图形符号

在图 3.1 中，u_+ 称为同相端电压；u_- 称为反相端电压；u_o 称为输出端电压；并且 u_+、u_-、u_o 都是对同一个参考点 "地" 的电压。

2. 电压传输特性

运算放大器的特性是通过如图 3.2 所示的输出信号和输入信号的关系曲线来展现的，称之为**传输特性**。

任何实际放大电路的输出电压是有限的，只有在输入信号比较小的范围内，输出与输入信号才呈线性关系，运算放大器也是如此，式（3.1）所示关系只存在于坐标原点附近的传输特性的线性运行区，由于运放的开环放大倍数 A_o 很高，线性区很窄。

3. 线性区的等效电路模型

运算放大器工作在线性区时，其等效电路模型如图 3.3 所示，它是一个 "电压控制电压" 的器件，其中 r_{id} 是运算放大器的输入电阻（阻值很高，一般为几十至几百千欧，最高可达几个兆欧），r_o 是运算放大器的输出电阻（阻值较低，一般只有几十至几百欧）。

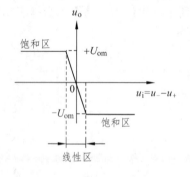

图 3.2　电压传输特性

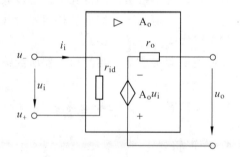

图 3.3　线性区的等效电路模型

3.2.3　理想运算放大器

1. 理想运算放大器主要特征

所谓 "理想运算放大器" 就是将实际运算放大器参数进行理想化后等效为一个理想器件，

其主要特征为：

开环电压增益：$A_o \to \infty$，即开环电压增益理想化为无穷大。

输入电阻：$r_{id} \to \infty$，即运算放大器的输入电阻理想化为无穷大。

输出电阻：$r_o \to 0$，即运算放大器的输出电阻理想化为零。

共模抑制比：$K_{CMRR} \to \infty$，即当运算放大器输入共模信号($u_- = u_+$)时，输出信号理想化为零($u_o = 0$)。

失调电压电流：U_{os}、I_{os} 及 $I_{ib} \to 0$，即运算放大器的输入信号为零($u_- = u_+ = 0$)时，输出信号理想化为零($u_o = 0$)。

开环带宽：$f_{BW} \to \infty$，即在任意频率下，输入信号与输出信号理想为线性关系。

另外，理想运放的响应时间为零；内部无噪声。

完全理想的集成运放是不可能制成的，但实际集成运算放大器的特性非常接近于理想运算放大器，借助于理想运算放大器进行分析所引起的误差很小，工程上完全允许。

2. 理想运算放大器线性区工作特性

根据理想运放特征和线性等效电路模型图 3.3，可推导出两个重要特性，即**输入电流为零**($i_i = 0$)、**两个输入端子间的电压为零**($u_i = u_- - u_+ = 0$)。

1）输入电流为零

根据图 3.3 得

$$i_i = \frac{u_i}{r_{id}}$$

将理想运放特征 $r_{id} \to \infty$ 代入上式得

$$i_i = \frac{u_i}{r_{id}} \approx \frac{u_i}{\infty} \approx 0$$

$$i_i \approx 0 \tag{3.2}$$

对于一个理想运算放大器来说，不管是同相输入端还是反相输入端，其输入电流为零。而电流为零等效为"开路"，但实际电路并没有断开，所以输入电流为零这一特征又称为输入端"**虚断**"。

2）两个输入端子间的电压为零

由式（3.1）得

$$u_+ - u_- = \frac{u_o}{A_o}$$

将理想运算放大器特性 $A_o \to \infty$ 代入上式得

$$u_+ - u_- = \frac{u_o}{A_o} = \frac{u_o}{\infty} \approx 0$$

$$u_+ \approx u_- \tag{3.3}$$

同相端的电位等于反相端的电位，从某种意义上说，就好像同相端和反相端是用导线短接在一起的（即电压为零等效为"短路"），因此称之为"**虚短**"。

例如：在如图 3.4 所示运算放大电路中，反相端为输入信号 u_i 端，同相端通过电阻 R_2 接"地"，由式（3.2）可知输入电流 $i_i = 0$，得电阻 R_2 上的端电压为零，则同相端电压 $u_+=0$。由式（3.3）得 $u_- \approx u_+ = 0$，即反相输入端电压 u_- 约等于零。

因为反相输入端并没有直接与"地"连接，故称反相输入端的 $u_- \approx u_+ = 0$ 这种关系称为"**虚地**"。

式（3.2）、式（3.3）这两个特性是分析集成运放电路的重要依据。

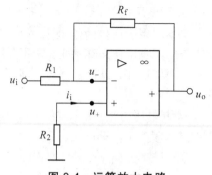

图 3.4　运算放大电路

3.2.4　常见问题讨论

（1）集成运算放大器的工作区为饱和区、放大区和截止区。

解答：错。

由传输特性曲线图 3.2 可知，集成运算放大器的工作区分为非线性区（即饱和区）和线性区。

（2）试说明理想运算放大器工作在线性区时的两个重要特性。

解答：两个重要特性为：输入端"虚断"，即 $i_i \approx 0$（理想运算放大器输入电流为零）；输入端"虚短"，即 $u_+ \approx u_-$（理想运算放大器两个输入端子间的电压为零）。

3.3　反馈电路的简介

3.3.1　反馈的基本概念

由于运算放大器的开环增益 A_o 很大，若要使运放工作于线性放大状态，器件外部必须有某种形式的负反馈网络；若无负反馈环节则工作于非线性状态。

所谓"**反馈**"，就是把放大电路的输出电量（电流或电压）$\dot{X}_o$ 的一部分或全部，经过一定的电路（称为**反馈电路**或反馈网络）送回它的输入端 $\dot{X}_f$ 来影响放大电路的输入电量 $\dot{X}_i'$。其反馈原理如框图 3.5 所示，即反馈放大器是由基本放大电路和反馈电路两部分构成的一个闭环电路。其各电量技术名称为：

$\dot{X}_i$：输入信号；

$\dot{X}_i'$：净输入信号；

$\dot{X}_o$：输出信号，$\dot{X}_o = \dot{X}_i'\dot{A}$；

$\dot{X}_f$：反馈信号，$\dot{X}_f = \dot{F}\dot{X}_o$；

$\dot{F}$：反馈系数；

$\dot{A}$：开环放大倍数，$\dot{A} = \dfrac{\dot{X}_o}{\dot{X}_i'}$；

→：表示信号的传递方向；

⊕：表示比较环节；在图 3.5（a）中有 $\dot{X}_i' = \dot{X}_i + \dot{X}_f$，在图 3.5（b）中有 $\dot{X}_i' = \dot{X}_i - \dot{X}_f$。

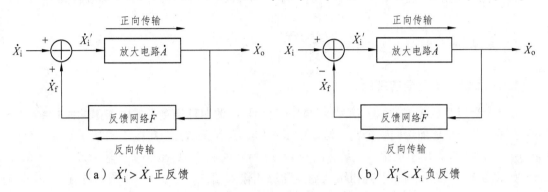

（a）$\dot{X}_i' > \dot{X}_i$ 正反馈　　　　　　　（b）$\dot{X}_i' < \dot{X}_i$ 负反馈

图 3.5　反馈概念框图

根据通过反馈回路送回输入端的信号 $\dot{X}_f$ 是使净输入信号 $\dot{X}_i'$ 增强还是减弱，又将反馈分为正反馈和负反馈。

（1）正反馈。

如果 $\dot{X}_f$ 对 $\dot{X}_i'$ 起增强作用，即 $\dot{X}_i' = \dot{X}_i + \dot{X}_f$，则 $\dot{X}_i' > \dot{X}_i$ 称为**正反馈**，如图 3.5（a）所示。正反馈常用在振荡电路中。

（2）负反馈。

如果 $\dot{X}_f$ 对 $\dot{X}_i'$ 起削弱作用，即 $\dot{X}_i' = \dot{X}_i - \dot{X}_f$，则 $\dot{X}_i' < \dot{X}_i$ 称为**负反馈**，如图 3.5（b）所示。负反馈可以改善放大电路的性能，在放大电路中几乎都用负反馈。

（3）闭环放大倍数 $\dot{A}_f$。

输出与输入信号之比称为**闭环放大倍数**或**闭环增益**，有

$$\dot{A}_f = \frac{\dot{X}_o}{\dot{X}_i} = \frac{\dot{X}_o}{\dot{X}_i' + \dot{X}_f} = \frac{\dot{X}_o}{\dfrac{\dot{X}_o}{\dot{A}} + F\dot{X}_o} = \frac{\dot{A}}{1 + \dot{A}\dot{F}} \qquad （3.4）$$

（4）反馈深度。

反馈深度反映反馈对放大电路影响的程度。由式（3.4）得

$$1 + \dot{A}\dot{F} = \frac{\dot{A}}{\dot{A}_f}$$

上式中 $\left|1 + \dot{A}\dot{F}\right|$ 称为**反馈深度**。当 $|\dot{A}\dot{F}| \gg 1$ 时称为**深度负反馈**。式（3.4）可简写为

$$\dot{A}_f = \frac{\dot{A}}{1 + \dot{A}\dot{F}} \approx \frac{1}{\dot{F}} \qquad （3.5）$$

式（3.5）表明，在深度负反馈条件下，$\dot{A}_f$ 近似等于反馈系数 $\dot{F}$ 的倒数。另外，根据反馈深度 $\left|1 + \dot{A}\dot{F}\right|$ 的大小，可判断电路反馈的性质，即

① 当 $\left|1+\dot{A}\dot{F}\right| > 1$ 时，$\left|\dot{A}_f\right| < \left|\dot{A}\right|$，产生负反馈；

② 当 $\left|1+\dot{A}\dot{F}\right| < 1$ 时，$\left|\dot{A}_f\right| > \left|\dot{A}\right|$，产生正反馈；

③ 当 $\left|1+\dot{A}\dot{F}\right| = 0$ 时，$\left|\dot{A}_f\right| = \infty$，相当于输入为零时仍有输出，称为"自激状态"。

3.3.2　反馈的类型的判断简介

1. 正反馈、负反馈的判断

图 3.6 为运算放大器的输入信号 $\dot{X}_i$ 与反馈信号 $\dot{X}_f$ 的四种连接方式电路图。图 3.6（a）（b）（e）所示为 $\dot{X}_f$ 和 $\dot{X}_i$ 加于同一个输入端。图 3.6（b）所示的 $\dot{X}_f$、$\dot{X}_i$ 接于同相输入端，图 3.6（a）所示的 $\dot{X}_f$、$\dot{X}_i$ 接于反相输入端；图 3.6（e）所示的 $\dot{X}_f$、$\dot{X}_i$ 接于基极输入端；图 3.6（c）（d）所示的 $\dot{X}_f$ 和 $\dot{X}_i$ 分别加于同相输入端点和反相输入端点，图 3.6（f）所示的 $\dot{X}_i$、$\dot{X}_f$ 分别加于基极和发射极，即 $\dot{X}_f$、$\dot{X}_i$ 信号不在同一个输入端。

常用瞬时极性法判断其连接方式，其判断规律为：

（1）正反馈。

$\dot{X}_f$ 和 $\dot{X}_i$ 接同一点时，瞬时极性相同；$\dot{X}_f$ 和 $\dot{X}_i$ 接两点时，瞬时极性相反。

（2）负反馈。

$\dot{X}_f$ 和 $\dot{X}_i$ 接同一点时，瞬时极性相反；$\dot{X}_f$ 和 $\dot{X}_i$ 接两点时，瞬时极性相同。

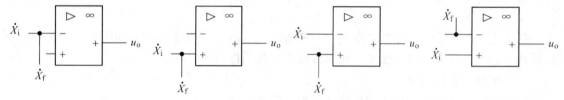

（a）$\dot{X}_i$ 与 $\dot{X}_f$ 同时接于　（b）$\dot{X}_i$ 与 $\dot{X}_f$ 同时接于　（c）$\dot{X}_i$ 接反相端、$\dot{X}_f$ 接　（d）$\dot{X}_i$ 接同相端、$\dot{X}_f$ 接
　　　反相端　　　　　　　　同相端　　　　　　　　同相端　　　　　　　　反相端

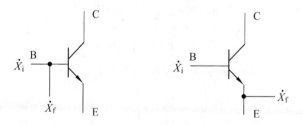

（e）$\dot{X}_i$ 与 $\dot{X}_f$ 同时接于基极　　（f）$\dot{X}_i$ 接于基极、$\dot{X}_f$ 接于发射极

图 3.6　$\dot{X}_i$ 与 $\dot{X}_f$ 输入端连接方式图

【例 3.1】　试判断如图 3.7 所示电路是正反馈还是负反馈。

分析：

（1）根据反馈信号与输入信号的连接方式，确定两个信号是否连接在同一点上。

（2）根据瞬时极性法，设输入信号 $\dot{X}_i$ 的瞬时极性为"+"；如图 3.8 所示，根据运算放大器反相输入端极性与输出端极性反相，同相输入端极性与输出端极性同相的特点。三极管管脚极性为基极 B 为"+"，集电极 C 为"−"、发射极 E 为"+"的管脚极性关系，确定反馈信号的瞬时极性（如图 3.7 所示）。

（3）根据反馈信号的极性是否与输入信号的极性一致，判断正、负反馈。

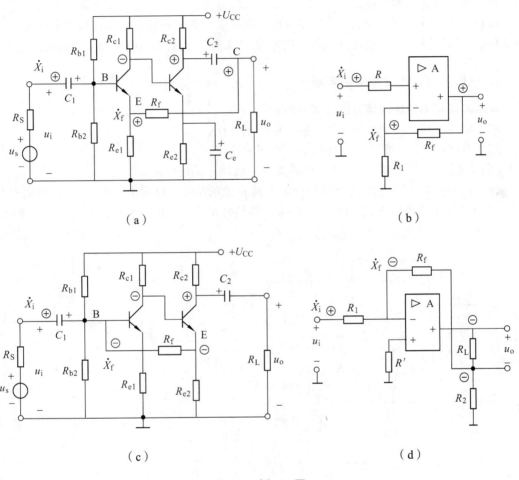

（a）　　　　　　　　　　　　　　　（b）

（c）　　　　　　　　　　　　　　　（d）

图 3.7　例 3.1 图

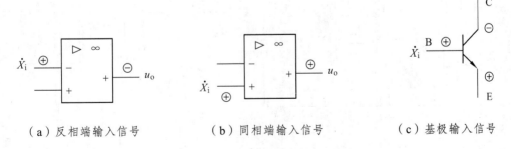

（a）反相端输入信号　　　（b）同相端输入信号　　　（c）基极输入信号

图 3.8　放大器件管脚极性关系图

解　（1）由图 3.7（a）（b）得：

反馈信号 $\dot X_{\mathrm{f}}$ 与输入信号 $\dot X_{\mathrm{i}}$ 分别连接在两点上，并且根据瞬时极性法可知，图中 $\dot X_{\mathrm{f}}$ 与 $\dot X_{\mathrm{i}}$ 极性相同，所以为**负反馈**电路。

（2）由图 3.7（c）（d）得：

反馈信号 $\dot X_{\mathrm{f}}$ 与输入信号 $\dot X_{\mathrm{i}}$ 连接在同一点上，并且根据瞬时极性法可知，图中 $\dot X_{\mathrm{f}}$ 与 $\dot X_{\mathrm{i}}$ 极性相反，所以为**负反馈**电路。

结论：关注输入回路中 $\dot X_{\mathrm{f}}$ 与 $\dot X_{\mathrm{i}}$ 是否连在同一点上；再根据放大器件极性变化关系（见图 3.8），由输入端向输出端逐级推导，确定 $\dot X_{\mathrm{f}}$ 的极性，从而判断电路的正、负反馈性质。

2. 电压反馈、电流反馈的判断

按从输出端采样反馈信号的方式判断：

（1）电压反馈：反馈采样电压与输出电压成正比。

（2）电流反馈：反馈采样电压与输出电流成正比。

【例 3.2】　试判断如图 3.7 所示电路是电压反馈还是电流反馈。

分析：根据电压反馈的 $\dot X_{\mathrm{f}}$ 与输出电压 u_{o} 成正比的特点，设输出电压 $u_{\mathrm{o}} = 0$，即输出"短路"（如图 3.9 中"短路虚线"所示），如果反馈信号消失，为电压反馈；反之，为电流反馈。

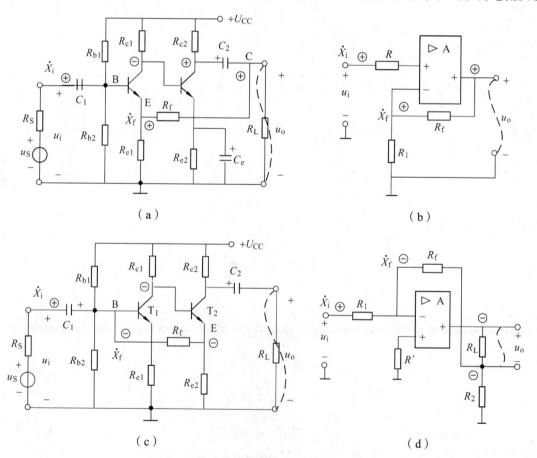

图 3.9　图 3.7 的输出电压 $u_{\mathrm{o}} = 0$ 的时等效电路图

解　（1）由图 3.9（a）（b）得：

当 $u_o = 0$ 时，分析图 3.9（a）（b）可知，反馈信号 $\dot{X}_f$ 与输出信号无关，即 $\dot{X}_f$ 消失，则为电压反馈。

（2）由图 3.9（c）（d）得：

当 $u_o = 0$ 时，图 3.9（c）中反馈信号 $\dot{X}_f$ 从 T_2 管的发射极 E 采样信号仍然存在，即 $\dot{X}_f$ 与 T_2 管的发射极电流成正比，则为电流反馈。

当 $u_o = 0$ 时，图 3.9（d）中电阻 R_L 端电压为零，但输出电流通过电阻 R_2 仍可以将输出信号反馈到输入端，即反馈信号 $\dot{X}_f$ 仍然存在，则为电流反馈。

结论：设输出电压 $u_o = 0$（即"短路"），若反馈信号 $\dot{X}_f$ 消失，则为电压反馈；若反馈信号 $\dot{X}_f$ 仍然存在，则为电流反馈。这种判断方法称为输出电压 u_o 短路法。

3. 串联反馈、并联反馈的判断

按输入端反馈信号 $\dot{X}_f$ 与输入信号 $\dot{X}_i$ 的连接方式判断。

1）串联反馈

反馈信号 $\dot{X}_f$ 与输入信号 $\dot{X}_i$ 串联，即 $\dot{X}_f$ 与 $\dot{X}_i$ 连接在**两个结点**上。

2）并联反馈

反馈信号 $\dot{X}_f$ 与输入信号 $\dot{X}_i$ 并联，即 $\dot{X}_f$ 与 $\dot{X}_i$ 分别接在**同一结点**上。

【例 3.3】　试判断如图 3.7 所示电路是串联反馈还是并联反馈。

分析：由输入端分析，根据分析反馈信号 $\dot{X}_f$ 与输入信号 $\dot{X}_i$ 连接方式，判断电路串、并联反馈性质。

解　（1）由图 3.7（a）（b）得：

反馈信号 $\dot{X}_f$ 与输入信号 $\dot{X}_i$ 分别连接在两点上，即串联反馈。

（2）由图 3.7（c）（d）得：

反馈信号 $\dot{X}_f$ 与输入信号 $\dot{X}_i$ 分别连接在同一点上，即并联反馈。

结论：两个信号（即反馈信号 $\dot{X}_f$、输入信号 $\dot{X}_i$）在输入端的连接方式，决定是串联反馈还是并联反馈。如果 $\dot{X}_i$、$\dot{X}_f$ 与输入回路器件电压之间存在 KVL 方程关系，可判断电路为串联反馈；如果 $\dot{X}_i$、$\dot{X}_f$ 是同一个结点上的两个支路信号，并与同一个结点上的其他支路电流之间存在 KCL 方程关系，可判断电路为并联反馈。

4. 交流反馈、直流反馈的判断

（1）交流反馈。

反馈信号 $\dot{X}_f$ 为交流电量。图 3.7（a）中的反馈信号 $\dot{X}_f$ 可将输出的交流信号反馈到输入端，所以，$\dot{X}_f$ 是交流反馈。

（2）直流反馈。

反馈信号为直流电量。在图 3.7（a）中，因为电容 C_2 具有"隔直"作用，所以反馈信号 $\dot{X}_f$ 不具有直流反馈功能，而图 3.7（c）中反馈信号 $\dot{X}_f$ 是直流反馈。

（3）交直流反馈。

反馈信号既含有交流电量又含有直流电量；图 3.7（c）中的反馈信号 $\dot{X}_f$ 同时还具有交流反馈功能，所以 $\dot{X}_f$ 是交直流反馈。

3.3.3　四种负反馈类型简介

负反馈可分为四种类型：串联电流负反馈，串联电压负反馈，并联电流负反馈，并联电压负反馈。

根据例 3.1、例 3.2 和例 3.3 分析可得，图 3.7（a）（b）电路为串联电压负反馈，图 3.7（c）（d）为并联电流负反馈。

【例 3.4】　试判断如图 3.10 所示电路的反馈类型。

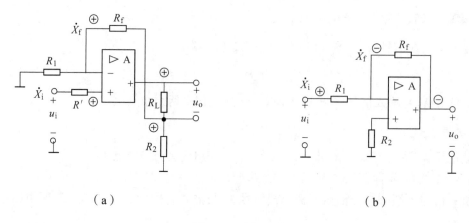

（a）　　　　　　　　　　　　　　　　　　（b）

图 3.10　例 3.4 图

分析：

（1）根据图 3.10 所确定的瞬时极性，判定图 3.10 电路为负反馈。

（2）根据输出电压 $u_o = 0$（"短路"）时反馈信号是否与 u_o 成正比，判断电压、电流反馈。

（3）根据输入端的 $\dot{X}_f$ 与 $\dot{X}_i$ 连接方式，判断串、并联反馈。

解　（1）由图 3.10（a）得：

反馈信号 $\dot{X}_f$ 与输入信号 $\dot{X}_i$ 分别连接在输入端两点上，即串联反馈。并且 $\dot{X}_f$ 与 $\dot{X}_i$ 瞬时极性相反，即负反馈。当 $u_o = 0$ 时，反馈信号 $\dot{X}_f$ 仍然存在，即电流反馈。

图 3.10（a）为串联电流负反馈。

（2）由图 3.10（b）得：

反馈信号 $\dot{X}_f$ 与输入信号 $\dot{X}_i$ 连接在输入端的同一结点上，即并联反馈。并且 $\dot{X}_f$ 与 $\dot{X}_i$ 瞬时极性相同，即负反馈。当 $u_o = 0$ 时，反馈信号 $\dot{X}_f$ 消失，即电压反馈。

图 3.10（b）为并联电压负反馈。

结论：瞬时极性法判断正、负反馈；从输入端 $\dot{X}_f$ 与 $\dot{X}_i$ 信号连接方式判断串、并联反馈；设 $u_o = 0$ 时从输出端反馈信号 $\dot{X}_f$ 是否消失，判断电压、电流反馈。

3.3.4　负反馈对放大电路性能影响简介

1. 降低放大倍数

由式 $\dot{A}_f = \dfrac{\dot{A}}{1+\dot{A}F}$ 可知 $\dot{A}_f < \dot{A}$，即负反馈的结果是使放大倍数下降。$\left|1+\dot{A}F\right|$ 越大，电压放大倍数下降也越大。

负反馈虽然使放大器的放大倍数下降，但能多方面地改善放大电路的性能。

2. 提高放大倍数的稳定性

如果不考虑相位，则有

$$A_f = \frac{A}{1+AF}$$

对上式求导，得

$$\frac{\mathrm{d}A_f}{\mathrm{d}A} = \frac{1}{1+AF} - \frac{AF}{(1+AF)(1+AF)} = \frac{A_f}{A}\frac{1}{1+AF}$$

或

$$\frac{\mathrm{d}A_f}{A_f} = \frac{1}{1+AF}\frac{\mathrm{d}A}{A} \tag{3.6}$$

式（3.6）表示，在引入负反馈之后，虽然放大倍数从 A 减小到 A_f，降低了（$1+AF$）倍，但对当外界因素引起的干扰信号也有相同的降低作用，即放大倍数相对变化 $\dfrac{\mathrm{d}A_f}{A_f}$ 却只有无负反馈时的 $\dfrac{1}{1+AF}$，可见引入负反馈能提高放大倍数的稳定性。

3. 减小非线性失真

当放大电路由于某种原因使输出信号发生非线性失真时，可通过反馈电路将输出端的失真信号反送到输入端，使净输入信号发生某种程度的失真，再经过放大后，输出信号的失真可得到一定程度的补偿。

从本质上说，负反馈是利用失真了的波形来改善波形的失真，因此，只能减小失真，不能完全消除失真。

4. 扩展频带

频率响应是放大电路的重要特征之一，而频带宽度是放大电路的技术指标，在某些场合下，往往要求有较宽的频带。即引入负反馈降低电压放大倍数，得到频带的拓展。

5. 抑制噪声

对放大器来说，噪声是有害的。负反馈的引入使有效电压和噪声电压一同减小。但是噪声电压是固定的，而有效信号可以人为地增加，这样就提高了信号噪声比。这就是负反馈能抑制噪声的根本原理。

6. 对输入、输出电阻的影响

输入电阻影响：串联负反馈使输入电阻增加，并联负反馈使输入电阻减小。

输出电阻影响：电压负反馈使输出电阻减小，电流负反馈使输出电阻增加。

3.3.5 常见问题讨论

（1）电压反馈（或电流反馈）与串联反馈（或并联反馈）有关。

解答：错。

电压反馈、电流反馈是根据反馈网络采集输出端电信号是电压还是电流来决定；串联反馈、并联反馈是根据输入信号与反馈信号在输入端的连接方式来决定。也就是说，电压、电流反馈与串、并联反馈无关。

（2）反馈信号如对输入信号有增强作用，称为负反馈。

解答：错。

反馈信号如对输入信号有增强作用，称为正反馈；反馈信号如对输入信号有减小作用，称为负反馈。

3.4 运算电路和电压比较器

运算放大器的应用领域十分广阔，包括测量技术、计算技术、自动控制、信号通信等。按功能来分，有信号的运算、处理和产生电路。

本节主要讨论运算放大器的线性应用（即运算电路）和非线性应用。

线性应用电路：比例运算电路、加法运算电路、减法运算电路、积分运算电路和微分运算电路。

非线性应用电路：零压比较器、任意电压比较器。

3.4.1 运算电路

运算电路工作状态中含有深度负反馈电路，用于确保运算放大器工作在线性区。所以，分析线性运算电路时，主要涉及的电路理论和运算放大器的知识点有：

（1）电路理论。

① 电阻元件的伏安特性，即关联参考方向条件下，欧姆定律 $u = Ri$。

② 电容元件的伏安特性，即关联参考方向条件下，$i_C = C \dfrac{du_C}{dt}$，$u_C = \dfrac{1}{C} \int i_C dt$。

③ 基尔霍夫定律，即 KCL 为 $\sum i = 0$，KVL 为 $\sum u = 0$。

（2）运算放大器。

① 闭环电压放大倍数为 $A_f = \dfrac{u_o}{u_i}$。

② 输入电压、电流的两个重要特性，即

"虚断" $i_i \approx 0$：流入运算放大器的电流为零。

"虚短" $u_- \approx u_+$：反相输入端电压 u_- 等于同相输入端电压 u_+。

1. 比例运算电路

1）反相比例运算电路

（1）图 3.11（a）所示电路的 $u_o = f(u_i)$ 和 $A_f = \dfrac{u_o}{u_i}$ 特性。

反相比例运算电路如图 3.11（a）所示。根据式（3.2）可知流过电阻 R_2 的电流为零（即电阻 R_2 的端电压为零），因此，同相输入端 u_+ 通过电阻 R_2 接"地"，得

$$u_+ = 0$$

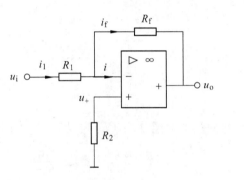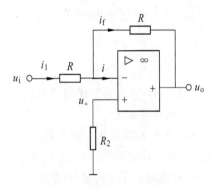

（a）反相比例运算电路　　　　　　　　　（b）反相器运算电路

图 3.11　反相比例器和反相器

所以由式（3.3）得

$$u_- \approx u_+ = 0$$

即反相输入端 u_-"虚地"。再根据 KCL 得

$$i_1 = i_f + i$$

因式（3.2）特性 $i \approx 0$，则

$$i_1 \approx i_f \tag{3.7}$$

由图 3.11（a）电路分析得

$$i_1 = \frac{u_i - u_-}{R_1} = \frac{u_i}{R_1}$$

$$i_f = \frac{u_- - u_o}{R_f} = \frac{-u_o}{R_f}$$

将上式代入式（3.7），得 $u_o = f(u_i)$ 关系式为

$$\frac{u_i}{R_1} = -\frac{u_o}{R_f}$$

$$u_o = -\frac{R_f}{R_1} u_i \qquad (3.8)$$

由式（3.8）得闭环电压放大倍数 A_f 为

$$A_f = \frac{u_o}{u_i} = -\frac{R_f}{R_1} \qquad (3.9)$$

式（3.8）表明，输出电压 u_o 与输入电压 u_i 是反相（即式中负号表示 u_o 与 u_i 反相）比例运算关系，或者说反相放大关系。如果 R_1 和 R_f 的阻值足够精确，而且运算放大器的电压放大倍数很高，就可以认为输出电压 u_o 与输入 u_i 间的关系只取决于电阻 R_f 和 R_1 的比值，与运算放大器本身的参数无关，这就保证了比例运算的精度和稳定性。

（2）反相器特性。

当图 3.11（a）中的电阻 $R_1 = R_f$ 时，由式（3.8）、式（3.9）得

$$u_o = -u_i$$

$$A_f = -1$$

所以图 3.11（b）电路为**反相器**运算电路。

（3）平衡电阻概念。

因为运算放大器的两个输入端外接电路应尽量对称，而图 3.11（a）中电阻 R_2 上端电压虽然为零，但其功能是为了保持电路的对称性，所以电阻 R_2 称为**平衡电阻**。平衡电阻的计算方法为：

① 令输入电压 u_i=0，则输出电压 u_o=0，电压为零就等效为"短路线"，如图 3.12 中所示输入端、输出端的"虚线"。

② 将外电路与运算放大器的两个输入端连接断开，形成反相输入等效电阻电路、同相输入等效电阻电路，如图 3.12 所示。

③ 分别计算外电路等效电阻 R_-、R_+。

$$R_- = R_1 /\!/ R_f$$

$$R_+ = R_2$$

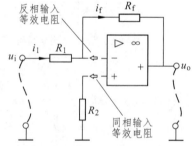

图 3.12　平衡电阻分析电路图

④ 为了保持运算放大器的输入端电路的对称性，要求由反相输入等效电阻（$R_1/\!/R_f$）必须等于同相输入端等效电阻 R_2，即 $R_- = R_+$，解得平衡电阻关系为

$$R_2 = R_1 /\!/ R_f \qquad (3.10)$$

2）同相比例运算电路

（1）图 3.13（a）所示电路的 $u_o = f(u_i)$ 和 $A_f = \dfrac{u_o}{u_i}$ 特性。

同相比例运算电路如图 3.13（a）所示。因流过电阻 R_2 的电流为零（即电阻 R_2 上的电压为零），故同相输入端电压 u_+ 为

$$u_+ = u_i$$

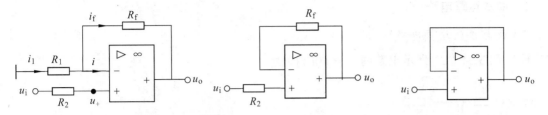

（a）同相比例运算电路　　　（b）图（a）$R_1=\infty$ 电压跟随器（c）图（a）$R_F=R_2=0$ 电压跟随器

图 3.13　同相比例器和电压跟随器电路

由式（3.3）得

$$u_- \approx u_+ = u_i$$

分析电路图 3.13（a）得

$$i_1 = -\frac{u_-}{R_1} = -\frac{u_i}{R_1}$$

$$i_f = \frac{u_- - u_o}{R_f} = \frac{u_i - u_o}{R_f}$$

由式（3.7）（即 $i_1 \approx i_f$ ）得

$$-\frac{u_i}{R_1} = \frac{u_i - u_o}{R_f}$$

解得

$$u_o = \left(1 + \frac{R_f}{R_1}\right) u_i \qquad\qquad (3.11)$$

$$A_f = \frac{u_o}{u_i} = 1 + \frac{R_f}{R_1} \qquad\qquad (3.12)$$

式（3.11）、式（3.12）中，$\left(1 + \dfrac{R_f}{R_1}\right) > 0$ 说明 u_o 与 u_i 同相，$A_f \geqslant 1$。

（2）电压跟随器特性。

当图 3.13（a）中的电阻 $R_1 = \infty$，或 $R_f = R_2 = 0$ 时，如图 3.13（b）（c）所示，由式（3.11）、式（3.12）得输出电压等于输入电压，即

$$u_o = u_i$$

$$A_f = 1$$

图 3.13（b）（c）所示电路称为**电压跟随器**。

（3）平衡电阻。

计算基本方法与反相比例器相同，即

$$R_2 = R_1 \mathbin{/\mkern-3mu/} R_f$$

2．加法运算电路

1）反相加法运算电路

（1）图 3.14（a）所示电路的 $u_o = f(u_i)$ 特性。

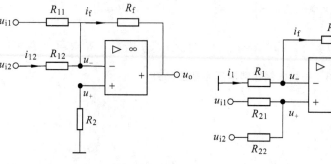
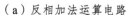
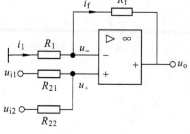
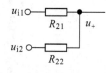

（a）反相加法运算电路　　　　　（b）同相加法运算电路　　　　（c）图 b 分析电路

图 3.14　加法运算电路

反相加法运算电路如图 3.14（a）所示。因 $u_- \approx u_+ = 0$，则

$$i_{11} = \frac{u_{i1} - u_-}{R_{11}} = \frac{u_{i1}}{R_{11}}$$

$$i_{12} = \frac{u_{i2} - u_-}{R_{12}} = \frac{u_{i2}}{R_{12}}$$

$$i_f = -\frac{u_o - u_-}{R_f} = -\frac{u_o}{R_f}$$

由 KCL 得

$$i_f = i_{11} + i_{12}$$

则解得

$$-\frac{u_o}{R_f} = \frac{u_{i1}}{R_{11}} + \frac{u_{i2}}{R_{12}}$$

$$u_o = -\left(\frac{u_{i1}}{R_{11}} + \frac{u_{i2}}{R_{12}} \right) R_f \tag{3.13}$$

当图 3.14（a）所示电路中的电阻 $R_{11} = R_{12} = R_1$ 时，由式（3.13）得

$$u_o = -(u_{i1} + u_{i2}) \frac{R_f}{R_1} \tag{3.14}$$

当图 3.14（a）所示电路中的电阻 $R_{11} = R_{12} = R_f$ 时，由式（3.13）得

$$u_o = -(u_{i1} + u_{i2}) \tag{3.15}$$

由式（3.13）、（3.14）和（3.15）可见，加法运算电路也与运算放大器本身的参数无关，电阻器件的精度决定加法运算的精度和稳定性。

（2）平衡电阻。

根据平衡电阻的基本概念，有

$$R_2 = R_{11} \,//\, R_{12} \,//\, R_f$$

2）同相加法运算电路

（1）图 3.14（b）所示电路的 $u_o = f(u_i)$ 特性。

同相加法运算电路如图 3.14（b）所示。根据图 3.14（c）计算图 3.14（b）电路中的 u_+ 为

$$u_+ = \frac{u_{i1} - u_{i2}}{R_{21} + R_{22}} R_{22} + u_{i2}$$

因 $u_- \approx u_+$，解图 3.14（b）得

$$u_o = \frac{u_-}{R_1}(R_1 + R_f) = \left(R_1 + \frac{R_f}{R_1}\right)\left(\frac{u_{i1} - u_{i2}}{R_{21} + R_{22}} R_{22} + u_{i2}\right)$$

（2）平衡电阻。

根据平衡电阻的基本概念，有

$$R_{21} \,//\, R_{22} = R_1 \,//\, R_f$$

3. 减法运算电路

（1）图 3.15 所示电路的 $u_o = f(u_i)$ 特性。

差动运算放大电路在测量和控制系统中应用很广泛，它的两个输入端都有信号输入，其运算电路如图 3.15 所示。

$$u_+ = \frac{u_{i2}}{R_2 + R_3} R_3$$

$$u_- = \frac{u_o - u_{i1}}{R_1 + R_f} R_1 + u_{i1}$$

由 $u_- \approx u_+$ 得

$$\frac{u_o - u_{i1}}{R_1 + R_f} R_1 + u_{i1} = \frac{u_{i2}}{R_2 + R_3} R_3$$

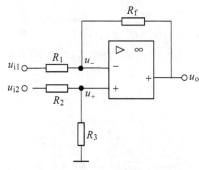

图 3.15　减法运算放大电路

解得

$$u_o = \left(1 + \frac{R_f}{R_1}\right)\frac{R_3}{R_2 + R_3} u_{i2} - \frac{R_f}{R_1} u_{i1} \tag{3.16}$$

当图 3.15 电路中的电阻 $R_1 = R_2$ 和 $R_f = R_3$ 时，由式（3.16）得

$$u_\mathrm{o} = \frac{R_\mathrm{f}}{R_1}(u_{\mathrm{i}2} - u_{\mathrm{i}1}) \qquad (3.17)$$

当 $R_1 = R_\mathrm{F}$ 时，式（3.17）得

$$u_\mathrm{o} = u_{\mathrm{i}2} - u_{\mathrm{i}1} \qquad (3.18)$$

式（3.18）说明，当电阻 $R_1 = R_2 = R_3 = R_\mathrm{f}$ 时，可直接实现两输入电量 $u_{\mathrm{i}1}$、$u_{\mathrm{i}2}$ 的减法运算，即同相输入电量 $u_{\mathrm{i}2}$ 减去反相输入电量 $u_{\mathrm{i}1}$。

（2）平衡电阻。

根据平衡电阻基本概念，即

$$R_2 \mathbin{//} R_3 = R_1 \mathbin{//} R_\mathrm{f}$$

4．积分运算电路

（1）图 3.16（a）所示电路的 $u_\mathrm{o} = f(u_\mathrm{i})$ 特性。

积分运算电路如图 3.16（a）所示。图中 $u_+ = 0$，根据运算放大器特性有 $u_- \approx u_+ = 0$，$i = 0$，解图（a）得

$$i_\mathrm{f} = i_1 = \frac{u_\mathrm{i}}{R_1}$$

将上式代入电容元件伏安特性 $u_\mathrm{C} = \dfrac{1}{C_\mathrm{f}} \displaystyle\int i_\mathrm{f}\mathrm{d}t$ 得

$$u_\mathrm{C} = \frac{1}{C_\mathrm{f}} \int i_\mathrm{f}\mathrm{d}t = \frac{1}{C_\mathrm{f}} \int \frac{u_\mathrm{i}}{R_1}\mathrm{d}t = \frac{1}{R_1 C_\mathrm{f}} \int u_\mathrm{i}\mathrm{d}t$$

因 $u_- \approx u_+ = 0$，得

$$u_\mathrm{o} = -u_\mathrm{C} = -\frac{1}{R_1 C_\mathrm{f}} \int u_\mathrm{i}\mathrm{d}t \qquad (3.19)$$

式（3.19）表明 u_o 与 u_i 的积分成正比例。

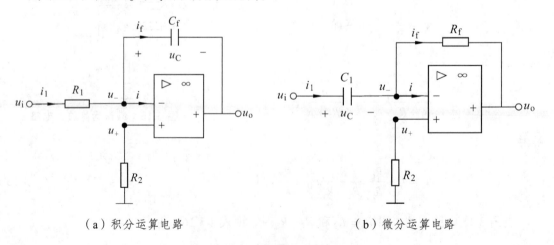

（a）积分运算电路　　　　　　　　　　　（b）微分运算电路

图 3.16　积分和微分运算电路

（2）平衡电阻。

根据平衡电阻基本概念，即

$$R_2 = R_1$$

5. 微分运算电路

（1）图 3.16（b）所示电路的 $u_o = f(u_i)$ 特性。

微分运算电路如图 3.16（b）所示。根据 $u_- \approx u_+ = 0$ 得

$$u_C = u_i$$

将上式代入电容元件伏安特性 $i_1 = C_1 \dfrac{du_C}{dt}$ 得

$$i_1 = C_1 \frac{du_C}{dt} = C_1 \frac{du_i}{dt} \tag{3.20}$$

因 $i = 0$，由 KCL 得

$$i_1 = i_f$$

所以

$$u_o = -i_f R_f = -i_1 R_f$$

将式（3.20）代入上式，得

$$u_o = -R_f C_1 \frac{du_i}{dt} \tag{3.21}$$

式（3.21）表明 u_o 与 u_i 对时间的一阶导数成比例。

（2）平衡电阻。

根据平衡电阻基本概念，即

$$R_2 = R_f$$

3.4.2　电压比较器

电压比较器在测量和控制系统中有着广泛的应用。

电压比较器的功能是将输入信号与电路中设定的基准电压进行比较，根据其比较的结果确定电路的输出状态；其工作原理是利用运算放大器的非线性特性（如图 3.17 所示的饱和区特性）来实现其功能。在电压比较器电路讨论时，常常用理想化传输特性曲线进行分析，如图 3.17（b）所示，其正的最大值 $+U_{om} \approx +U_C$，负的最大值 $-U_{om} \approx -U_C$（即 U_C 是运算放大器的外接直流电源值）。

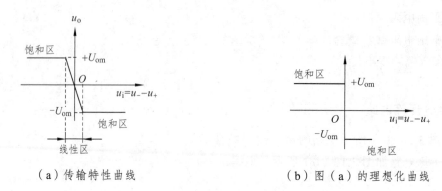

（a）传输特性曲线　　　　　　　　（b）图（a）的理想化曲线

图 3.17　运算放大器传输特性曲线

1. 零电压比较器

零电压比较器常用作为信号电压过零伏的检测器。

1）反相输入的零电压比较器

输入信号 u_i 接反相输入端，基准电压 U_{REF} 接同相输入端，称为反相输入的基准电压 U_{REF} 比较器。当比较器基准电压 $U_{REF}=0$（同相输入端接地）时，称为反相输入的零电压比较器，如图 3.18 所示。

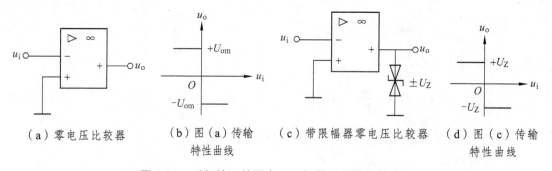

（a）零电压比较器　　　（b）图（a）传输　　　（c）带限幅器零电压比较器　　（d）图（c）传输
　　　　　　　　　　　　特性曲线　　　　　　　　　　　　　　　　　　　　　　特性曲线

图 3.18　反相输入的零电压比较器及传输特性曲线

（1）图 3.18（a）的传输特性曲线。

在图 3.18（a）中，当 u_i 稍小于零时，由于运算放大器电压放大倍数很高，u_o 将达到正的最大值，即 $u_o = +U_{om}$；当 u_i 稍大于零时，u_o 变为负的最大值，即 $u_o = -U_{om}$。输出电压 u_o 与输入电压 u_i 之间关系如传输特性曲线图 3.18（b）所示。

（2）带限幅器零电压比较器。

为了限制图 3.18（a）中电压 u_o 的输出幅值，在图 3.18（a）所示电压比较器的输出端连接一个**限幅器**，如图 3.18（c）（即两个背靠背稳压管的连接电路）所示。此时，当 u_i 稍小于或大于零时，输出电压 $u_o \approx \pm U_Z$，其传输特性曲线如图 3.18（d）所示。

2）同相输入的零电压比较器

（1）图 3.19（a）的传输特性曲线。

图 3.19 所示为同相输入的零电压比较器，其工作原理与图 3.18（a）所示反相输入的零

电压比较器的工作原理相似，即：在图 3.19（a）中，当 $u_i > 0$ 时，输出电压 $u_o = +U_{om}$；当 $u_i < 0$ 时，输出电压 $u_o = -U_{om}$，传输特性曲线如图 3.19（b）所示。

（2）带限幅器零电压比较器。

在图 3.19（c）中，当 $u_i > 0$ 时，输出电压 $u_o \approx +U_Z$；当 $u_i < 0$ 时，输出电压 $u_o \approx -U_Z$，其传输特性曲线如图 3.19（d）所示。

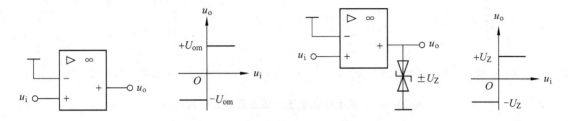

（a）零电压比较器　　（b）图 a 传输特性曲线　　（c）带限幅器零电压比较器　　（d）图（c）的传输特性曲线

图 3.19　同相输入的零电压比较器及传输特性曲线

2. 任意电压比较器

1）差动型任意电压比较器

在图 3.20 中，U_R 为**基准电压**（设 $U_R > 0$），U_Z 为稳压管的稳压值，U_D 为稳压管正向导通电压值。当输入电压 $u_i < U_R$ 时，输出电压 $u_o < 0$，稳压管 D_Z 导通，$u_o = -U_D$；当输入电压 $u_i > U_R$ 时，输出电压 $u_o > 0$，稳压管工作在反向击穿区，$u_o = +U_Z$，其传输特性如图 3.20（b）所示。

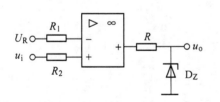
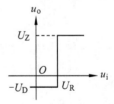

（a）反相输入差动型任意电压比较器　　　　（b）$U_R > 0$ 传输特性曲线

图 3.20　差动型任意电压比较器及传输特性曲线

2）求和型任意电压比较器

求和型任意电压比较器如图 3.21（a）所示。其中 U_N、U_P 分别为两个稳压管的稳压值，忽略两个稳压管的正向电压。由于 $u_+ = 0$，则根据零压比较器理论，需分析 u_i 在什么条件下能使 $u_- > 0$ 或 $u_- < 0$，即 $u_- = 0$ 时的 u_i 对应参数值 U_C 为比较电压（基准电压）。

电路图 3.21（a）中的两个稳压管的连接为背靠背，通过稳压管的电流为零，则有

$$u_- = \frac{u_i - U_R}{R_1 + R_2} R_2 + U_R$$

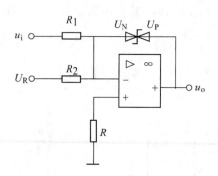
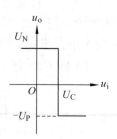

（a）反相输入求和型任意电压比较器　　　　　　　（b）$U_R > 0$ 传输特性曲线

图 3.21　求和型任意电压比较器及传输特性曲线

当 $u_- = 0$ 时，上式为

$$\frac{u_i - U_R}{R_1 + R_2}R_2 + U_R = 0$$

解得

$$u_i = \frac{R_1}{R_2}U_R$$

即比较电压 $U_C = \dfrac{R_1}{R_2}U_R$，通过改变 R_1 和 R_2 可调整比较电压 U_C 大小。设 $U_R > 0$，则有：

（1）当输入电压 $u_i > U_C$ 时，运算放大器的反相输入端电压 $u_- > 0$，输出电压 $u_o = -U_P$。
（2）当输入电压 $u_i < U_C$ 时，运算放大器的反相输入端电压 $u_- < 0$，输出电压 $u_o = U_N$。
传输特性曲线如图 3.21（b）所示。

3.4.3　运算放大器的应用实例

1. 线性应用

【例 3.5】　电路如图 3.22 所示，已知电阻 $R_1 = 20 \text{ k}\Omega$，$R_{f1} = 30 \text{ k}\Omega$，$R_{11} = R_{12} = 40 \text{ k}\Omega$，$R_{f2} = 60 \text{ k}\Omega$，$R_3 = R_4$，输入电压 $u_{i1} = 2 \text{ V}$，$u_{i2} = -10 \text{ V}$。试求输出电压 u_{o1}、u_{o2} 和 u_o。

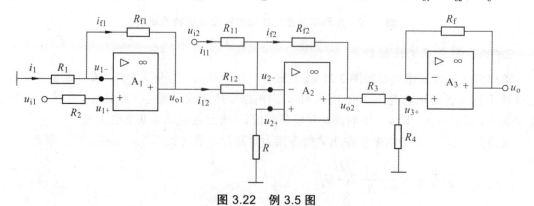

图 3.22　例 3.5 图

分析：

（1）模块 A_1 是同相比例器电路，因流入运算放大器的电流约等于零，所以 $u_{1+} = u_{i1}$；又因 $u_{1-} \approx u_{1+}$，则电阻 R_1 的端电压为 u_{1-}，并且 $i_{f1} = i_1$。

（2）模块 A_2 是反相加法器电路，因为 $u_{2-} \approx u_{2+} = 0$，$R_{11}$ 的端电压为 u_{i2}，R_{12} 的端电压为前级的输出电压 u_{o1}，根据 KCL 得 $i_{f2} = i_{11} + i_{12}$。

（3）模块 A_3 是电压跟随器电路，因流入运算放大器的电流约等于零，则 R_3 与 R_4 为串联电路，而且 $R_3 = R_4$。

解　模块 A_1：因 $u_{1-} \approx u_{1+} = u_{i1}$，得

$$i_{f1} = i_1 = -\frac{u_{1-}}{R_1} = -\frac{2}{20 \times 10^3} = -0.1 \times 10^{-3} \text{ (A)} = -0.1 \text{ (mA)}$$

$$u_{o1} = -R_{f1}i_{f1} + u_{i1} = -30 \times 10^3 \times (-0.1 \times 10^{-3}) + 2 = 5 \text{ (V)}$$

模块 A_2：因 $u_{2-} \approx u_{2+} = 0$，得

$$i_{f2} = i_{11} + i_{12} = \frac{u_{i2}}{R_{11}} + \frac{u_{o1}}{R_{12}} = \left(\frac{-10}{40} + \frac{5}{40}\right) \times 10^{-3} = 0.125 \text{ (mA)}$$

$$u_{o2} = -R_{f2}i_{f2} = -60 \times 10^3 \times (-0.125 \times 10^{-3}) = 7.5 \text{ (V)}$$

模块 A_3：因 $R_3 = R_4$，得

$$u_{3+} = \frac{u_{o2}}{R_3 + R_4} R_4 = \frac{7.5}{2} = 3.75 \text{ (V)}$$

$$u_o = u_{3+} = 3.75 \text{ V}$$

结论：运算放大器的两个（"虚断"和"虚短"）重要特性、KCL、KVL 和欧姆定律等，是分析运算放大器线性电路的基础，其中"虚短"和"虚断"常常是电路分析的切入点。

【**例 3.6**】　电路如图 3.23（a）所示，已知电阻 $R_{11} = 20 \text{ k}\Omega$，$R_{12} = R_1 = R_2 = R_{f3} = 30 \text{ k}\Omega$，$R_{f1} = R_{f2} = R_3 = 60 \text{ k}\Omega$，$R_{21} = R_{22} = R_4 = R_5 = 40 \text{ k}\Omega$，输入电压 $u_{i1} = -4 \text{ V}$，$u_{i2} = 2 \text{ V}$，$u_{i3} = 7 \text{ V}$，$u_{i4} = 1 \text{ V}$。试：

（1）说明三个运算放大电路 A_1、A_2、A_3、A_4 模块的名称。

（2）计算输出电压 u_{o1}、u_{o2}、u_{o3} 和 u_o。

分析：

（1）模块 A_1 参考图 3.23（b）所示电路，模块 A_2 参考图 3.23（c）所示电路，模块 A_3 参考图 3.23（d）所示电路，模块 A_4 参考图 3.23（e）所示电路。

（2）每个运算放大电路模块可独立进行分析其输出电压，先计算 u_+，再根据运算放大器的"虚短"和"虚断"特性，计算各个运算放大电路模块的输出电压，其中，输出电压 u_{o1}、u_{o2} 是模块 A_3 的输入电压，u_{o3} 是模块 A_4 的输入电压。

解　（1）运算放大电路 A_1、A_2、A_3、A_4 模块的名称：

A_1 为反相加法运算电路；A_2 为同相加法运算电路；A_3 为减法运算电路；A_4 为电压跟随器。

（2）计算输出电压 u_{o1}、u_{o2}、u_{o3} 和 u_o。

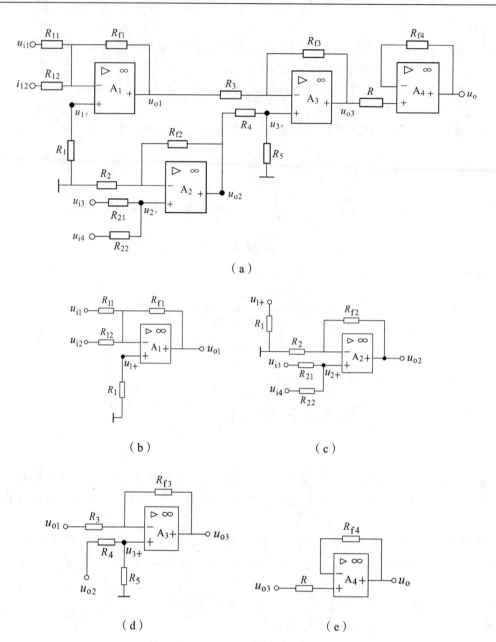

图 3.23　例 3.6 图

模块 A_1 得

$$u_{1+} = 0$$

$$u_{o1} = -\left(\frac{u_{i1}}{R_{11}} + \frac{u_{i2}}{R_{12}}\right)R_{f1}$$

$$= -\left(\frac{-4}{20 \times 10^3} + \frac{2}{30 \times 10^3}\right) \times 60 \times 10^3 = 8 \text{ (V)}$$

模块 A_2 得

$$u_{2+} = \frac{u_{i3} - u_{i4}}{R_{21} + R_{22}} R_{22} + u_{i4}$$

$$= \frac{7 - 1}{(40 + 40) \times 10^3} 40 \times 10^3 + 1 = 4 \text{ (V)}$$

$$u_{o2} = \frac{u_{2+}}{R_2} (R_2 + R_{f2})$$

$$= \frac{4}{30 \times 10^3} (30 + 60) \times 10^3 = 12 \text{ (V)}$$

模块 A_3 得

$$u_{3+} = \frac{u_{o2}}{R_4 + R_5} R_5$$

$$= \frac{12}{(40 + 40) \times 10^3} 40 \times 10^3 = 6 \text{ (V)}$$

$$u_{o3} = \frac{u_{3+} - u_{o1}}{R_3} R_{f3} + u_{3+}$$

$$= \frac{6 - 8}{60 \times 10^3} \times 30 \times 10^3 + 6 = 5 \text{ (V)}$$

模块 A_4 得

$$u_o = u_{o3} = 5 \text{ V}$$

结论：运算放大器件的"虚短"和"虚断"特性是分析电路的核心；基本运算放大电路模块（比例器、加法器、减法器和电压跟随器等）分析计算是基础；"前级的输出是后级的输入"是模块之间的数据传输理论依据。

【**例 3.7**】　比例-积分-微分 PID 调节器电路如图 3.24 所示，试求输出电压 u_o 与输入电压 u_i 之间的 $u_o = f(u_i)$ 表达式。

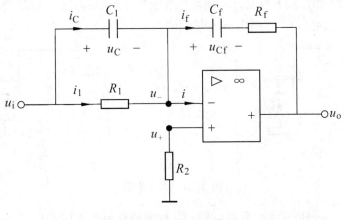

图 3.24　例 3.7 图

分析：

（1）整个电路为反相比例加法结构，即 u_i 信号由运算放大器的"－"端输入，称之为"反相"运算；u_i 信号分别通过电容 C_1 和电阻 R_1 输入，称之为"比例加法"运算。

（2）电容 C_1 的作用为微分运算；电阻 R_1 的作用为比例运算；电容 C_f 的作用为积分运算；电阻 R_f 的作用为引入负反馈。

（3）因为 $u_- = u_+$、$i \approx 0$，所以 $u_C = u_i$、$i_f = i_1 + i_C$。

（4）由电容元件伏安特性可知：$i_C = C_1 \dfrac{du_C}{dt}$、$u_{Cf} = \dfrac{1}{C_f}\int i_f dt$。

解

$$i_C = C_1 \frac{du_C}{dt} = C_1 \frac{du_i}{dt}$$

$$i_1 = \frac{u_C}{R_1} = \frac{u_i}{R_1}$$

由 KCL 得

$$i_f = i_1 + i_C = \frac{u_i}{R_1} + C_1 \frac{du_i}{dt}$$

则

$$u_o = -(i_f R_f + u_{Cf}) = -\left(i_f R_f + \frac{1}{C_f}\int i_f dt \right)$$

$$= -\left[\left(\frac{u_i}{R_1} + C_1 \frac{du_i}{dt} \right)R_f + \frac{1}{C_f}\int \left(\frac{u_i}{R_1} + C_1 \frac{du_i}{dt} \right)dt \right]$$

$$= -\left[\frac{R_f}{R_1}u_i + R_f C_1 \frac{du_i}{dt} + \frac{1}{C_f}\int \frac{u_i}{R_1}dt + \frac{C_1}{C_f}\int \frac{du_i}{dt}dt \right]$$

$$= -\left[\left(\frac{R_f}{R_1} + \frac{C_1}{C_f} \right)u_i + R_f C_1 \frac{du_i}{dt} + \frac{1}{R_1 C_f}\int u_i dt \right]$$

结论：比例-积分-微分 PID 调节器广泛应用在测量和控制系统中。

2. 非线性应用

【例 3.8】　电路如图 3.25 所示，已知稳压管的稳压值 $U_Z = 6\,\text{V}$，忽略稳压管的正向电压，输入信号 $u_i = 10\sin 314t\,(\text{V})$，试画出输出电压 u_o 波形。

（a）　　　　　　　　　　　　　　　　（b）

图 3.25　例 3.8 图

分析：图（a）为同相零压比较器电路，其传输特性如图 3.19（d）所示；图（b）为反相零压比较器电路，其传输特性如图 3.18（d）所示。

解　（1）由图（a）得：

当输入信号 $u_i > 0$ 时，$u_o = U_Z = 6\,\text{V}$；当输入信号 $u_i < 0$ 时，$u_o = -U_Z = -6\,\text{V}$。其波形如图 3.25（a）所示。

（2）由图（b）得：

当输入信号 $u_i > 0$ 时，$u_o = -U_Z = -6\,\text{V}$；当输入信号 $u_i < 0$ 时，$u_o = U_Z = 6\,\text{V}$。其波形如图 3.25（b）所示。

结论：同相零压比较器输出与输入同相；反相零压比较器输出与输入反相。通过零压比较器可将正弦波信号 u_i 转换为方波信号 u_o。

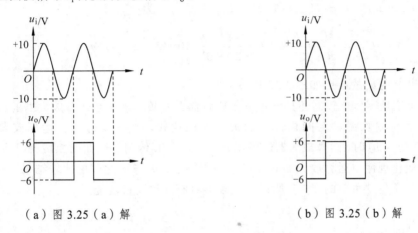

（a）图 3.25（a）解　　　　　　（b）图 3.25（b）解

图 3.26　例 3.8 题波形图解

【**例 3.9**】　电路如图 3.27（a）所示，已知电源 $E=2\,\text{V}$，电阻 $R_i = R_f = 10\,\text{k}\Omega$，运算放大器的正、负饱和电压为 $\pm12\,\text{V}$，输入信号 $u_i = 10\sin 314t$，试画出输出信号 u_o 的波形。

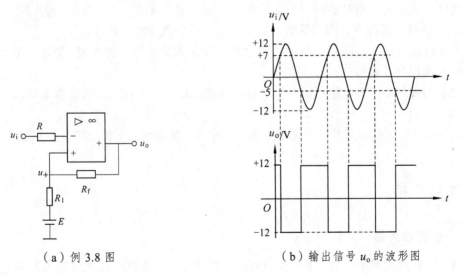

（a）例 3.8 图　　　　　　（b）输出信号 u_o 的波形图

图 3.27　例 3.9 电路及 u_o 波形图

分析：设运算放大器的饱和电压 $U_{om}=12\text{V}$。

（1）当输入信号 $u_i < u_+$ 时，根据图 3.18（b）所示运算放大器的传输特性，得输出信号

$u_o = +U_{om} = +12\ V$，则可列出对应的 u_+ 计算式，其值称为**上阈值**，用 U_{TH} 表示。

（2）当输入信号 $u_i > u_+$ 时，$u_o = -U_{om} = -12\ V$，所计算的 u_+ 值称为**下阈值**，用 U_{TL} 表示。

（3）画输出信号 u_o 的波形，在 $u_i = 10\sin 314t$ 波形上确定 U_{TH}、U_{TL} 两个点。$U_{TH} < u_i$ 至 $U_{TL} < u_i$ 区间的 $u_o = -12\ V$；$U_{TL} > u_i$ 至区 $U_{TH} > u_i$ 间的 $u_o = 12\ V$。如图 3.27（b）所示。

解　（1）当输入信号 $u_i < u_+$ 时，$u_o = +U_{om} = +12\ V$，U_{TH}（即 u_+）为

$$U_{TH} = \frac{U_{om} - E}{R_1 + R_f} R_1 + E = \frac{12 - 2}{20 \times 10^3} \times 10 \times 10^3 + 2 = 7\ (V)$$

（2）当 $u_i > u_+$ 时，$u_o = -U_{om} = -12\ V$，U_{TL}（即 u_+）为

$$U_{TL} = \frac{-U_{om} - E}{R_1 + R_F} R_1 + E = \frac{-12 - 2}{20 \times 10^3} \times 10 \times 10^3 + 2 = -5\ (V)$$

（3）输出电压 u_o 的波形如图 3.27（b）所示。

结论：无论是零压比较器还是任意电压比较器，其核心理论是运算放大器的两个输入端的比较，即反相输入端 u_- 与同相输入端 u_+ 之间的比较。当 $u_- > u_+$ 时，运算放大器的输出 $u_o = -U_{om}$；当 $u_- < u_+$ 时，运算放大器的输出 $u_o = +U_{om}$，其传输特性如图 3.17（b）所示。而 u_-、u_+ 的大小或变化规律由运算放大器的外接电路所决定，u_- 与 u_+ 之间的比较结果，导致输出电压 u_o 是"正"还是"负"的 U_{om}。所以，比较器具有波形变换功能。

3.4.4　常见问题讨论

（1）在分析线性运算放大电路与非线性运算放大电路时，其逻辑推理是相同的。

解答：错。

线性运算放大电路是根据两个重要特性（输入端"虚断"，即 $i_i \approx 0$；输入端"虚短"，即 $u_+ \approx u_-$）进行分析推理。即运算放大器工作在传输特性曲线的线性区。

非线性运算放大电路是根据 u_- 与 u_+ 之间的比较结果进行分析推理。即运算放大器工作在传输特性曲线的非线性区。

（2）如果一个运算电路的输入信号是从反相端输入，常称为反相运算电路。

解答：对。

例如：反相比例运算电路与同相比例运算电路；反相加法运算电路与同相加法运算电路。

本章小结

1. 运算放大器

（1）运算放大器是一个"电压控制电压"的器件。开环增益 A_o 大、输入阻抗 r_{id} 高是其固有特性。

（2）运算放大器分为"线性区"和"非线性区"应用，如图 3.28 所示。而非线性区中输出电压 u_o 所能达到极限电压为 $u_o = \pm U_{om} \approx \pm U_{CC}$（注：$|U_{om}|$ 约小于运算放大器所接的电源电

压 $|U_{CC}|$)。

线性区应用时,运算放大器外部必须接有某种形式的深度负反馈网络;若无负反馈环节,则为工作于非线性状态。

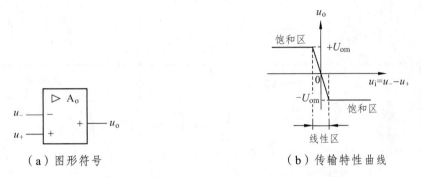

（a）图形符号　　　　　　　　　　　（b）传输特性曲线

图 3.28　运算放大器图形符号及传输特性曲线

2. 反馈

（1）所谓"反馈",就是把一部分或全部的放大电路的输出电量（电流或电压）,经过一定的反馈网络送回到输入端,从而增加或减小输入电量。

（2）当反馈电量增强输入信号时,反馈为"正反馈";当反馈电量减小输入信号时,反馈为"负反馈"。

（3）反馈网络有四种反馈类型,即串联电流反馈、串联电压反馈、并联电流反馈、并联电压反馈。

（4）负反馈虽然使放大器的放大倍数下降,但能从多方面改善放大电路的性能。

3. 线性应用

运算放大器线性应用的两个重要特性:

$$i_i \approx 0 , \quad 输入端"虚断";$$
$$u_+ \approx u_- , \quad 输入端"虚短"。$$

即流入运算放大器输入端的电流为零;运算放大器的反相输入端电压 u_- 等于同相输入端电压 u_+ 。

常用的线性运算放大电路如表 3.1 所示。

表 3.1　线性运算放大电路表

电路名称		放大电路	计算式
比例器	反相比例运算电路		$u_o = -\dfrac{R_f}{R_1} u_i$ 当 $R_1 = R_f$ 时: $u_o = -u_i$ （称为反相器）

续表

电路名称		放大电路	计算式
比例器	同相比例运算电路		$u_{o} = \left(1 + \dfrac{R_{f}}{R_{1}}\right)u_{i}$
加法器	反相加法运算电路		$u_{o} = -\left(\dfrac{u_{i1}}{R_{11}} + \dfrac{u_{i2}}{R_{12}}\right)R_{f}$ 当 $R_{11} = R_{12} = R_{1}$ 时： $u_{o} = -(u_{i1} + u_{i2})\dfrac{R_{f}}{R_{1}}$
	同相加法运算电路		$u_{o} = -\left(R_{1} + \dfrac{R_{f}}{R_{1}}\right)\left(\dfrac{u_{i1} - u_{i2}}{R_{21} + R_{22}}R_{22} + u_{i2}\right)$
减法器	减法运算电路		$u_{o} = \left(1 + \dfrac{R_{f}}{R_{1}}\right)\dfrac{R_{3}}{R_{2} + R_{3}}u_{i2} - \dfrac{R_{f}}{R_{1}}u_{i1}$ 当 $R_{1} = R_{2} = R_{3} = R_{f}$ 时： $u_{o} = u_{i2} - u_{i1}$
跟随器	电压跟随电路		$u_{o} = u_{i}$
积分器	积分运算电路		$u_{o} = -\dfrac{1}{R_{1}C_{f}}\displaystyle\int u_{i}\,\mathrm{d}t$
微分器	微分运算电路		$u_{o} = -R_{f}C_{1}\dfrac{\mathrm{d}u_{i}}{\mathrm{d}t}$

4. 非线性应用

非线性应用主要有两种：零压比较器（比较电压为零）和任意电压比较器（比较电压不为零）。

选择题

1. 集成运放工作在线性放大区，由理想工作条件得出两个重要规律是（　　　）。

 A. $u_- \approx u_+ = 0$ ，$i_i \neq 0$ B. $u_- \approx u_+ = 0$ ，$i_i \approx 0$ C. $u_- \approx u_+$ ，$i_i \approx 0$

2. 运算放大器电路中，引入深度负反馈的目的之一是使运放工作在（　　　）。

 A. 非线性区，以提高稳定性

 B. 性区，以降低稳定性

 C. 线性区，以提高稳定性

3. 集成运放应用于信号运算时，运放工作（　　　）域。

 A. 截止区   B. 线性区   C. 非线性区

4. 电路如图 3.29 所示，电阻 R_f 引入的反馈为（　　　）负反馈。

 A. 电压串联   B. 电压并联   C. 电流串联   D. 电流并联

5. 电路如图 3.30 所示，电阻 R_f 引入的反馈为（　　　） 负反馈。

 A. 电压并联   B. 电压串联   C. 电流并联   D. 电流串联

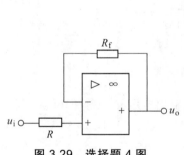 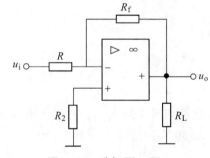

图 3.29　选择题 4 图   图 3.30　选择题 5 图

6. 电路如图 3.31 所示，试问电阻 R_8 引入的反馈为（　　　）。

 A. 串联电压负反馈   B. 正反馈   C. 并联电压负反馈

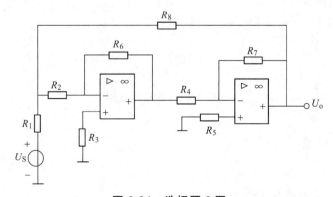

图 3.31　选择题 6 图

7. 电路如图 3.32 所示，则该电路为（　　　）。

　　A. 加法运算电路　　　　　　B. 反相积分运算电路　　　　　C. 同相比例运算电路

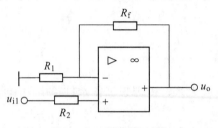

图 3.32　选择题 7 图

8. 电路如图 3.33 所示，当电阻 R_L 的值由小变大时，电流 I_L 将（　　　）。

　　A. 变小　　　　　　　　　　B. 变大　　　　　　　　　　C. 不变

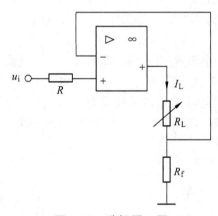

图 3.33　选择题 8 图

9. 电路如图 3.34 所示，若输入电压 $u_i = -10$ V，则输出电压 u_o 约等于（　　　）。

　　A. 50 V　　　　　　B. －50 V　　　　　　C. 15 V　　　　　　D. －15 V

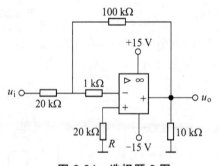

图 3.34　选择题 9 图

习　题

1. 判断如图 3.35 所示电路的反馈类型。

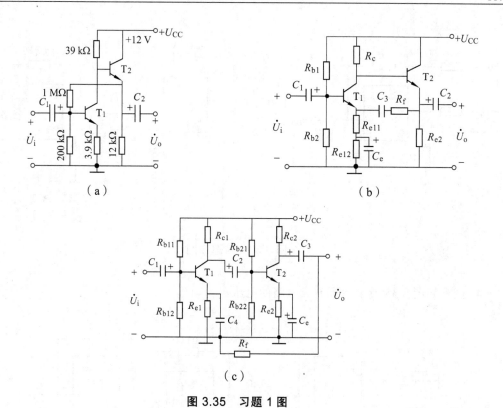

图 3.35　习题 1 图

2. 试指出如图 3.36 所示电路中的反馈电路，并判断反馈类型。

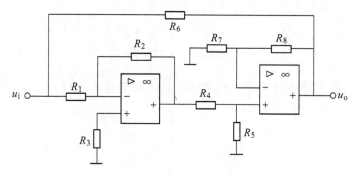

图 3.36　习题 2 图

3. 试写出如图 3.37 所示运算放大电路的输出电压 u_o 的表达式。

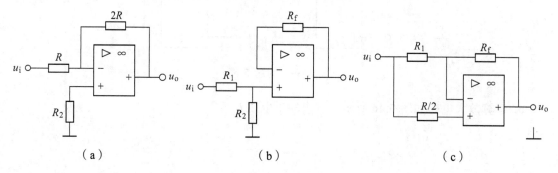

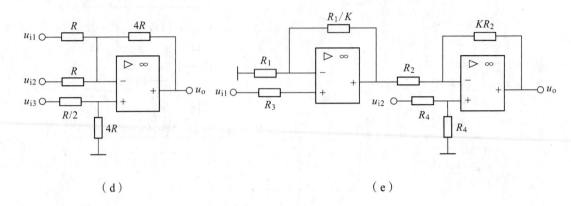

（d）   （e）

图 3.37   习题 3 图

4. 试求如图 3.38 所示运算放大电路的电压 U_{o1}、U_{o2}、U_o。

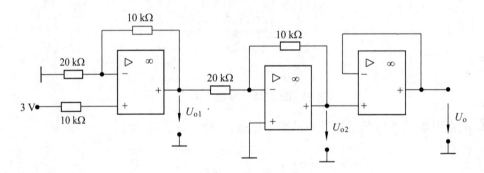

图 3.38   习题 4 图

5. 运算放大电路如图 3.39 所示，试求输出电压 u_o 与输入电压 u_{i1}、u_{i2} 之间运算关系的表达式。

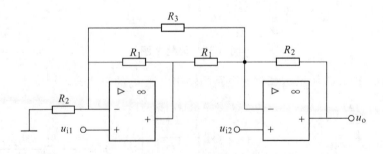

图 3.39   习题 5 图

6. 运算放大电路如图 3.40 所示，试求输出电压 u_o。

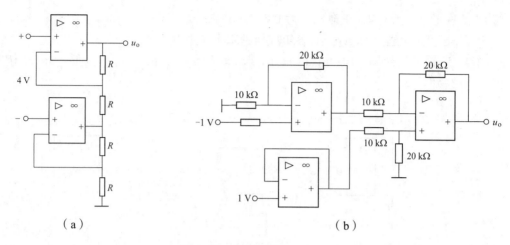

（a）　　　　　　　　　（b）

图 3.40　习题 6 图

7. 运算放大电路如图 3.41 所示，试求输出电压 u_o 与输入电压 u_i 之间关系的表达式。

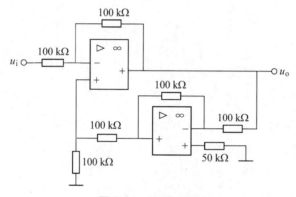

图 3.41　习题 7 图

8. 运算放大电路如图 3.42 所示，试求输出电压 u_o。

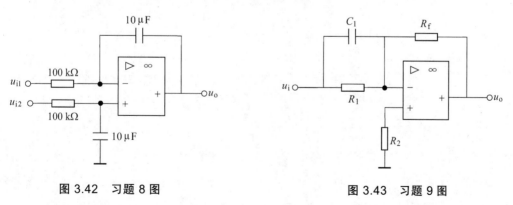

图 3.42　习题 8 图　　　　　　　　　图 3.43　习题 9 图

9. 运算放大电路如图 3.43 所示，求输出电压 u_o 与输入电压 u_i 之间的数学运算关系表达式。

10. 运算放大电路如图 3.44 所示，已知运算放大器的最大输出电压幅度为 ±12 V，稳压

管 D_Z 的稳定电压为 6 V，正向压降为 0.7 V，试求：

（1）运算放大器 A_1、A_2、A_3 各组成何种基本应用电路。

（2）若输入信号 $u_i = 10\sin\omega t$ (V)，试画出相应的 u_{o1}、u_{o2}、u_o 的波形，并在图中标出有关电压的幅值。

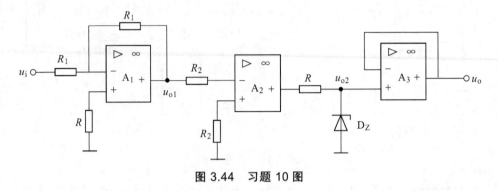

图 3.44 习题 10 图

第二篇 数字电子技术基础

本篇主要介绍逻辑代数的基本概念、基本的逻辑门、组合逻辑电路分析与设计、触发器、集成计数器、时序逻辑电路的分析与设计，重点讨论数字逻辑电路的分析和设计。

第4章　逻辑代数的基本概念

4.1　学习指导

　　本章的内容是学习数字逻辑电路分析和设计的基础。其中重点介绍数字逻辑的基本概念、基本逻辑运算及逻辑门、基本逻辑代数公式和定理、基本的卡诺图化简法和逻辑函数表示方法之间的相互转换。

4.1.1　内容提要

　　（1）基本的概念。
　　数字逻辑的特点、二进制基本概念、基本的逻辑运算、基本的逻辑门。
　　（2）基本的逻辑公式和定理。
　　基本逻辑代数公式、基本逻辑运算定理、基本逻辑运算规则。
　　（3）逻辑函数。
　　逻辑函数的五种表示方法的基本概念，即逻辑表达式、真值表、逻辑图、波形图、卡诺图；并讨论了五种表示方法之间的相互转换关系。

4.1.2　重点与难点

1. 重点

　　（1）掌握数字逻辑的特点、二进制的基本概念。
　　（2）掌握基本逻辑门的真值表、逻辑表达式、逻辑图形符号、波形图、卡诺图和逻辑运算等逻辑特点。
　　（3）掌握逻辑函数的五种表示方法之间的相互转换。

2. 难点

　　（1）建立数字信号和二进制的基本概念。
　　（2）掌握逻辑运算和逻辑门的基本概念。
　　（3）掌握逻辑函数的五种表示方法之间的相互转换。

4.2　基本概念及基本逻辑运算

4.2.1　基本概念

1. 数字电路特点

数字电路主要用于处理离散的数字信号，其主要特点为：

（1）二进制信号。

数字电路的工作信号是二进制的数字信号，即用 0 或 1 表示的数字信号，称为**离散信号**。如图 4.1（a）所示，数字信号 A、B、Y 都是离散信号，又称为**脉冲信号**，其图 4.1（a）称为**波形图**。

（2）高、低电平信号。

用 0 和 1 表示数字电路的两种不同电平状态，即常用 **0 表示低电平，1 表示高电平**，其基本概念如图 4.1（b）所示，电路概念如 4.1（c）所示（当开关 K 接 b 点时，a 点为低电平，用 0 表示；当开关 K 接 c 点时，a 点为高电平，用 1 表示）。

（3）信号逻辑关系。

数字电路研究的重点是输入信号状态（0 或 1）与输出信号状态（0 或 1）之间的逻辑关系。在如图 4.1（a）所示的波形图中，A、B 是输入信号，Y 是输出信号，其波形图反映了输入信号与输出信号之间的因果关系，即逻辑关系。

（4）逻辑代数。

数字电路分析的主要数学工具是逻辑代数。

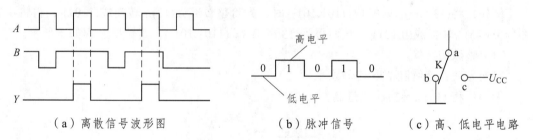

（a）离散信号波形图　　　　　　（b）脉冲信号　　　　　　（c）高、低电平电路

图 4.1　数字信号基本概念图

2. 逻辑代数

逻辑代数又称布尔代数，由英国数学家乔治·布尔（George Boole）提出于 1854 年，并且很快就成为分析数字电路的重要数学工具，即研究分析逻辑关系的数学工具。

逻辑代数与普通代数一样，用英文字母表示变量，所不同的是，普通代数变量取值范围是从 $-\infty$ 到 $+\infty$，而逻辑代数变量取值范围只有两个，不是 0 就是 1，用 0 和 1 表示两种不同的逻辑状态。

【**例 4.1**】　试说明如图 4.2 所示电路的逻辑关系。

分析：这是一个简单的开关电路图，其中逻辑变量 A、B 为输入，Y 为输出，即 A、B 表示两个开关状态，Y 表示灯的状态。当两个 A、B 开关都闭合时，灯 Y 就亮。

解　设开关 A、B 闭合状态为 1，断开状态为 0；灯 Y 亮状态为 1，不亮状态为 0。则 A、B 与 Y 的逻辑关系（即因果关系）为

当 $A = B = 1$ 时，$Y = 1$，否则，$Y = 0$。

结论：（1）逻辑代数反映和处理的是输入变量 A、B 与输出变量 Y 之间逻辑关系，不是数值关系，这是与普通代数本质的区别。（2）0 和 1 可分别表示一个事件的是与非、真与假、上与下、同意与反对、电平的高与低、电流的有与无、开关的合与断等。

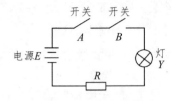

图4.2　逻辑关系电路图

3. 二进制数简介

在我们生活与工作中，常用十进制方式计数，但是在数字电路中且用二进制方式计数。二进制的每位只有 0 和 1 两个数码，所以，计数的基数 $N = 2$，逢二进一。

1）二-十进制数转换

一个二进制数 D 可转换为十进制数，即

$$(D)_2 = k_{n-1} \times 2^{n-1} + k_{n-2} \times 2^{n-2} + \cdots + k_0 \times 2^0 + k_{-1} \times 2^{-1} + \cdots + K_{-m} \times 2^{-m}$$

例如：将二进制数 1101.101 转换成十进制数为 13.625，即

$$(1101.101)_2 = 1 \times 2^3 + 1 \times 2^2 + 1 \times 2^0 + 1 \times 2^{-1} + 1 \times 2^{-3} = (13.625)_{10}$$

2）十-二进制数转换

一个十进制数分两步转换成二进制数，即整数和小数两部分需分别转换。

例如：将 $(13.625)_{10}$ 转换成 $(1101.101)_2$ 时，先将整数部分 $(13)_{10}$ 转换成 $(1101)_2$，再将小数部分 $(0.625)_{10}$ 转换成 $(0.101)_2$，从而得到 $(13.625)_{10} = (1101.101)_2$，其转换过程如下所示。

（1）整数的转换。

转换方法：连续除 2 取其余数。

例如：将 $(13)_{10}$ 转换成二进制数：

```
              余数
 2 |  13  … 1      ↑
   2 | 6   … 0     取
     2 | 3  … 1    余
       2 | 1 … 1   数
           0
```

故 $(13)_{10} = (1101)_2$。

（2）小数的转换。

转换方法：连续乘 2 取其整数。

```
        0.625        整数
    ×     2
        1.250   … 1       ↑
        0.25           取
    ×     2             整
        0.5    … 0      数
    ×     2
        1.0    … 1       ↓
```

故 $(0.625)_{10} = (0.101)_2$。

3）8421BCD 码

用二进制数表示各种信息（如文字、符号等）的过程称为**编码**，编码之后的二进制数称为**二进制代码**。

在数字电路中常用 8421 代码表示十进制数的十个数字符号 0～9，如表 4.1 所示。若把 8421 代码看成是 4 位二进制数，则各位的位权恰好是十进制数 8、4、2、1，因此，这种代码称为 8421BCD 代码。

表 4.1　十进制数的 8421BCD 码编码表

十进制数	8421BCD 码			
0	0	0	0	0
1	0	0	0	1
2	0	0	1	0
3	0	0	1	1
4	0	1	0	0
5	0	1	0	1
6	0	1	1	0
7	0	1	1	1
8	1	0	0	0
9	1	0	0	1
位权	8	4	2	1

4. 逻辑变量

逻辑代数中的变量称为**逻辑变量**。逻辑变量的取值为 0 或 1，当逻辑变量为 1 时，称为**原变量**（如 A、B 表示的是原变量），图 4.1（b）中为 1 的脉冲表示原变量的值；当逻辑变量为 0 时，称为**反变量**（如 $\overline{A}$、$\overline{B}$ 表示的是反变量），图 4.1（b）中为 0 的脉冲表示反变量的值。

5. 逻辑函数

描述输入逻辑变量（如 A、B…）与输出逻辑变量（如 Y）之间**因果逻辑关系**的代数式，称为**逻辑表达式**，而输出逻辑变量 Y 是输入逻辑变量 A、B…的**逻辑函数**，其函数 Y 的逻辑表达式为

$$Y = F(A, B, \cdots)$$

例题 4.1 中表示开关的 A、B 为逻辑变量，表示灯的 Y 为逻辑函数。变量 A、B 与函数 Y 之间因果关系的逻辑函数式为 $Y = AB$。

逻辑函数 Y 的表示方法有五种，即**逻辑表达式**、**真值表**、**波形图**、**逻辑图**和**卡诺图**。

6. 真值表

把逻辑变量（如 A、B⋯）各种可能取值与对应的逻辑函数（如 Y）值，以表格形式列举出来，这种反映逻辑变量与逻辑函数之间因果关系的表格称为**真值表**。

写真值表的方法：每个输入变量均有 0、1 两种取值，n 个输入变量则有 2^n 种取值组合（例如，输入变量为 A、B、C，则取值组合有 $2^3 = 8$ 种），将输入变量取值按二进制数递增规律排列后（如图 4.3 所示），根据逻辑因果关系，在表中填写对应的函数值，便得到逻辑函数的真值表。

A B	Y
0 0	
0 1	
1 0	
1 1	

A B C	Y
0 0 0	
0 0 1	
0 1 0	
0 1 1	
1 0 0	
1 0 1	
1 1 0	
1 1 1	

A B C D	Y	A B C D	Y
0 0 0 0		1 0 0 0	
0 0 0 1		1 0 0 1	
0 0 1 0		1 0 1 0	
0 0 1 1		1 0 1 1	
0 1 0 0		1 1 0 0	
0 1 0 1		1 1 0 1	
0 1 1 0		1 1 1 0	
0 1 1 1		1 1 1 1	

（a）$n = 2$ 真值表　　（b）$n = 3$ 真值表　　（c）$n = 4$ 真值表

图 4.3　真值表格式图

【例 4.2】 试写出如图 4.2 所示电路的真值表。

分析：图 4.2 所示电路中的输入变量为 A、B，即变量 $n = 2$，真值表有 $2^n = 2^2 = 4$ 种变量取值组合，A、B 取值按二进制数递增规律排列，并根据图 4.2 所示电路可知，只有当开关都闭合时灯才亮，即 $A = B = 1$ 时，$Y = 1$，其函数 Y 值如表 4.2 所示。

解　设开关 A、B 闭合状态为 1，断开状态为 0；灯 Y 亮状态为 1，不亮状态为 0。

表 4.2　例 4.2 的真值表

A	B	Y
0	0	0
0	1	0
1	0	0
1	1	1

结论：真值表非常直观地反映了输入变量与输出变量之间的逻辑关系，并且把一个实际的逻辑问题抽象为一个逻辑数学表格。这种以表格形式表示的逻辑函数，常常用于数字电路的分析与设计中。

7. 波形图

输出变量与输入变量随时间按照一定逻辑关系变化的图形，称为**波形图**，也称为**时序图**。

【例 4.3】 已知例 4.2 的输入逻辑变量 A、B 的取值如图 4.4（a）所示，根据其真值表 4.2

画出逻辑函数 Y 的波形图。

分析：分析真值表 4.2 可知，其逻辑功能为：当 $A=B=1$ 时，$Y=1$，否则 $Y=0$。

解　根据真值表 4.1 所示逻辑功能，用虚线在波形图上画出函数 $Y=1$ 的逻辑关系线，解得逻辑函数 Y 的波形图如图 4.4（b）所示。

结论：正确分析真值表的逻辑功能是画出其波形图的关键。一般不用在波形图中标出 0、1 逻辑值。

注意：波形图的横坐标是时间轴，纵坐标是变量的取值 0 或 1（即 0 表示低电平，1 表示高电平）。由于在应用波形图分析同一个数字电路中各变量之间的逻辑关系时，其时间轴只有一个，所以，约定波形图中不用标出坐标轴，但各个波形一定要在时间上一一对应，如图 4.4（b）所示，A、B、Y 的波形图纵向排列，保证各个波形在时间上的对应关系，并且在图中用虚线标明同一时间上输入与输出变量之间的逻辑关系。

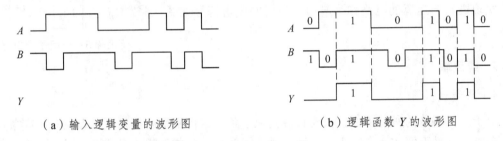

（a）输入逻辑变量的波形图　　　　　　　　（b）逻辑函数 Y 的波形图

图 4.4　例 4.3 的波形图

8. 逻辑图

用逻辑器件的逻辑符号来表示逻辑函数，即表示逻辑表达式中各个变量之间逻辑关系的逻辑符号图，称为**逻辑函数的逻辑图**。

注意：对于同一个逻辑函数，根据选择的逻辑器件不同，其逻辑图有所不同，即实现同一逻辑函数功能的逻辑图不是唯一的。

4.2.2　逻辑运算及逻辑门

逻辑代数有三种基本的逻辑运算，即与逻辑运算、或逻辑运算和非逻辑运算，实现其功能的逻辑器件分别称为与门、或门和非门。

1. 与逻辑

1）与逻辑关系

当一件事情的所有条件都具备时，这件事情才会发生，否则，这件事情不会发生，这种因果逻辑关系称为**与逻辑**（又称逻辑与）关系。

例如，在图 4.2 所示开关电路中，当开关 A 和 B 都闭合时（即开关闭合为条件），灯 Y 才亮（即灯亮为结果）；否则，灯 Y 就灭。所以，对于灯 Y 亮这一件事情而言，开关 A、B 闭合是与逻辑关系。

2）与逻辑运算

例如，图 4.2 开关 A、B 闭合用 1 表示，灯 Y 亮也用 1 表示，则逻辑与运算记为

$$Y = A \cdot B$$

逻辑与运算又称为逻辑乘运算。式中的 "·" 表示 "逻辑与" 或 "逻辑乘"，可省略不写。

注意： 逻辑与运算描述的是逻辑变量之间的 "逻辑乘" 关系，其变量可以是原变量，也可以是反变量，例如，$Y_1 = \overline{A} \cdot B$，$Y_2 = \overline{A} \cdot \overline{B}$ 都是与运算。

3）与逻辑真值表

与运算 $Y = A \cdot B$ 的逻辑真值表如表 4.2 所示。

4）与门

实现逻辑与运算的电路称为**与门**，与门的逻辑符号如图 4.5 所示。

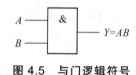

图 4.5　与门逻辑符号

2. 或逻辑

1）或逻辑关系

对于一件事情的所有条件，只要具备其中一条，这件事情就会发生，即只有所有条件都不具备时，这件事情才不会发生，这种因果逻辑关系称为**或逻辑**（又称逻辑或）关系。

例如，图 4.6（a）所示开关电路中，当开关 A 和 B 只要有一个闭合时，灯 Y 就亮；否则，灯 Y 就灭。所以，对于灯 Y 亮这一件事情而言，开关 A、B 闭合是或逻辑关系。

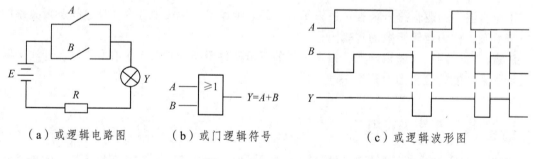

（a）或逻辑电路图　　　　（b）或门逻辑符号　　　　（c）或逻辑波形图

图 4.6　$Y = A + B$ **或逻辑**

2）或逻辑运算

例如，图 4.6（a）开关 A、B 闭合用 1 表示，灯 Y 亮也用 1 表示，则逻辑或运算记为

$$Y = A + B$$

逻辑或运算又称为逻辑加运算。式中的 "+" 表示 "逻辑或" 运算或者 "逻辑加" 运算。

3）或逻辑真值表

或运算 $Y = A + B$ 的逻辑真值表如表 4.3 所示。

表 4.3　或逻辑真值表

A　　B	Y
0　　0	0
0　　1	1
1　　0	1
1　　1	1

4）或门

实现逻辑或运算的电路称为或门，其或门的逻辑符号如图 4.6（b）所示。

5）或逻辑波形图

或运算 $Y = A + B$ 的逻辑特点为，当 $A = B = 0$ 时，$Y = 0$。波形图如图 4.6（c）所示。

3. 非逻辑

1）非逻辑关系

当一件事情的条件具备时，这件事件不发生，即当一件事情的条件不具备时，这件事件发生，这种因果逻辑关系称为**非逻辑**（又称逻辑非）关系。

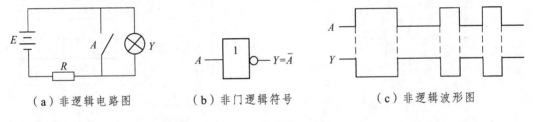

（a）非逻辑电路图　　　　（b）非门逻辑符号　　　　（c）非逻辑波形图

图 4.7　$Y = \overline{A}$ 非逻辑

例如，图 4.7（a）所示开关电路中，当开关 A 闭合时，灯 Y 灭；当开关 A 打开时，灯 Y 亮。所以，对于灯 Y 亮这一件事情而言，开关 A 闭合是非逻辑关系。

2）非逻辑运算

例如，图 4.7（a）中开关 A 闭合用 1 表示，灯 Y 亮也用 1 表示，则逻辑非运算记为

$$Y = \overline{A}$$

逻辑非运算又称为逻辑反运算。式中字母 A 上方的横线表示"非运算"，读作"非"，即 $\overline{A}$ 读作"A 非"。

3）非逻辑真值表

非运算 $Y = \overline{A}$ 的逻辑真值表如表 4.4 所示。

表 4.4　非逻辑真值表

A	Y
0	1
1	0

4）非门

实现逻辑非运算的电路称为非门，其非门的逻辑符号如图 4.7（b）所示。

5）非逻辑波形图

非运算 $Y = \overline{A}$ 的逻辑特点为，当 $A = 1$ 时，$Y = 0$；当 $A = 0$ 时，$Y = 1$。其波形图如图 4.7（c）所示。

4. 几种常见的逻辑运算

在逻辑代数中，除了与、或、非三种基本逻辑运算以外，经常还要用到与非运算、或非运算、与或非运算、异或运算、同或运算等。如表 4.5 所示。

表 4.5　几种常见的逻辑运算

逻辑运算	国际符号	美国符号	逻辑运算式	真值表	
与运算 与门			$Y = AB$	AB	Y
				00	0
				01	0
				10	0
				11	1
或运算 或门			$Y = A + B$	AB	Y
				00	0
				01	1
				10	1
				11	1
非运算 非门			$Y = \overline{A}$	A	Y
				0	1
				1	0
与非运算 与非门			$Y = \overline{AB}$	AB	Y
				00	1
				01	1
				10	1
				11	0

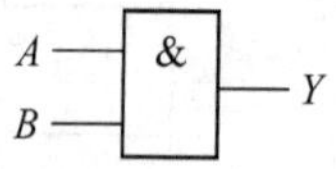

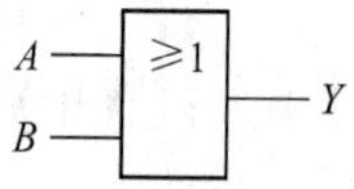

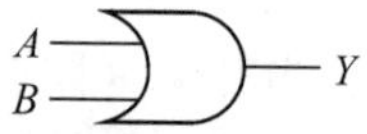

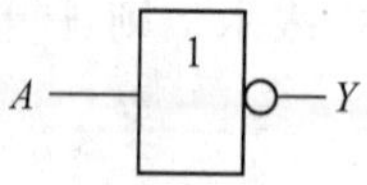

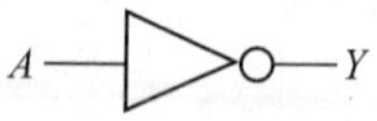

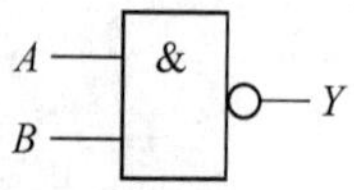

逻辑运算	国际符号	美国符号	逻辑运算式	真值表
或非运算 或非门			$Y = \overline{A + B}$	<table><tr><td>AB</td><td>Y</td></tr><tr><td>00</td><td>1</td></tr><tr><td>01</td><td>0</td></tr><tr><td>10</td><td>0</td></tr><tr><td>11</td><td>0</td></tr></table>
与或非运算 与或非门			$Y = \overline{AB + CD}$	
异或运算 异或门			$Y = A\overline{B} + \overline{A}B$ $= A \oplus B$	<table><tr><td>AB</td><td>Y</td></tr><tr><td>00</td><td>0</td></tr><tr><td>01</td><td>1</td></tr><tr><td>10</td><td>1</td></tr><tr><td>11</td><td>0</td></tr></table>
同或运算 同或门			$Y = AB + \overline{A}\,\overline{B}$ $= A \odot B$	<table><tr><td>AB</td><td>Y</td></tr><tr><td>00</td><td>1</td></tr><tr><td>01</td><td>0</td></tr><tr><td>1</td><td>0</td></tr><tr><td>11</td><td>1</td></tr></table>

4.2.3　常见问题讨论

（1）数字电路传输的信号是由 $-\infty$ 至 ∞ 组成的数字信号。

解答：错。

数字电路传输的信号是由 0、1 组成的数字信号。

（2）因为原变量 A 取值为 1，所以反变量 $\overline{A} = 0$。

解答：对。

原变量的"非"等于反变量；反变量的"非"等于原变量。

（3）当一件事情的所有条件不具备时，这件事件发生，这种因果逻辑关系称为与逻辑。

解答：错。

当一件事情的所有条件具备时，这件事件发生为与逻辑；当一件事情的所有条件不具备时，这件事件发生为与非逻辑。

4.3　基本逻辑代数公式和定理

4.3.1　基本逻辑代数公式

1. 逻辑常量之间的运算公式

根据基本的与、或、非三种逻辑运算，逻辑常量之间的逻辑运算关系有：

$$0 \cdot 0 = 0$$
$$0 \cdot 1 = 0$$
$$1 \cdot 1 = 1$$
$$0 + 0 = 0$$
$$0 + 1 = 1$$
$$1 + 1 = 1$$
$$\overline{1} = 0$$
$$\overline{0} = 1$$

2. 逻辑常量与逻辑变量之间的运算公式

$$A \cdot 0 = 0$$
$$A \cdot 1 = A$$
$$A + 0 = A$$
$$A + 1 = 1$$

3. 逻辑变量之间的运算公式

$$A \cdot \overline{A} = 0$$
$$A + \overline{A} = 1$$
$$AB + A\overline{B} = A$$

4.3.2　基本逻辑运算定理

1. 交换律

$$AB = BA$$
$$A + B = B + A$$

2. 吸收律

$$A + AB = A$$
$$A + \overline{A}B = A + B$$
$$AB + \overline{A}C + BC = AB + \overline{A}C$$

3. 结合律

$$(A \cdot B) \cdot C = A \cdot (B \cdot C)$$
$$(A + B) + C = A + (B + C)$$

4. 分配律

$$A \cdot (B + C) = AB + AC$$
$$A + BC = (A + B) \cdot (A + C)$$

5. 重叠律

$$A \cdot A = A$$
$$A + A = A$$

6. 摩根定理（反演律）

$$\overline{A \cdot B} = \overline{A} + \overline{B}$$
$$\overline{A + B} = \overline{A} \cdot \overline{B}$$

7. 还原律

$$\overline{\overline{A}} = A$$

4.3.3 基本逻辑运算规则

1. 代入规则

在任何逻辑等式中，将等式两边所有出现的同一变量，都以一个逻辑函数代之，则等式仍然成立，称为代入规则。

例如，已知摩根定理 $\overline{A + B} = \overline{A} \cdot \overline{B}$，若用逻辑函数 $Y = B + C$ 代替等式中的变量 B，得

$$\overline{A + B + C} = \overline{A} \cdot \overline{B + C} = \overline{A} \cdot \overline{B} \cdot \overline{C}$$

2. 反演规则

将任何一个逻辑函数表达式 Y 中的所有运算符号 "·" 变 "+"，"+" 变 "·"，"0" 变 "1"，"1" 变 "0"，原变量变反变量、反变量变原变量，那么所得到的函数表达为 Y 的反函数 $\overline{Y}$，这个规则称为反演规则。

利用反演规则，可比较容易地求出一个逻辑函数的反函数。

【例 4.4】 已知逻辑函数 $Y = \overline{\overline{A\overline{B} + \overline{C}} + ABC} + \overline{A}(B + D)$，试求逻辑函数 Y 的反函数 $\overline{Y}$。

分析：

（1）原变量换成反变量（如 A 换成 $\overline{A}$）、反变量换成原变量（如 $\overline{A}$ 换成 A）。

（2）逻辑与换成逻辑或（如 ABC 换成 $A + B + C$）、逻辑或换成逻辑与（如 $B + D$ 换成 BD），解得反函数 $\overline{Y}$。

解 根据反演规则可得

$$\overline{Y} = \overline{\overline{\overline{(A+B)C} \cdot (\overline{A}+\overline{B}+\overline{C})} \cdot (A+\overline{B} \cdot \overline{D})}$$

结论：

（1）变换过程中要保持原式中运算的优先顺序，即先算括号，再算逻辑乘，最后算逻辑加。

（2）不是单个变量上的"非"号应保持不变，即几个变量上的公共反号要保持不变。

3. 对偶规则

将任何一个逻辑函数 Y 中的所有运算符号"·"变"+"，"+"变"·"，"0"变"1"，"1"变"0"，所有的变量保持不变，就可得到逻辑函数 Y 的对偶式，记作 Y'。

【例 4.5】 试求例题 4.4 的逻辑函数 $Y = \overline{\overline{\overline{A\overline{B}+\overline{C}}+ABC} + \overline{A}(B+D)}$ 的对偶式 Y'。

分析： 将逻辑与换成逻辑或（如 ABC 换成 $A+B+C$）、逻辑或换成逻辑与（如 $B+D$ 换成 BD）。

解 根据对偶规则可得

$$Y' = \overline{\overline{\overline{(A+\overline{B})\cdot \overline{C}} \cdot (A+B+C)} \cdot (\overline{A}+BD)}$$

结论： 变换过程中要保持原式中运算的优先顺序。

4.3.4 常见问题讨论

（1）因为逻辑原变量 $A=1$，所以逻辑式 $A+A=2A=2$。

解答：错。

第一逻辑代数描述的是 0 与 1 逻辑关系；第二逻辑表达式与普通代数不同，"+"表示逻辑"或"，即 $A+A=A$。

（2）因吸收律有 $AB+\overline{A}C+BC=AB+\overline{A}C$，所以 $AB+\overline{A}C+BC\overline{D}E=AB+\overline{A}C$。

解答：对。

$$AB+\overline{A}C+BC\overline{D}E = AB+\overline{A}C+BC+BC\overline{D}E$$
$$= AB+\overline{A}C+BC(1+\overline{D}E)$$
$$= AB+\overline{A}C+BC$$
$$= AB+\overline{A}C$$

4.4 逻辑函数表示方法之间的相互转换

在数字系统中，无论其系统是复杂还是简单，逻辑变量是多还是少，输入变量与输出变量之间的因果关系都可以用一个逻辑函数来描述。

逻辑函数的表示方法有五种形式：真值表、逻辑函数表达式（或称逻辑表达式、表达式）、波形图、逻辑电路图和卡诺图，其五种表示方法之间相互转换关系如图 4.8 所示。

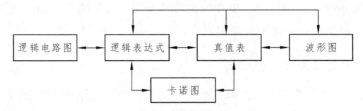

图 4.8　逻辑函数的五种表示方法之间转换关系图

4.4.1　真值表与逻辑表达式

真值表在实际问题与逻辑表达式之间起作桥梁作用，如已知实际问题（或逻辑功能），则通过真值表写出逻辑表达式；如已知逻辑表达式，则通过真值表分析逻辑功能。

1. 真值表转换为逻辑表达式

将真值表中函数值为 1 的对应项之间分别相或；其每一项中各输入变量相与；若输入变量为 1，写成原变量；若输入变量为 0，则写成反变量。

【例 4.6】 已知某逻辑功能真值表如表 4.6 所示，试写出真值表的逻辑表达式。

表 4.6　真值表

A　B　C	Y
0　0　0	1
0　0　1	0
0　1　0	0
0　1　1	1
1　0　0	0
1　0　1	0
1　1　0	1
1　1　1	1

分析：

（1）真值表中函数 Y 值为 1 的共有 4 项，即有 4 项相或。

（2）输入变量 A、B、C，即三个变量相与为 $A \cdot B \cdot C$。

（3）输入变量为 0 写成反变量，为 1 写成原变量；如 A、B、C 取值为 011，则该项写成 $\overline{A} \cdot B \cdot C$。

（4）将函数值为 1 的对应项之间相或，就解得逻辑表达式。

解　根据真值表得逻辑表达式为

$$Y = \overline{A} \cdot \overline{B} \cdot \overline{C} + \overline{A}BC + AB\overline{C} + ABC$$

结论：真值表中的 1，说明对应的输入变量为原变量；真值表中的 0，其对应的输入变量为反变量。即原变量的取值为 1，反变量的取值为 0。所写的逻辑函数 Y 是原变量，即 Y 的取值为 1，所以逻辑表达式写的是真值表中函数 $Y=1$ 的各项相或。

2. 逻辑表达式转换为真值表

如果逻辑函数为原变量 Y，则逻辑表达式中的各项在真值表中的函数 Y 取值为 1，其余的函数 Y 取值为 0；当逻辑表达式中输入变量为原变量时，真值表中变量取为 1，当变量为反变量时，真值表中变量取为 0。

【例 4.7】 已知逻辑表达式 $Y = \overline{AB}\,\overline{C} + \overline{A}BC + A\overline{B}\cdot\overline{C} + AB\overline{C}$，试列出逻辑函数 Y 的真值表。

分析： 真值表中函数 Y 值为 1 的项有 4 项，即 $\overline{AB}\,\overline{C}$ 取值 010，$\overline{A}BC$ 取值 011，$A\overline{B}\cdot\overline{C}$ 取值 100，$AB\overline{C}$ 取值 110。

解 根据逻辑表达式得真值表为

表 4.6　真值表

$A\ \ B\ \ C$	Y
0　0　0	0
0　0　1	0
0　1　0	1
0　1　1	1
1　0　0	1
1　0　1	0
1　1　0	1
1　1　1	0

结论：根据逻辑表达式写真值表时需要注意两点：一是确定函数变量 Y 是原变量还是反变量，如果是原变量，表达式中各项在真值表中填写 1，反变量则填写 0；二是确定表达式中各项变量 A、B、C 的取值，原变量取值 1，反变量取值 0。

4.4.2　逻辑表达式与逻辑图

1. 逻辑表达式转换成逻辑图

逻辑表达式是由逻辑变量和与、或、非等几种逻辑运算符号构成的数学逻辑方程，是表示逻辑函数方法之一。由于同一个逻辑函数可以有不同类型的逻辑表达式，所以转换成的逻辑图也不是唯一的。

例如：已知逻辑表达式 $Y = AB + \overline{A}C$，可应用逻辑代数公式和定理，转换以下几种常见的逻辑表达式类型。

$$Y = AB + \overline{A}C \qquad\qquad\qquad 与或式$$

由摩根定理，得

$$Y = \overline{\overline{AB + \overline{A}C}} = \overline{\overline{AB} \cdot \overline{\overline{A}C}} \qquad\qquad\qquad 与非\text{-}与非式$$

由吸收律和 $A \cdot \overline{A} = 0$，得

$$Y = (AB + \overline{A}C) + BC + A\overline{A} = A(\overline{A} + B) + C(\overline{A} + B)$$
$$= (A + C) \cdot (\overline{A} + B) \qquad\qquad\qquad 或与式$$

由摩根定理，得

$$Y = \overline{\overline{(A + C) \cdot (\overline{A} + B)}} = \overline{\overline{(A + C)} + \overline{(\overline{A} + B)}} \qquad\qquad\qquad 或非\text{-}或非式$$

虽然逻辑表达式可以转换成多种类型，但其真值表是唯一的。

【例 4.8】 已知逻辑表达式 $Y = AB + \overline{A}C$，试分别用与非门和或非门画出逻辑图。

分析：本题要求只能分别用逻辑器件与非门和或非门实现逻辑图，所以，首先将 $Y = AB + \overline{A}C$ 转换成"与非-与非式"和"或非-或非式"，再用指定的逻辑门，由输入端逐级画到输出端。

（1）$Y_1 = \overline{AB}$、$Y_2 = \overline{\overline{A}C}$、$Y = \overline{Y_1 \cdot Y_2}$ 都是与非运算，即用与非门实现电路如图 4.9（a）所示。

（2）$Y_1 = \overline{A + C}$、$Y_2 = \overline{\overline{A} + B}$、$Y = \overline{Y_1 + Y_2}$ 都是或非运算，即用或非门实现电路如图 4.9（b）所示。

解　（1）用与非门实现逻辑图。

$$Y = AB + \overline{A}C = \overline{\overline{AB + \overline{A}C}} = \overline{\overline{AB} \cdot \overline{\overline{A}C}}$$

逻辑图如图 4.9（a）所示。

（2）用或非门实现逻辑图。

$$Y = AB + \overline{A}C = \overline{\overline{(A + C) \cdot (\overline{A} + B)}} = \overline{\overline{(A + C)} + \overline{(\overline{A} + B)}}$$

逻辑图如图 4.9（b）所示。

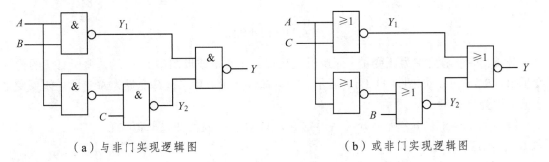

（a）与非门实现逻辑图　　　　　　　　（b）或非门实现逻辑图

图 4.9　例 4.8 的逻辑图

结论： 用逻辑符号表示逻辑表达式中各个变量之间的逻辑运算关系，便能画出函数的逻辑图。

2. 逻辑图转换成逻辑表达式

从逻辑图的输入端开始，逐级写出各个逻辑门的输出函数，便能得到逻辑表达式。

例如，写出逻辑图 4.9 的逻辑表达式，其逻辑图转换成表达式的过程如图 4.10 所示。

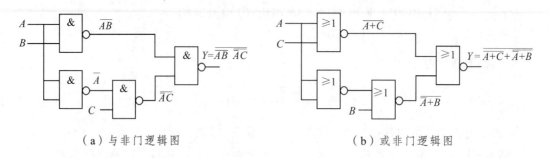

（a）与非门逻辑图　　　　　　　　　　（b）或非门逻辑图

图 4.10　逻辑图写逻辑表达式

4.4.3　逻辑表达式与波形图

1. 波形图转换成逻辑表达式

【例 4.9】 已知某逻辑表达式的波形图如图 4.11（a）所示，试写出逻辑图中函数 Y 的表达式。

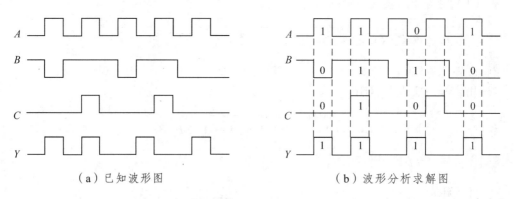

（a）已知波形图　　　　　　　　　　（b）波形分析求解图

图 4.11　例 4.9 图

分析： 待求函数 Y 为原变量，即逻辑表达式关注的是波形图中 $Y=1$ 函数值所对应的输入变量 A、B、C 项，如图 4.11（b）所示。如果输入变量取值 1，其变量为原变量；如果变量取值 0 则为反变量。

解 如图 4.11（b）所示分析，函数值 $Y=1$ 对应的输入变量取值项有：100、111、010 和 100，则逻辑表达式为

$$Y = A\overline{B}\cdot\overline{C} + ABC + \overline{A}B\overline{C}$$

结论：波形图中的输入变量之间相"与"；函数值 $Y=1$ 对应各输入与项相"或"；输入变量取值 1 表示变量为原变量，输入变量取值 0 表示变量为反变量，则可根据波形图得到原变量函数的表达式。

2. 逻辑表达式转换成波形图

【例 4.10】 已知函数 $Y=\overline{A}\cdot\overline{B}\cdot\overline{C}+A\overline{B}C+\overline{A}B\overline{C}+A\cdot\overline{B}\cdot\overline{C}$，输入波形如图 4.12（a）所示。试画出函数 Y 的波形图。

分析：逻辑表达式中函数值 $Y=1$ 对应的输入变量取值为：000、101、010、100，在已知的波形图中找到这四种变量取值项对应的波形，如图 4.12（b）所示。从而得到待求函数的波形图。

解 如图 4.12（b）所示。

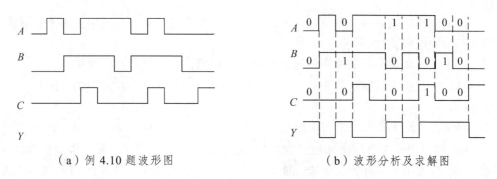

（a）例 4.10 题波形图　　　　　　　　（b）波形分析及求解图

图 4.12　例 4.10 图及求解波形图

结论：原变量对应的取值为 1（如 A 取值为 1），反变量取值为 0（如 $\overline{A}$ 取值为 0），所以，将已知的逻辑表达式各项写成对应的取值项（如 $A\overline{B}C$ 对应取值项为 101）。当波形图中满足表达式取值项的输入时，函数值 $Y=1$，否则为 0。

4.4.4　常见问题讨论

（1）原变量对应的波形脉冲是正脉冲，反变量对应的波形脉冲是负脉冲。

解答：对。

因为正脉冲对应的逻辑值为 1，负脉冲对应的逻辑值为 0。

（2）逻辑表达式 $Y=\overline{A}\cdot BC+ABC+AB\overline{C}+\overline{A}BC$ 所对应的逻辑值为：Y 取值为 1；$\overline{A}\cdot BC$、ABC、$AB\overline{C}$、$\overline{A}BC$ 对应逻辑值为 001、111、110、011。

解答：对。

原变量的逻辑值为 1，反变量的逻辑值为 0。

4.5　卡诺图化简逻辑函数

美国工程师卡诺（Karnaugh）根据逻辑函数的基本规律，于 1953 年提出了利用一种**方格**

图来表示逻辑函数的方法，这种表示逻辑函数的方格图就称为**卡诺图**。用卡诺图化简逻辑函数，其优点是有明确的化简步骤可以遵循，并直接化简出最简**与或**表达式。

4.5.1 卡诺图的基本概念

1. 最小项

卡诺图是由最小项构成的小方格图。

1）最小项的基本概念

在逻辑函数的**与或**表达式中，包含了所有逻辑变量的**与项**称为最小项。n 个变量一共有 2^n 个最小项。

注意：

（1）**与项**中的逻辑变量只能出现一次，即 n 个逻辑变量组成的与项中最多含有 n 个不重复的逻辑变量的乘积。

（2）一个逻辑变量不分是原变量还是反变量，都被认定为是同一个变量。

【例 4.11】 试指出逻辑函数表达式 $Y = ABC + A\overline{BC} + \overline{AB} + \overline{BC} + \overline{AB}\overline{C}$ 中的最小项。

分析：

（1）与或表达式 Y 是由 5 个与项组成，即 ABC、$A\overline{BC}$、$\overline{AB}$、$\overline{BC}$、$\overline{AB}\overline{C}$。

（2）5 个与项中有 3 个与项 ABC、$A\overline{BC}$、$\overline{AB}\overline{C}$ 包含了所有逻辑变量（即 A、B、C），而与项 $\overline{AB}$、$\overline{BC}$ 没有包含所有逻辑变量，即与项 $\overline{AB}$ 中缺逻辑变量 C，与项 $\overline{BC}$ 中缺逻辑变量 A，所以与项 $\overline{AB}$、$\overline{BC}$ 不是最小项。

解

ABC、$A\overline{BC}$、$\overline{AB}\overline{C}$ 是三个变量 A、B、C 的最小项。

$\overline{AB}$、$\overline{BC}$ 与项不是最小项。

结论："所有逻辑变量"指的是与或表达式中所包含有的逻辑变量。例如逻辑表达式 Y 中与项 $\overline{AB}$ 不含有的逻辑变量 C，但逻辑表达式 Y 中与项 ABC 含有逻辑变量 C，所以，逻辑表达式 Y 的"所有逻辑变量"是 A、B、C 三个变量。

2）最小项的性质

（1）原变量逻辑函数（例如 Y）的全部最小项之和（即逻辑或）恒为 1。

（2）每一个最小项对应一组（也是唯一的一组）变量取值，其最小项的值为 1。

（3）任意两个不同的最小项之积（逻辑与）恒为 0。

【例 4.12】 试分析逻辑表达式 $Y = ABC + A\overline{BC} + \overline{AB}\overline{C}$ 的最小项性质。

分析：

（1）逻辑函数 Y 是原变量，说明其逻辑函数取值为 1，即 $Y = 1$。

（2）逻辑表达式 Y 中的 3 个最小项 ABC、$A\overline{BC}$、$\overline{AB}\overline{C}$ 所对应的唯一变量取值为 111、100、010，并且各个最小项的值为：$ABC = 1$，$A\overline{BC} = 1$，$\overline{AB}\overline{C} = 1$。

（3）同一个变量的原变量与反变量之积为 0，即 $A \cdot \overline{A} = 0$。

解 最小项的取值分析如表 4.7 所示。

表 4.7 逻辑表达式 Y 的最小项分析表

最小项	变量取值	最小项的值	逻辑函数 Y 取值
ABC	111	1	1
$A\overline{B}\overline{C}$	100	1	1
$\overline{A}B\overline{C}$	010	1	1

任意两个不同的最小项之积恒为 0，即：

$$ABC \cdot A\overline{B}\overline{C} = 0$$

$$ABC \cdot \overline{A}B\overline{C} = 0$$

$$A\overline{B}\overline{C} \cdot \overline{A}B\overline{C} = 0$$

三个最小项之和(逻辑或)为 1，即

$$ABC + A\overline{B}\overline{C} + \overline{A}B\overline{C} = 1$$

结论：最小项是逻辑函数表达式中的与项；每个最小项的变量取值是唯一的（即原变量的取值为 1，反变量的取值为 0）；逻辑函数值为 1 中的最小项值也为 1。

3）最小项表达式

由若干个最小项构成的与或表达式称为逻辑函数的最小项表达式。

例如：例题 4.12 中的逻辑函数 $Y = ABC + A\overline{B}\overline{C} + \overline{A}B\overline{C}$ 由三个最小项构成，则 Y 是最小项表达式；而例题 4.11 的逻辑函数 $Y = ABC + A\overline{B}\overline{C} + \overline{A}B + \overline{B}C + \overline{A}B\overline{C}$ 不是最小项表达式。

【例 4.13】 试将逻辑函数 $Y = ABC + A\overline{B}\overline{C} + \overline{A}B + \overline{B}C + \overline{A}B\overline{C}$ 转换为最小项表达式。

分析：利用逻辑代数 $A + \overline{A} = 1$、$A \cdot 1 = A$、$A + A = A$，将 $\overline{A}B$、$\overline{B}C$ 转换为最小项。

解

$$Y = ABC + A\overline{B}\overline{C} + \overline{A}B + \overline{B}C + \overline{A}B\overline{C}$$

$$= ABC + A\overline{B}\overline{C} + \overline{A}B(C + \overline{C}) + \overline{B}C(A + \overline{A}) + \overline{A}B\overline{C}$$

$$= ABC + A\overline{B}\overline{C} + \overline{A}BC + \overline{A}B\overline{C} + A\overline{B}C + \overline{A}\,\overline{B}C + \overline{A}B\overline{C}$$

$$= ABC + A\overline{B}\overline{C} + \overline{A}BC + \overline{A}B\overline{C} + A\overline{B}C + \overline{A}\,\overline{B}C$$

结论：一个逻辑函数的最小项表达式是唯一的。

【例 4.14】 试将逻辑函数 $Y = \overline{\overline{C} + A\overline{B}} + AB$ 转换为最小项表达式。

分析：利用逻辑代数 $\overline{A + B} = \overline{A} \cdot \overline{B}$、$\overline{\overline{A}} = A$、$\overline{AB} = \overline{A} + \overline{B}$、$A + \overline{A} = 1$、$A + A = A$，将逻辑函数 Y 转换为最小项。

解

$$Y = \overline{\overline{C} + A\overline{B}} + AB$$

$$= \overline{\overline{C}} \cdot \overline{A\overline{B}} + AB(C + \overline{C})$$

$$= C \cdot (\overline{A} + \overline{\overline{B}}) + ABC + AB\overline{C}$$

$$= \overline{A}C(B + \overline{B}) + BC(A + \overline{A}) + ABC + AB\overline{C}$$

$$= \overline{A}BC + \overline{A}\,\overline{B}C + ABC + \overline{A}BC + ABC + AB\overline{C}$$

$$= \overline{A}BC + \overline{A}\,\overline{B}C + ABC + AB\overline{C}$$

逻辑代数**注释**

$$\overline{A + B} = \overline{A} \cdot \overline{B}$$

$$\overline{AB} = \overline{A} + \overline{B}, \quad C + \overline{C} = 1$$

$$\overline{\overline{C}} = C, \quad \overline{\overline{B}} = B$$

$$B + \overline{B} = 1, \quad A + \overline{A} = 1$$

$$A + A = A$$

结论： 首先利用公式将一般表达式变换成**与或式**，再利用配项法将每个**与项**转为**最小项**，从而得到最小项表达式。

【**例 4.15**】 已知逻辑函数 Y 的真值表如表 4.8 所示，试求逻辑函数 Y 的最小项表达式。

表 4.8 真值表

A	B	C	Y
0	0	0	1
0	0	1	0
0	1	0	1
0	1	1	0
1	0	0	1
1	0	1	0
1	1	0	0
1	1	1	1

分析：

（1）逻辑变量取值为 1 的是原变量，取值为 0 的是反变量，例如 010 所示的最小项为 $\overline{A}B\overline{C}$。

（2）最小项取值为 1 的与项相或得到逻辑函数 Y，即逻辑函数 Y 由 4 个最小项 $\overline{A}\cdot\overline{B}\cdot\overline{C}$、$\overline{A}B\overline{C}$、$A\overline{B}\cdot\overline{C}$、$ABC$ 相或构成。

解

$$Y = \overline{A}\,\overline{B}\,\overline{C} + \overline{A}B\overline{C} + A\overline{B}\,\overline{C} + ABC$$

结论： 由真值表得到逻辑函数的与或表达式是最小项表达式。

4）最小项的表示方法

以 A、B、C 三个变量为例，说明最小项的表示方法，如表 4.9 所示。

（1）用最小项的变量取值（即二进行制数）表示。

（2）将二进行制数转换成十进制数表示。

（3）用编号 m_i 方式表示。

表 4.9 最小项表示方法表

最小项	变量取值	十进制数	编号 m_i
$\overline{A}\overline{B}\overline{C}$	000	0	m_0
$\overline{A}\overline{B}C$	001	1	m_1
$\overline{A}B\overline{C}$	010	2	m_2
$\overline{A}BC$	011	3	m_3
$A\overline{B}\overline{C}$	100	4	m_4
$A\overline{B}C$	101	5	m_5
$AB\overline{C}$	110	6	m_6
ABC	111	7	m_7

【例 4.16】　试用十进制数和编号 m_i 两种方式写出逻辑函数 Y 的表达式。

$$Y = ABC + A\overline{BC} + \overline{A}BC + A\overline{B}C + \overline{A}B\overline{C} \text{。}$$

分析：根据表 4.9 中的对应关系，对各最小项进行转换。如 ABC 最小项的十进制数为 7，编号为 m_7。

解

$$Y = ABC + A\overline{BC} + \overline{A}BC + A\overline{B}C + \overline{A}B\overline{C}$$
$$= m_7 + m_4 + m_3 + m_5 + m_2$$
$$= \sum m(2,3,4,5,7)$$

上式中 $\sum$ 表示逻辑或。

结论：为了叙述书写的方便，常用十进制数或编号 m_i 两种方式表示最小项表达式。

2. 卡诺图

1）卡诺图与最小项

3 变量的卡诺图如图 4.13 所示，卡诺图由小方格组成，每个小方格同时表示一个最小项（如图 4.13（a）所示）、一个最小项变量的取值（如图 4.13（b）所示）和十进制数（如图 4.13（c）所示）。

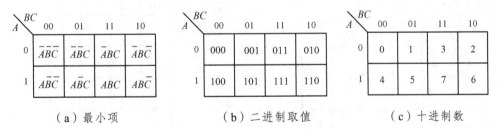

（a）最小项　　　　（b）二进制取值　　　　（c）十进制数

图 4.13　卡诺图小方格的解读示意图

2）卡诺图的画法

卡诺图中的小方格数由逻辑变量数决定。对于 n 个变量的卡诺图，则有 2^n 个小方格，即 2^n 个最小项。如图 4.14 所示。一般变量超过 6 个以上，卡诺图就没什么实用价值了。

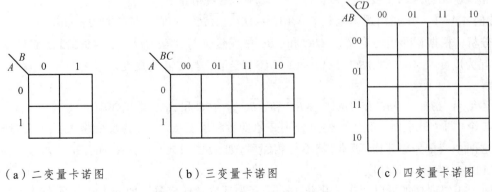

（a）二变量卡诺图　　　　（b）三变量卡诺图　　　　（c）四变量卡诺图

图 4.14　二、三、四变量的卡诺图

3）卡诺图的特点

（1）卡诺图将最小项的逻辑相邻项变为几何相邻项，即相邻的小方格所表示的最小项是相邻项。

几何相邻项：是指在卡诺图中排列位置相邻的那些小方格，即小方格的左右相邻、上下相邻、四角相邻、对折相邻。如图 4.15 所示。

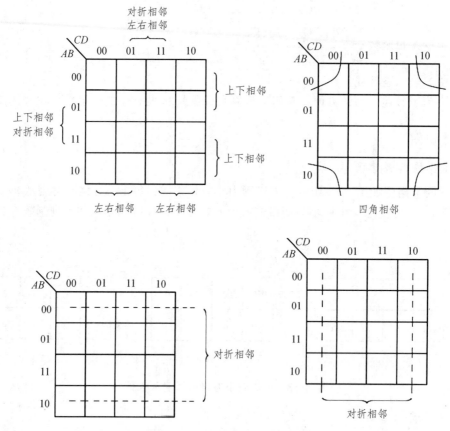

图 4.15　几何相邻项示意图

逻辑相邻项：指两个最小项中仅有一个变量互为反变量（即原变量和反变量），其余的变量均相同，则称这两个最小项为相邻项，又称为逻辑相邻项。

【**例 4.17**】　试指出逻辑函数 $Y = ABC + A\overline{BC} + \overline{A}BC + A\overline{B}\overline{C} + \overline{A}BC$ 中的相邻项。

分析：根据相邻项的定义，ABC 和 $\overline{A}BC$ 中变量 A 与 $\overline{A}$ 互为反变；ABC 和 $A\overline{B}\overline{C}$ 中变量 B 与 $\overline{B}$ 互为反变；ABC 和 $A\overline{B}C$、$\overline{A}BC$ 和 $\overline{A}B\overline{C}$ 中变量 C 与 $\overline{C}$ 互为反变。

解

ABC 和 $\overline{A}BC$、ABC 和 $A\overline{B}C$、$\overline{A}BC$ 和 $A\overline{B}C$、$\overline{A}BC$ 和 $A\overline{B}C$ 是相邻项。

结论：两个最小项只有一个变量分别是原变量和反变量（即互为反变量），其他变量相同，则称这两个变量为相邻项，否则，就不是相邻项。如 ABC 和 $A\overline{B}\overline{C}$、$ABC$ 和 $A\overline{B}\overline{C}$、$ABC$ 和 $A\overline{B}C$、$\overline{A}BC$ 和 $A\overline{B}C$ 都不是相邻项。

两个相邻项相加可以消去（化简）一个互为反变量的变量，使两个相邻项合并（化简）

为一项，即两个相邻项化简为由相同部分组成的项。如 $ABC + \overline{A}BC = BC$，变量 A 被消去。

（2）随着变量数 n 的增加，卡诺图中的小方格数也增加，即方格数为 2^n，卡诺图迅速地变得复杂，所以，一般卡诺图只用在小于 6 变量的逻辑函数化简中。

3. 逻辑函数卡诺图的画法

逻辑函数卡诺图可分两步完成。

（1）根据逻辑变量数画出卡诺图；

（2）根据逻辑函数的真值表或表达式，在卡诺图中填写 1、0 和无关项。

【例 4.18】试画出例 4.17 逻辑函数表达式 $Y = ABC + \overline{A}B\overline{C} + \overline{A}BC + A\overline{B}\overline{C} + \overline{A}\overline{B}\overline{C}$ 的卡诺图。

分析：

（1）逻辑函数 Y 为三变量，卡诺图如图 4.14（b）所示。

（2）在如图 4.16（a）所示卡诺图 ABC、$\overline{A}B\overline{C}$、$\overline{A}BC$、$A\overline{B}\overline{C}$、$\overline{A}\overline{B}\overline{C}$ 小方格中填入 1，其余 0 可不填写，如图 4.16（b）所示。本题不存在无关项。

解 卡诺图如图 4.16（b）所示。

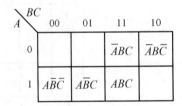
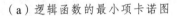
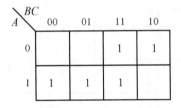

（a）逻辑函数的最小项卡诺图　　　　（b）例 4.18 的卡诺图

图 4.16　逻辑函数的卡诺图

结论：利用卡诺图直接由最小项组成的特性，将最小项的取值 1 填入所对应小方格中。

【例 4.19】 试画出例 4.13 逻辑函数表达式 $Y = ABC + \overline{A}B\overline{C} + \overline{A}B + \overline{B}C + A\overline{B}\overline{C}$ 的卡诺图。

分析：（1）逻辑函数 Y 为三变量，卡诺图如图 4.14（b）所示；（2）逻辑函数 Y 虽然不是最小项表达式，但可以应用逻辑代数 $A + \overline{A} = 1$ 的特性，得 $\overline{A}B$ 是最小项 $\overline{A}BC$、$\overline{A}B\overline{C}$ 的公因子，$\overline{B}C$ 是最小项 $\overline{A}\overline{B}C$、$A \cdot \overline{B}C$ 的公因子，其公因子的卡诺图概念如图 4.17（a）、（b）所示。

解 卡诺图如图 4.17（c）所示。

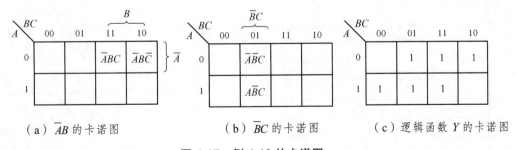

（a）$\overline{A}B$ 的卡诺图　　　　（b）$\overline{B}C$ 的卡诺图　　　　（c）逻辑函数 Y 的卡诺图

图 4.17　例 4.19 的卡诺图

结论：若逻辑函数表达式不是最小项表达式，则可直接按满足公因子条件项，在卡诺图中填入最小项取 1。

【例 4.20】试画出逻辑函数表达式 $Y = \overline{\overline{ABCD} \cdot \overline{AB\overline{CD}} \cdot \overline{\overline{AB}\overline{C}} \cdot \overline{A\overline{C}D} \cdot \overline{\overline{A} \cdot \overline{B}CD} \cdot \overline{\overline{AB}CD}}$ 的卡诺图。

分析：（1）逻辑函数 Y 为四变量，卡诺图如图 4.14（c）所示；（2）用摩根定理将逻辑函数 Y 转变为与或式；（3）$\overline{AB}\overline{C}$ 是最小项 $\overline{AB}\overline{C}D$、$\overline{AB}\overline{C} \cdot \overline{D}$ 的公因子，其卡诺图如图 4.18（a）所示；$A\overline{C}D$ 是最小项 $AB\overline{C}D$、$A\overline{B} \cdot \overline{C}D$ 的公因子，其卡诺图如图 4.18（b）所示。

解

$$Y = \overline{\overline{ABCD} \cdot \overline{AB\overline{CD}} \cdot \overline{\overline{AB}\overline{C}} \cdot \overline{A\overline{C}D} \cdot \overline{\overline{A} \cdot \overline{B}CD} \cdot \overline{\overline{AB}CD}}$$

$$= \overline{\overline{ABCD}} + \overline{\overline{AB\overline{CD}}} + \overline{\overline{\overline{AB}\overline{C}}} + \overline{\overline{A\overline{C}D}} + \overline{\overline{\overline{A} \cdot \overline{B}CD}} + \overline{\overline{\overline{AB}CD}}$$

$$= ABCD + AB\overline{CD} + \overline{AB}\overline{C} + A\overline{C}D + \overline{A} \cdot \overline{B}CD + \overline{AB}CD$$

得到卡诺图如图 4.18（c）所示。

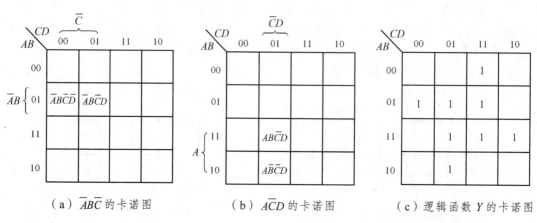

（a）$\overline{AB}\overline{C}$ 的卡诺图　　　（b）$A\overline{C}D$ 的卡诺图　　　（c）逻辑函数 Y 的卡诺图

图 4.18　例 4.20 的卡诺图

结论：常用摩根定理去掉逻辑函数表达式中的反号，求出函数 Y 的与或式。即卡诺图与与或式存在直接的对应关系。

【例 4.21】已知逻辑函数 Y 的真值表如表 4.10 所示，试画出逻辑函数 Y 的卡诺图。

分析：（1）先画三变量的卡诺图，如图 4.14（b）所示。

（2）将真值表中函数 Y 值为 1 的最小项 $\overline{A} \cdot \overline{B}C$、$\overline{A}B\overline{C}$、$\overline{A}BC$、$ABC$ 填入所对应卡诺图的小方格中，得到卡诺图如图 4.19 所示。

解

表 4.10　例 4.21 的真值表

A	B	C	Y
0	0	0	0
0	0	1	1
0	1	0	1
0	1	1	1
1	0	0	0
1	0	1	0
1	1	0	0
1	1	1	1

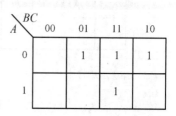

图 4.19　例 4.21 卡诺图

　　结论：真值表直接反映了逻辑函数的最小项取值，所以，根据真值表所示的最小项取值，确定了卡诺图中小方格为 1 的排列，完成逻辑函数的卡诺图建立。

4.5.2　卡诺图化简法的基本概念

1. 卡诺图的化简规律

　　在卡诺图中，凡是相邻的最小项均可合并，即 2^m 个最小项合并时可消去 m 个变量。其中，三变量卡诺图的化简规律如图 4.20 所示；四变量化简规律如图 4.21 所示。

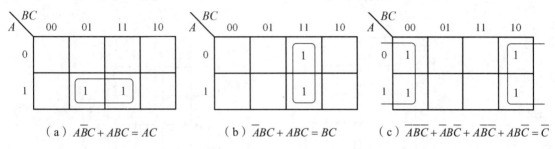

　　（a）$\overline{A}BC + ABC = AC$　　　　（b）$\overline{A}BC + ABC = BC$　　　　（c）$\overline{ABC} + \overline{AB}\overline{C} + A\overline{B}\overline{C} + AB\overline{C} = \overline{C}$

图 4.20　三变量卡诺图的化简示意图

　　注释：

　　（1）消去 m 个变量。

　　卡诺圈中的小方格数必须满足 2^m 数学关系。

　　图 4.20（a）（b）中相邻最小项为 $2^m = 2^1 = 2$，即 $m=1$，则可消去 1 个变量；图 4.20（c）中相邻最小项为 $2^2 = 4$，即 $m=2$，则可消去 2 个变量。

　　图 4.21（a）（b）（c）（d）中相邻最小项为 $2^1 = 2$，即 $m=1$，则可消去 1 个变量；图 4.21（e）（f）（g）（h）（i）（j）中相邻最小项为 $2^2 = 4$，即 $m=2$，则可消去 2 个变量；图 4.21（k）（1）（m）（n）中相邻最小项为 $2^3 = 8$，即 $m=3$，则可消去 3 个变量。

　　（2）找出公因子。

　　找出卡诺图中的公因子则可化简逻辑表达式。卡诺图由具有相邻项特性的横坐标和纵坐标组成，因此，找公因子是有律可循的。下面以四变量卡诺图 4.21 为例进行说明。

　　① 当最小项包含了同一行所有小方格［如图 4.21（i）（k）（m）所示］时，横坐标变量无公因子；或同一列所有小方格［如图 4.21（j）（1）（n）所示］时，纵坐标变量无公因子。

　　② 当最小项在同一行小方格时，该行所对应的纵坐标变量取值为公因子，如图 4.21（a）（c）（i）所示；或在同一列小方格时，该列所对应的横坐标变量取值为公因子，如图 4.21（b）（d）（j）所示。

　　③ 当最小项为同一行的相邻两个小方格时，纵坐标有一个公因子；或为同一列的相邻两个小方格时，横坐标有一个公因子。如图 4.21（e）（f）（g）（h）所示。

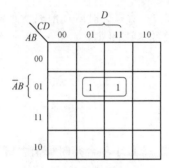

（a）　$\overline{AB}\overline{C}D + \overline{A}BCD = \overline{A}BD$

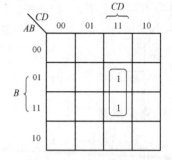

（b）　$\overline{A}BCD + ABCD = BCD$

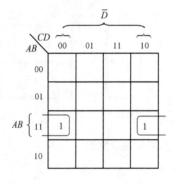

（c）　$AB\overline{C}\overline{D} + ABC\overline{D} = AB\overline{D}$

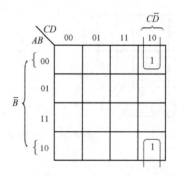

（d）　$\overline{A}B\overline{C}\overline{D} + A\overline{B}C\overline{D} = \overline{B}C\overline{D}$

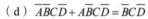

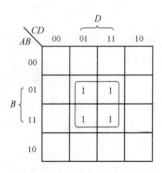

（e）　$\overline{A}B\overline{C}D + \overline{A}BCD + AB\overline{C}D + ABCD = BD$

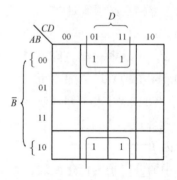

（f）　$\overline{A}\overline{B}\overline{C}D + \overline{A}\overline{B}CD + A\overline{B}\overline{C}D + A\overline{B}CD = \overline{B}D$

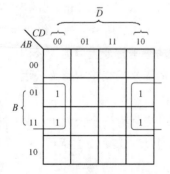

（g）　$\overline{A}B\overline{C}\overline{D} + \overline{A}BC\overline{D} + AB\overline{C}\overline{D} + ABC\overline{D} = B\overline{D}$

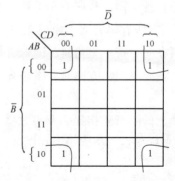

（h）　$\overline{A}\overline{B}\overline{C}\overline{D} + \overline{A}\overline{B}C\overline{D} + A\overline{B}\overline{C}\overline{D} + A\overline{B}C\overline{D} = \overline{B}\overline{D}$

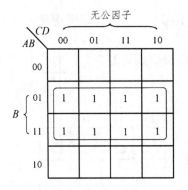
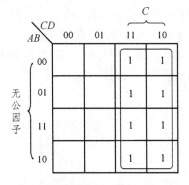

（i）$A\overline{B}\overline{C}D + A\overline{B}C\overline{D} + ABCD + ABC\overline{D} = AB$　　（j）$\overline{A}BCD + \overline{A}\overline{B}CD + ABCD + A\overline{B}CD = CD$

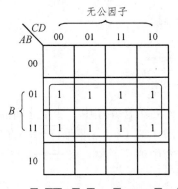
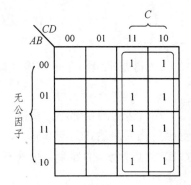

（k）$\overline{A}\overline{B}\overline{C}D + \overline{A}\overline{B}C\overline{D} + \overline{A}BCD + \overline{A}BC\overline{D} +$
　　$A\overline{B}\overline{C}D + A\overline{B}C\overline{D} + ABCD + ABC\overline{D} = B$　　（l）$\overline{A}BCD + \overline{A}\overline{B}CD + ABCD + A\overline{B}CD +$
　　$\overline{A}BC\overline{D} + \overline{A}\overline{B}C\overline{D} + ABC\overline{D} + A\overline{B}C\overline{D} = C$

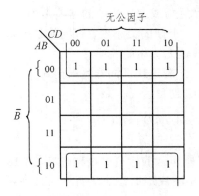
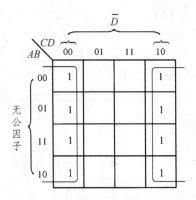

（m）$\overline{A}\overline{B}\overline{C}\overline{D} + \overline{A}\overline{B}\overline{C}D + \overline{A}\overline{B}CD + \overline{A}\overline{B}C\overline{D} +$
　　$A\overline{B}\overline{C}\overline{D} + A\overline{B}\overline{C}D + A\overline{B}CD + A\overline{B}C\overline{D} = \overline{B}$　　（n）$\overline{A}\overline{B}\overline{C}\overline{D} + \overline{A}B\overline{C}\overline{D} + AB\overline{C}\overline{D} + A\overline{B}\overline{C}\overline{D} +$
　　$\overline{A}\overline{B}C\overline{D} + \overline{A}BC\overline{D} + ABC\overline{D} + A\overline{B}C\overline{D} = \overline{D}$

图 4.21　四变量卡诺图的化简示意图

2．卡诺图化简基本步骤

（1）画出逻辑函数的卡诺图。

（2）合并逻辑函数的最小项。

（3）根据合并后的各项写出最简与或表达式。

【例 4.22】 试用卡诺图法化简例 4.21 解得的卡诺图，并写出最简逻辑函数表达式。

分析：（1）例 4.21 的卡诺图如图 4.19 所示。

（2）合并最小项，即将取值为"1"的相邻小方格圈成矩形合并，如图 4.22（a）所示。

（3）写出最简与或表达式。

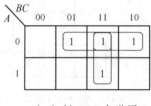

（a）例 4.22 卡诺图　　　　（b）错误的化简卡诺图

图 4.22　化简卡诺图

解

由图 4.22（a）得逻辑函数 Y 卡诺图化简表达式

$$Y = \overline{A}C + \overline{A}B + BC$$

结论：（1）在卡诺图的相邻小方格圈（简称卡诺圈）合并项中，变量之间的关系为逻辑与关系；逻辑函数化简表达式为与或式；（2）注意图 4.22（b）中圈了 3 个小方格的卡诺圈，虽然满足了"圈要尽量大"的原则，但违反了卡诺圈中的小方格数必须满足 2^m 的数学关系。

3. 卡诺图化简注意事项

（1）卡诺圈要尽量大。卡诺圈越大消去的变量数就越多。

（2）卡诺圈要尽量少。卡诺圈的数目决定化简后与或表达式中的与项多少。

（3）最小项重复使用。每个卡诺圈中至少包含一个新的最小项，否则就是多余的卡诺圈。

（4）最小项必须全部被圈到。未被圈的最小项是无法化简的项。

（5）最简表达式不是唯一的。有时候会出现几个表达式都同样是最简式情况。

【例 4.23】 试用卡诺图法化简例 4.20 的逻辑函数表达式，即

$$Y = ABCD + ABC\overline{D} + \overline{AB}\,\overline{C} + \overline{A}CD + \overline{A} \cdot \overline{B}CD + \overline{A}BCD$$

分析：

（1）画出四变量卡诺图，在图标出逻辑函数 Y 所包含的所有最小项，如图 4.18（c）所示。

（2）合并最小项，将取值为"1"的相邻小方格圈成矩形合并，如图 4.23 所示。

（3）写出最简与或表达式。

解

由图 4.22（a）得逻辑函数 Y 卡诺图化简表达式

$$Y = \overline{AB}\,\overline{C} + \overline{A}CD + \overline{A}CD + ABC$$

结论：（1）一开始就画最大的卡诺圈，如图 4.24（a）所示，然后再画小圈，如图 4.24（b）所示，结果写出的与或表达式不是最简式，即 $Y = \overline{AB}\,\overline{C} + A\overline{C}D + \overline{A}CD + ABC + BD$；（2）卡诺图 4.24（b）出现主要问题为：①卡诺圈不是最少，即有 5 个卡诺圈；②图 4.24（a）所示的圈在图 4.24（b）中所包含的最小项已被其他图所包含（圈中没有新的最小项），即有多余的卡诺圈，应划掉，如图 4.23 所示。

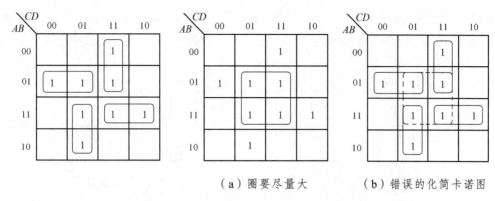

（a）圈要尽量大　　　　（b）错误的化简卡诺图

图 4.23　例 4.23 卡诺图　　　　图 4.24　化简卡诺图

【例 4.24】　试用卡诺图法化简逻辑函数

$$Y = \sum m(0,2,3,5,7,8,10,11,15)$$

分析：（1）因最大的最小项数为 15，所以确定逻辑函数 Y 为四变量 $ABCD$；（2）画四变量逻辑函数 Y 的卡诺图，如图 4.25（a）所示。

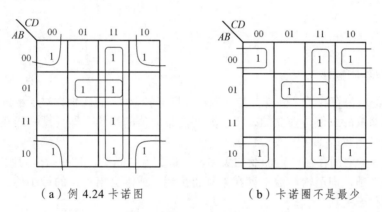

（a）例 4.24 卡诺图　　　　（b）卡诺圈不是最少

图 4.25　化简卡诺图

解
由图 4.25（a）得逻辑函数 Y 卡诺图化简表达式

$$Y = CD + \overline{B}\,\overline{D} + \overline{A}BD$$

结论：如图 4.25（a）所示，四角为相邻项（即四角的最小项是可以合并的），则可得四角小方格化简为 $\overline{B}\,\overline{D}$。如果错将四角相邻项圈为两个卡诺圈，如图 4.25（b）所示，则图中有四个卡诺圈，比图 4.25（a）多一个卡诺圈，结果写出的与或表达式不是最简式。所以，注意：卡诺图的四角是相邻的最小项，可以合并。

4. 用卡诺图求反函数的最简与或表达式

合并卡诺图中的函数值为 "0" 的最小项，可得到原函数 Y 的最简反函数 $\overline{Y}$ 与或表达式。
【例 4.25】　已知逻辑函数 $Y = \overline{A}C + \overline{A}B + BC$，试用卡诺图求出反函数 $\overline{Y}$ 的最简与或式。

分析：（1）画出函数 $Y = \overline{A}C + \overline{A}B + BC$ 的卡诺图，如图 4.26（a）所示；（2）合并函数值为 "0" 的最小项，如图 4.26（b）所示；（3）写出函数 Y 的最简反函数 $\overline{Y}$ 的与或表达式。

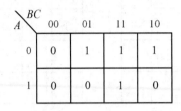 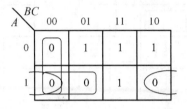

（a）例 4.25 函数 Y 值为 "1" 的卡诺图 　　　　（b）圈 "0" 卡诺图

图 4.26　例 4.25 反函数卡诺图化简示意图

解

由图 4.26（b）得函数 Y 的最简反函数 $\overline{Y}$ 与或表达式：

$$\overline{Y} = A\overline{C} + \overline{B}\,\overline{D} + A\overline{B}$$

结论：卡诺图圈 "1" 可得到原函数 Y 的最简与或表达式；卡诺图圈 "0" 可得到反函数 $\overline{Y}$ 的最简与或表达式。

4.5.3　具有约束项的逻辑函数卡诺图化简

1. 约束项基本概念

逻辑变量的取值存在着 "独立" 与 "约束（即非独立）" 的区别，对于前面所讨论的逻辑函数，其逻辑变量的取值是独立的，不受其他变量取值的制约，即任意一组逻辑变量的取值都有确定的逻辑函数值（"0" 或 "1"）。

当变量与变量之间存在一定的**制约**关系时（即相互 "制约" 的关系称为约束），其逻辑函数中存在着约束项，即逻辑函数中存在着**禁止出现**（或不会出现）的最小项，这种最小项称为**约束项**，也称无关项。

如表 4.11 所示，用二进制编码变量表示一周的 7 天，即周一至周五上班日的二进制编码为 001~101，逻辑函数 Y 值为 "1"；周日、周六休息日的二进制编码为 000、110，逻辑函数值为 "0"；而编码 "111" 是不允许出现的，即编码 "111" **制约**了变量与变量之间不能同时为 1，禁止出现的最小项 ABC 为约束项，其约束条件为 $ABC = 0$。

表 4.11　一周 7 天的真值表

周日	$A\quad B\quad C$	Y
星期日	0　0　0	0
星期一	0　0　1	1
星期二	0　1　0	1
星期三	0　1　1	1
星期四	1　0　0	1
星期五	1　0　1	1
星期六	1　1　0	0

2. 利用约束项化简逻辑函数

由于约束项在逻辑函数中是不会出现的最小项，因此，约束项所对应的函数值是 1 还是 0 是没有意义的，也就是说，在卡诺图中的约束项既可以取 "0"，也可以取 "1"，视化简的需要而定。

通常卡诺图中用 "×" 表示约束项，利用约束项化简可得到最简的与或表达式。如例题 4.26 所示。

【例 4.26】 试求真值表 4.11 中逻辑函数 Y 的最简与或表达式。

分析：首先画出三变量 A、B、C 的卡诺图，由表 4.11 得如图 4.27 所示函数 Y 的卡诺图。然后，利用无关项化简。

解 由真值表 4.11 得化简卡诺图 4.27，从而得函数 Y 的最简与或表达式为：

$$Y = C + A\overline{B} + \overline{A}B$$

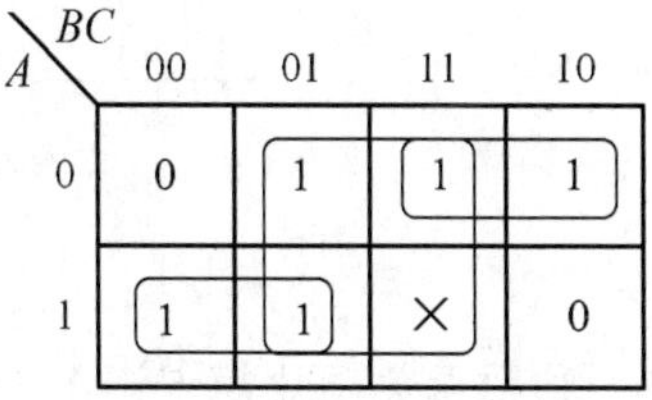

结论：卡诺图化简圈 1 时，无关项的函数值可视为 1。

图 4.27 例 4.26 的卡诺图

【例 4.27】 设十进制数 X 的编码为 8421BCD 码，当 X 输入编码能被 2 整除时，电路输出 Y 为 1，否则为 0，试求逻辑函数 Y 的最简与或表达式。

分析：8421BCD 码中，变量 $ABCD$ 的 1010~1111 是无关项，可利用无关项进行卡诺图化简，如图 4.28（b）所示。

解

根据题意列真值表。

表 4.12 例 4.27 真值表

十进制数	8421BCD 码				输出函数
	A	B	C	D	Y
0	0	0	0	0	1
1	0	0	0	1	0
2	0	0	1	0	1
3	0	0	1	1	0
4	0	1	0	0	1
5	0	1	0	1	0
6	0	1	1	0	1
7	0	1	1	1	0
8	1	0	0	0	1
9	1	0	0	1	0

由真值表得化简卡诺图 4.28（b）。

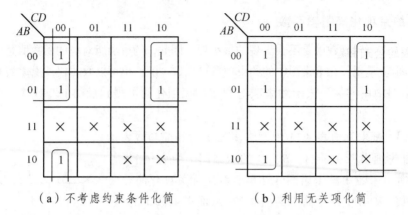

（a）不考虑约束条件化简　　　　　（b）利用无关项化简

图 4.28　例 4.27 卡诺图

利用无关项化简卡诺图 4.28（b）得逻辑函数 Y 为：

$$Y = \overline{D}$$

结论：如果不利用无关项化简，用卡诺图 4.28（a）化简得逻辑函数 Y 为：

$$Y = \overline{A} \cdot \overline{D} + \overline{B} \cdot \overline{C} \cdot \overline{D}$$

可见，在化简过程中，充分利用无关项可使得到更为简单的逻辑表达式。

本章小结

1. 逻辑代数变量

逻辑变量：逻辑变量有两种，即输入变量、输出变量。

变量取值：取值只有两个，即 0、1。

变量表示：表示只有两种，即原变量、反变量；原变量用 1 表示，反变量用 0 表示。

变量波形：波形只有两个状态，即正脉冲、负脉冲；正脉冲表示原变量，负脉冲表示反变量。

变量电平：数字电路信号电平只有两个，即高电平、低电平；高电平用正脉冲表示，低电平用负脉冲表示。

2. 基本逻辑运算和逻辑门

基本逻辑运算：与逻辑运算、或逻辑运算和非逻辑运算。

逻辑门：与门、或门、非门、与非门、或非门、与或非门、异或门、同或门。

3. 逻辑函数

五种表示方法：逻辑表达式、真值表、逻辑图、波形图和卡诺图。

逻辑函数特点：五种表示方法各有特点，但本质相通，可以相互转换。

4. 逻辑代数

逻辑代数的公式和定理是逻辑运算、推演、转换和化简逻辑函数的依据。

选择题

1. 正逻辑是指（　　）。

　　A. 高电平用"1"表示，低电平用"0"表示

　　B. 高电平用"0"表示，低电平用"1"表示

　　C. 高低电平均用"1"或"0"表示

2. 逻辑代数中三种最基本的逻辑运算是（　　）。

　　A. 与运算、或运算、或非运算

　　B. 与运算、或运算、非运算

　　C. 与非运算、或非运算、非运算

3. 数字电路中的工作信号为（　　）。

　　A. 随时间连续变化的电信号　　　　　B. 脉冲信号　　　　　C. 直流信号

4. 在如图 4.29（a）所示电路中，设开关闭合逻辑为 1，开关断开逻辑为 0，灯亮为 1，灯灭为 0，则灯 Y 灭的逻辑表达式为（　　）。

　　A. $Y = AB$　　　　B. $Y = \overline{A} \cdot \overline{B}$　　　　C. $Y = \overline{AB}$　　　　D. $Y = A + B$

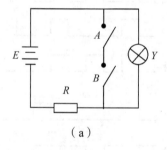 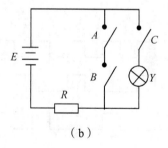

　　　　　　（a）　　　　　　　　　　　　　　　　　　（b）

图 4.29　选择题 4、5 图

5. 在如图 4.29（b）所示电路中，设开关闭合逻辑为 1，开关断开逻辑为 0，灯亮为 1，灯灭为 0，则灯 Y 亮的逻辑表达式为（　　）。

　　A. $Y = ABC$　　　　　　B. $Y = \overline{A} \cdot \overline{B} \cdot \overline{C}$

　　C. $Y = \overline{AB} \cdot C$　　　　　D. $Y = (A + B)\overline{C}$

6. 电路如图 4.30 所示，设开关闭合用 1 表示，开关断开用 0 表示，电灯 Y 点亮用 1 表示。则电灯 Y 点亮的逻辑表达式为（　　）。

　　A. $Y = A + B + C$　　　B. $Y = AB + C$

　　C. $Y = A + BC$

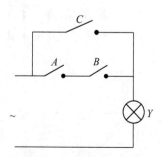

7. 在逻辑表达式 $Y = \overline{A} \cdot \overline{B} \cdot \overline{C} + A\overline{B} \cdot \overline{C} + \overline{A}BC$ 中，变量 A、B、

图 4.30　选择题 6 图

C 取值为（　　　）时，函数 Y 值为 1。

  A. 111、011、010　　　　　B. 000、100、010　　　　C. 000、011、101

8. 逻辑表达式 $Y = \overline{A} \cdot \overline{B} \cdot C + \overline{A} B \cdot \overline{C} + \overline{A} B C + A B C$ 的真值表（如图 4.31 所示）为（　　　）。

真值表

A	B	C	Y
0	0	0	1
0	0	1	1
0	1	0	0
0	1	1	0
1	0	0	1
1	0	1	1
1	1	0	0
1	1	1	0

A.

真值表

A	B	C	Y
0	0	0	1
0	0	1	0
0	1	0	0
0	1	1	1
1	0	0	0
1	0	1	1
1	1	0	1
1	1	1	0

B.

真值表

A	B	C	Y
0	0	0	0
0	0	1	1
0	1	0	1
0	1	1	0
1	0	0	1
1	0	1	0
1	1	0	0
1	1	1	1

C.

真值表

A	B	C	Y
0	0	0	0
0	0	1	1
0	1	0	1
0	1	1	0
1	0	0	0
1	0	1	0
1	1	0	0
1	1	1	1

D.

图 4.31　选择题 8 的真值表图

9. 在如图 4.32 所示波形图中，函数 Y 值为 1 的逻辑表达式为（　　　）。

  A. $Y = A B \overline{C} + \overline{A} B C + \overline{A} \cdot \overline{B} \cdot \overline{C} + A B C$　　　　B. $Y = \overline{A} \cdot \overline{B} \cdot C + A B C + \overline{A} B C + \overline{A B C}$

  C. $Y = \overline{A} \cdot B C + \overline{A B C} + \overline{A} \cdot \overline{B} \cdot \overline{C} + A B C$　　　　D. $Y = A B \overline{C} + A \overline{B} \cdot \overline{C} + A \overline{B} C + \overline{A B C}$

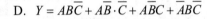

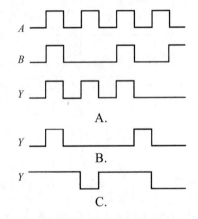

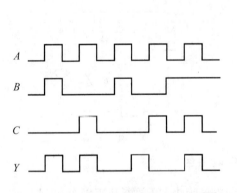

图 4.32　选择题 9 图

图 4.33　选择题 10 图

10. 逻辑表达式 $Y = \overline{A} \cdot \overline{B} + A B$ 的波形图为图 4.33 中的（　　　）。

11. 逻辑表达式 $Y = \overline{A \cdot B}$ 的逻辑图为图 4.34 中的（　　　）。

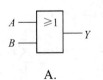
A.

B.

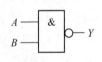
C.

D.

图 4.34　选择题 11 图

12. 逻辑表达式 $Y = \overline{\overline{A} + B}$ 的逻辑图为图 4.35 中的（　　　）。

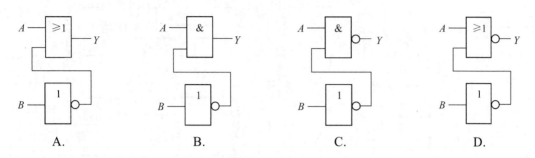

A.　　　　　　　B.　　　　　　　C.　　　　　　　D.

图 4.35　选择题 12 图

13. 如图 4.36 所示逻辑电路的表达式为（　　　）。

　　A. $Y = AB$　　　　　　B. $Y = A + B$　　　　　　C. $Y = \overline{A} \cdot \overline{B}$　　　　　　D. $Y = \overline{A} + \overline{B}$

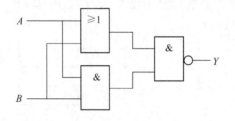

图 4.36　选择题 13 图

14. 如图 4.37 所示逻辑电路的波形图为图 4.38 中的（　　　）。

15. 如图 4.39 所示逻辑电路的波形图为图 4.38 中的（　　　）。

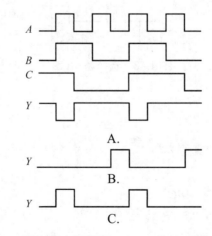

A.

B.

C.

图 4.37　选择题 14 图　　　　**图 4.38　选择题 14、15 的波形图**　　　　**图 4.39　选择题 15 图**

16. 如图 4.40 所示逻辑电路的波形为图 4.41 中（　　　）。

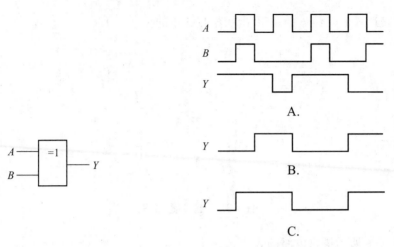

图 4.40　选择题 16 图　　　　　图 4.41　选择题 16 的波形图

17. 逻辑图和输入 A、B 的波形如图 4.42 所示，试分析当输出 Y 为 "1" 的时刻应是（　　）。

A. t_1　　　　　　B. t_2　　　　　　C. t_3

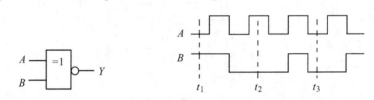

图 4.42　选择题 17 图

18. 逻辑电路如图 4.43 所示，已知输入波形 A 为脉冲信号，则输出 Y 的波形为（　　）。

A. 与波形 A 相同的脉冲信号　　　B. 与波形 A 相反的脉冲信号　　　C. 高电平 "1"

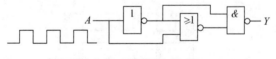

图 4.43　选择题 18 图

习　题

1. 列出下面各逻辑函数的真值表。

（1）$Y = A\bar{B} + \bar{A}B$

（2）$Y = \bar{A}\bar{B}C + \bar{A}BC + AB\bar{C} + ABC$

（3）$Y = AC + ABC + A\overline{B\bar{C}} + BC + \bar{B}C$

（4）$Y = \overline{AC + \bar{A}BC + \bar{B}C} + AB\bar{C}$

2. 用真值表证明下列等式。

（1）$A + BC = (A + B)(A + C)$

（2）$A\bar{B} + B\bar{C} + C\bar{A} = \bar{A}B + \bar{B}C + \bar{C}A$

（3）$(A+B)(\bar{A}+C) = (A+B)(\bar{A}+C)(B+C)$

3. 根据各真值表，试写出逻辑函数 Y 的表达式。

（1）真值表

A	B	C	Y
0	0	0	1
0	0	1	1
0	1	0	0
0	1	1	0
1	0	0	1
1	0	1	1
1	1	0	0
1	1	1	0

（2）真值表

A	B	C	Y
0	0	0	0
0	0	1	0
0	1	0	1
0	1	1	1
1	0	0	0
1	0	1	0
1	1	0	1
1	1	1	1

（3）真值表

A	B	C	Y
0	0	0	0
0	0	1	1
0	1	0	1
0	1	1	0
1	0	0	0
1	0	1	1
1	1	0	1
1	1	1	0

4. 根据下列问题，列出其真值表，并写出逻辑表达式。

（1）当三个输入信号 A、B、C 均为 0，或其中有两个为 1 时，输出 $Y=1$，其余情况 $Y=0$。

（2）当三个输入信号 A、B、C 中出现奇数个 1 时，输出 $Y=1$，其余情况 $Y=0$。

（3）有三人（即用 A、B、C 表示表决输入信号）表决电路，当多数同意时，灯亮（即输出 $Y=1$），其余情况 $Y=0$。

5. 在图 4.44 所示电路中，设开关闭合用 1 表示，开关断开用 0 表示，电灯 Y 点亮用 1 表示，试写出各电路中电灯亮的逻辑表达式。

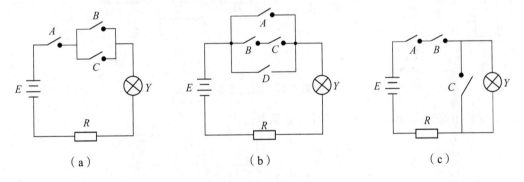

图 4.44　习题 5 图

6. 双向开关动作时的逻辑值如图 4.45 所示，试写出各电路中电灯 Y 亮的逻辑表达式，并列出其真值表。

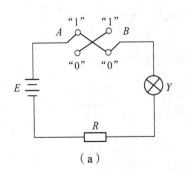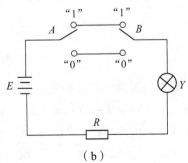

图 4.45　习题 6 图

7. 已知逻辑电路图及输入信号 A、B、C 的波形如图 4.46 所示，试写出各电路输出 Y_1、Y_2、Y_3、Y_4、Y_5、Y_6 的逻辑表达式，并列出真值表，画输出信号的波形图。

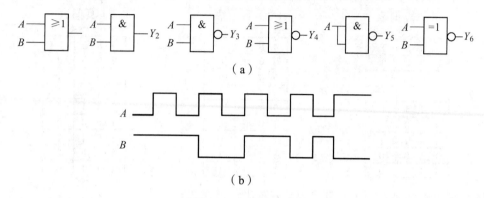

（a）

（b）

图 4.46　习题 7 图

8. 已知逻辑电路图及输入信号 A、B、C 的波形如图 4.47 所示，试写各电路输出逻辑表达式 Y_1、Y_2，并列出真值表，画输出信号的波形图。

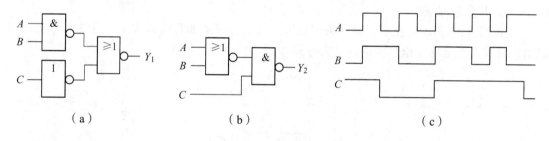

（a）　　　　　　　（b）　　　　　　　（c）

图 4.47　习题 8 图

9. 逻辑电路如图 4.48 所示，试写出逻辑表达式。

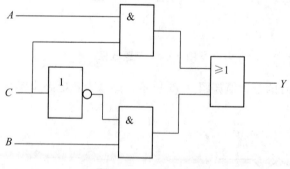

图 4.48　习题 9 图

10. 分别用逻辑代数法和卡诺图法化简下列逻辑函数。

（1）$Y = AD + A\overline{D} + AB + \overline{A}C + BD + A\overline{B}EF + \overline{B}EF$

（2）$Y = \overline{A}\,\overline{B}C + A\overline{B}C + AB\overline{C} + ABC$

（3）$Y = A + ABC + A\overline{B}\overline{C} + BC + \overline{B}C$

（4）$Y = \overline{AC + \overline{A}BC + \overline{B}C} + AB\overline{C}$

第 5 章　组合逻辑电路

5.1　学习指导

数字系统中通常包含有多个数字逻辑电路模块，一般大致可分为两大类：一类是组合逻辑电路；另一类是时序逻辑电路。

本章主要讨论组合逻辑电路的分析、设计和常用的典型组合逻辑器件。

5.1.1　内容提要

本章介绍组合逻辑电路的基本概念、基本分析方法和基本设计方法；介绍几种常用的典型组合逻辑器件基本逻辑功能和应用，即编码器、译码器、数据选择器、分配器、数值加法器和数值比较器等。

5.1.2　重点与难点

1. 重　点

掌握组合逻辑电路的分析和设计方法；掌握编码器、译码器、数据选择器、加法器和比较器等集成器件逻辑功能。

2. 难　点

掌握组合逻辑电路的分析和设计方法；应用编码器、译码器、数据选择器、加法器和比较器等器件设计电路。

5.2　组合电路的概述

1. 逻辑功能特点

组合逻辑电路可以有一个或多个输入端，也可以有一个或多个输出端，其示意框图如图 5.1 所示。在图 5.1 中，X_0、$X_1 \cdots X_{n-1}$ 是输入逻辑变量，Y_0、$Y_1 \cdots Y_{m-1}$ 是输出逻辑变量。任意时刻电路的输出状态只取决于该时刻输入变量的取值，称之为**组合逻辑电路**（简称**组合电路**）。

图 5.1　组合逻辑电路示意框图

2. 电路结构特点

组合电路由常用逻辑门组合而成，其数字信号的传递是单向的，即数字信号由输入传递到输出，**不存在信号的反向传递**（即不存在反馈信号），也**不具有存储信号**的（即不包含记忆元件）**功能**，所以各输出只与各输入的即时状态有关。

3. 逻辑功能表示方法

逻辑函数有五种表示方法：逻辑表达式、真值表、波形图、逻辑图和卡诺图。而组合电路**逻辑功能**表示方法有四种：逻辑表达式、真值表、波形图和卡诺图。

4. 常用组合电路

按照逻辑功能特点的不同，常用组合电路可分为编码器、译码器、数据选择器、数据分配器、比较器、加法器等。

5.3　组合电路的分析和设计

5.3.1　组合电路的分析方法

组合电路的分析是指对给定的逻辑电路进行逻辑分析，并确定逻辑功能。其逻辑功能的分析所遵循的基本步骤，称为组合电路分析方法。如图 5.2 所示，其分析步骤为：

（1）根据给定的逻辑电路图，从输入到输出逐级写出逻辑图的逻辑函数表达式。

（2）用布尔代数将逻辑表达式转换为与或表达式。

（3）根据与或表达式列出真值表。

（4）根据真值表中的 0、1，确定逻辑电路的功能。

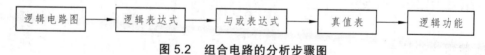

图 5.2　组合电路的分析步骤图

【**例 5.1**】　试分析如图 5.3（a）所示电路的逻辑功能。

分析：

（1）图 5.3（a）中引用了三种逻辑门，即与非门、与门和或非门。根据各个逻辑门的运算功能，从输入端开始，逐级向输出端推导各级逻辑门输出式，如图 5.3（b）所示，最后写出最后一级的输出 Y 函数逻辑表达式，并用布尔代数转换为与或式。

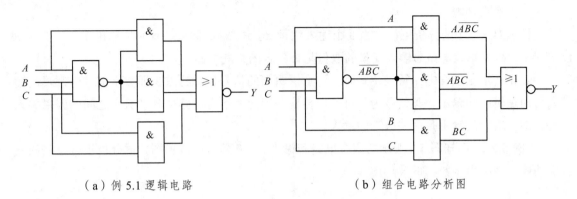

（a）例 5.1 逻辑电路　　　　　　　　　　（b）组合电路分析图

图 5.3　例 5.1 图

（2）在与或式 Y 中，$\overline{A} \cdot \overline{B} \cdot \overline{C}$ 代码为 000，ABC 为 111。真值表中 000、111 对应的函数 Y 值为 1，其余为 0，如表 5.1 所示。

（3）分析真值表函数 Y 值为 1 的特点，说明其逻辑功能。

解　（1）逻辑表达式。

由图 5.3（b）推导得 Y 的函数式

$$Y = \overline{A \cdot \overline{ABC} + B \cdot \overline{ABC} + C \cdot \overline{ABC}}$$

用布尔代数变换为与或式

$$Y = \overline{A \cdot \overline{ABC} + B \cdot \overline{ABC} + C \cdot \overline{ABC}}$$
$$= \overline{(A + B + C) \cdot \overline{ABC}}$$
$$= \overline{(A + B + C)} + \overline{\overline{ABC}}$$
$$= \overline{A} \cdot \overline{B} \cdot \overline{C} + ABC$$

（2）真值表。

根据与或式列真值表，如表 5.1 所示。

表 5.1　真值表

A　B　C	Y
0　0　0	1
0　0　1	0
0　1　0	0
0　1　1	0
1　0　0	0
1　0　1	0
1　1　0	0
1　1　1	1

（3）逻辑功能。

根据对表 5.1 的分析可得：当 3 个输入变量 A、B、C 的取值一致时，输出 $Y=1$，否则输出 $Y=0$，故可称该电路为输入变量的取值是否一致的判断电路。

结论： 根据组合电路写表达式时，注意逻辑门的信号传输特点，即数字信号由逻辑门输入传向逻辑门的输出，其信号为不可逆向传输。因此，组合电路中各"级"之间的因果关系是：前"级"的输出是后"级"的输入。

【例 5.2】 已知图 5.4 所示的组合电路和输入 A、B 信号的波形图，试分析组合电路的逻辑功能，并画出函数 Y 的波形图。

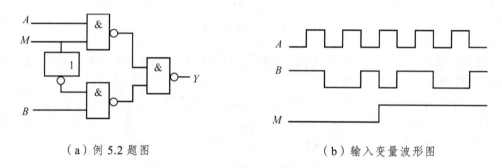

（a）例 5.2 题图　　　　　　　　　　（b）输入变量波形图

图 5.4　例 5.2 组合电路图和波形图

分析：

（1）图 5.4（a）中引用了非门和与非门。根据逻辑门的运算功能，从输入向输出逐级推导各级逻辑门输出式，如图 5.5（a）所示。

（2）因为逻辑表达式中 $ABM+\overline{A}BM=AM$，$\overline{A}B\overline{M}+AB\overline{M}=B\overline{M}$，所以真值表中函数 Y 值为 1 的输入变量代码为：111、101、110、010，如表 5.2 所示。

（3）分析逻辑功能时，注意输入变量 M 的作用。

（4）根据已知波形图 5.4（b）和逻辑功能的分析可知，当 $A=M=1$ 或 $B=1$、$M=0$ 时 $Y=1$，波形如图 5.5（b）所示。

解　（1）逻辑表达式。

$$Y=\overline{\overline{AM}\cdot\overline{B\overline{M}}}$$

化简得

$$Y=\overline{\overline{AM}}+\overline{\overline{B\overline{M}}}=AM+B\overline{M}$$

（2）真值表。

根据逻辑表达式列出真值表，如表 5.2 所示。

（3）逻辑功能。

根据对表 5.2 的分析可得：当 $M=1$ 时，输出信号 $Y=A$；当 $M=0$ 时，输出信号 $Y=B$，即图 5.5（a）所示组合电路功能为一个 2 选 1 的数据选择器。

表 5.2　真值表

A　B　M	Y
0　0　0	0
0　0　1	0
0　1　0	1
0　1　1	0
1　0　0	0
1　0　1	1
1　1　0	1
1　1　1	1

（4）函数 Y 的波形如图 5.5（b）所示。

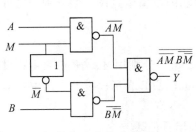

（a）组合电路分析图

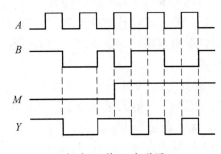

（b）函数 Y 波形图

图 5.5　例 5.2 的分析图和函数 Y 波形图

　　结论：式 $Y=AM+B\overline{M}$ 表明输入为 3 变量（即 A、B、M），但 AM 和 $B\overline{M}$ 都只含 2 个输入变量，因此，应用逻辑代数 $A+\overline{A}=0$ 推导出：$AM(B+\overline{B})=ABM+A\overline{B}M$，$B\overline{M}(A+\overline{A})+AB\overline{M}+\overline{A}B\overline{M}$。所以，AM 在真值表中的代码为 111 和 101，$B\overline{M}$ 为 110 和 010。即 AM 中缺变量 B，不管 B 是 1 还是 0，只要满足 AM=11，则函数 Y=1；同理，$B\overline{M}$ 中缺变量 A，不管 A 是 1 还是 0，只要满足 $B\overline{M}$ 在真值表中值为 10，则函数 Y=1。

5.3.2　组合电路的设计方法

　　组合逻辑电路的设计过程与分析过程相反，它是根据给定的实际问题，设计出实现其功能的逻辑电路图，如图 5.6 所示。设计方法为：

　　（1）逻辑功能分析。

　　根据设计要求（实际问题），设定输入、输出之间的因果逻辑关系和变量名，并明确 0、1 所表示变量的状态。

　　（2）真值表。

　　根据设定的逻辑变量之间的因果关系，列出真值表。

　　（3）逻辑函数表达式。

　　根据真值表写出表达式，并用逻辑代数、卡诺图进行化简。

（4）画逻辑图。

选择逻辑器件或根据题意要求确定器件，画出逻辑电路图（即选择的逻辑器件不同，其逻辑电路图有所不同）。

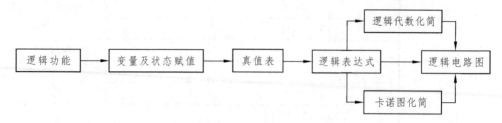

图 5.6　组合电路的设计步骤图

【**例 5.3**】　用 M_1、M_2、M_3 三台电动机带动某工作机械台，要求三台电动机的工作状态为必须有两台同时工作，也只许有两台工作，但是 M_2 与 M_3 两台电动机不能同时工作，否则发出中断信号。试设计出能实现三台电动机的工作要求的逻辑电路图，并分别用三种不同逻辑门设计逻辑电路，即逻辑门、与非门和或非门。

分析：

（1）M_1、M_2、M_3 三台电动机的工作信号为输入变量，分别用 A、B、C 表示；设电动机工作时状态为 1，不工作时为 0；中断信号为输出变量，用 Y 表示；设"发出中断信号"状态为 0，无中断信号为 1。

（2）根据输入 A、B、C 与输出 Y 的因果关系，列出真值表。

（3）写出真值表中函数 Y 值为 1 的逻辑表达式。

（4）根据题意要求，主要应用了摩根定理、$A \cdot \overline{A} = 0$ 和 $\overline{\overline{A}} = A$、$\overline{A + A + A} = \overline{A}$ 等变换逻辑表达式，画出逻辑图。

解　（1）变量及状态赋值。

设定变量：输入变量 A、B、C 表示三台电动机的工作状态；输出变量 Y 表示中断信号状态。

状态赋值：A、B、C 工作为 1，否则为 0；发中断信号 Y 为 0，否则为 1。

（2）列真值表。

真值表如表 5.3 所示。

表 5.3　真值表

A　B　C	Y
0　0　0	0
0　0　1	0
0　1　0	0
0　1　1	0
1　0　0	0
1　0　1	1
1　1　0	1
1　1　1	0

（3）逻辑表达式。

$$Y = A\overline{B}C + AB\overline{C}$$

（4）逻辑图。

① 直接用逻辑门实现。

由逻辑表达式 $Y = A\overline{B}C + AB\overline{C}$ 画出逻辑图，如图 5.7（a）所示。

② 用与非门实现。

将逻辑表达式 $Y = A\overline{B}C + AB\overline{C}$ 转换为

$$Y = AC(\overline{C} + \overline{B}) + AB(\overline{C} + \overline{B}) = AC\overline{C}\overline{B} + AB\overline{C}\overline{B}$$
$$= \overline{\overline{AC\overline{C}\overline{B} + AB\overline{C}\overline{B}}} = \overline{\overline{AC\overline{C}\overline{B}} \cdot \overline{AB\overline{C}\overline{B}}}$$

与非门实现逻辑电路如图 5.7（b）所示。

③ 用或非门实现。

根据真值表 5.3，用卡诺图圈 0 法（如图 5.7（d））得

$$\overline{Y} = \overline{B}\cdot\overline{C} + BC + \overline{A}$$

由逻辑代数转换得

$$Y = \overline{\overline{B}\cdot\overline{C} + BC + \overline{A}}$$
$$= \overline{\overline{\overline{B}\cdot\overline{C}} + \overline{\overline{BC}} + \overline{\overline{A}}}$$
$$= \overline{\overline{B + C} + \overline{\overline{B} + \overline{C}} + \overline{A}}$$

或非门实现逻辑电路如图 5.7（c）所示。

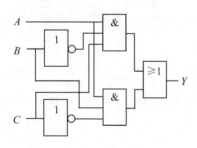

（a）逻辑门电路图

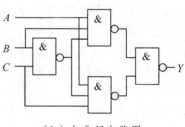

（b）与非门电路图

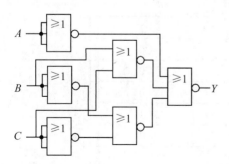

（c）或非门电路图

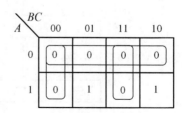

（d）圈 0 法化简卡诺图

图 5.7　例 5.3 逻辑图及化简卡诺图

结论：设计过程中的第一步是将题意中的技术要求，用输入变量、输出变量（即函数变量）及 0、1 状态赋值表示；第二步是根据输入变量数 n，列出 2^n 种组合的真值表，由题意中给出的输入与输出的因果关系，填写真值表中的函数值；第三步是根据真值表写出逻辑表达式，其表达式可写原函数表达式（卡诺图圈 1 可得原函数 Y），也可写反函数表达式（卡诺图圈 0 可得反函数 $\overline{Y}$）；第四步是根据题中所提供的逻辑器件及要求，画出设计的逻辑图。

【例 5.4】 设计一个三人表决逻辑电路，如图 5.8 所示，要求输出信号电平与多数输入信号电平一致，并用与非门实现其逻辑功能。

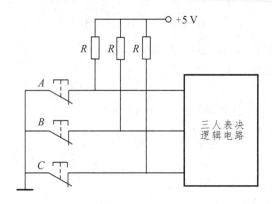

图 5.8 例 5.4 图

分析：

（1）"输出信号电平与多数输入信号电平一致"是指：当输入信号多数为低电平时，输出信号为低电平；当输入信号多数为高电平时，输出信号也为高电平。

（2）图 5.8 中 A、B、C 对应的是三个按钮开关键，当按下按钮键时，逻辑电路输入高电平；当不按键时，逻辑电路输入的是低电平。

解 （1）变量及状态赋值。

设变量：三人表决为输入变量 A、B、C；表决结果为输出变量 Y。

状态赋值：表决同意为 1（高电平），否则为 0（低电平）；表决结果多数同意为 1，否则为 0。

（2）列出真值表。

真值表如表 5.4 所示。

表 5.4 真值表

$A \quad B \quad C$	Y
0 0 0	0
0 0 1	0
0 1 0	0
0 1 1	1
1 0 0	0
1 0 1	1
1 1 0	1
1 1 1	1

（3）与非-与非逻辑表达式。

由真值表写逻辑表达式为

$$Y = \overline{A}BC + A\overline{B}C + AB\overline{C} + ABC$$

卡诺图（如图 5.9（a）所示）化简为

$$Y = BC + AC + AB$$

由摩根定理（反演律）得与非-与非逻辑表达式为

$$Y = \overline{\overline{BC + AC + AB}}$$
$$= \overline{\overline{BC} \cdot \overline{AC} \cdot \overline{AB}}$$

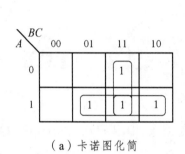

（a）卡诺图化简

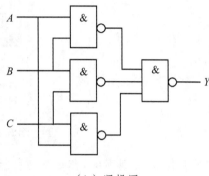

（b）逻辑图

图 5.9 卡诺图和例 5.4 的逻辑图

（4）与非门实现逻辑图，如图 5.9（b）所示。

结论：逻辑电路设计的正确与否，关键在于能否正确地将因果关系转换成真值表。在真值表中输入变量的取值组合是不变的（例如：表 5.3 与表 5.4 中 3 个输入变量的取值组合都为 2^3），但输出函数与输入变量之间的逻辑关系且有所不同。

5.3.3 常见问题讨论

（1）由逻辑门组成的逻辑电路为组合电路。

解答：不一定。

在如图 5.10 所示电路中，两个与非门输出交叉反馈为与非门的输入，连接成基本触发器，当输入信号 AB 为 11 时，输出信号 Y_1、Y_2 保持不变，即电路具有存储信号功能，说明图 5.10 不是组合电路。

（2）组合电路的输出信号不仅与输入信号有关，还与原来的输出值有关。

解答：错。

组合电路的特点是不论任何时候，输出信号仅取决于当时的输入信号，与原来的输出值无关。

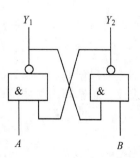

图 5.10 基本触发器

5.4　编码器和译码器

5.4.1　编码器

1. "编码"基本概念

什么叫"编码"？简单地说，用文字、符号、数字等表示特定对象的过程称为编码。在我们日常生活中存在着大量的"编码"问题，如图 5.11 所示，父母给小孩取名子（文字），学校给学生指定学号（数字），车主给新车确定车牌号（文字、字母、数字等），为了防火用特定图形符号表示"注意防火"等，都叫编码。

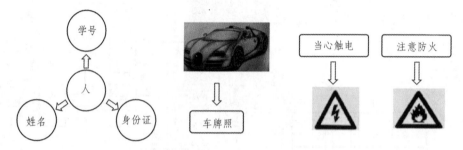

图 5.11　编码概念图

在数字电路中，则用 0、1 组成的二进制代码表示特定对象，即用 n 位二进制代码，对 $N = 2^n$ 个输入信号进行编码。

2. 8 线-3 线编码器

8 线-3 线编码器：输入有 8 个（即 $N = 8$）特定对象信号，输出有 3 位（即 $8 = 2^n$，$n = 3$）二进制数组成的编码信息。如图 5.12 所示。

例如，对 8 个按钮输入电键（用 I_7、I_6、I_5、I_4、I_3、I_2、I_1、I_0 表示），进行二进制编码，如图 5.12（a）所示。因为 $N = 2^3 = 8$，所以，用 $n = 3$ 位二进制进行编码，即输出端的变量数为 3（用 Y_2、Y_1、Y_0 表示），其编码的结果如表 5.5 所示。

根据表 5.5，列出逻辑表达式为

$$Y_0 = I_1 + I_3 + I_5 + I_7$$
$$Y_1 = I_2 + I_3 + I_6 + I_7$$
$$Y_2 = I_4 + I_5 + I_6 + I_7$$

再根据 Y_0、Y_1、Y_2 的逻辑表达式，完成图 5.12（b）所示的 8 线-3 线编码器的逻辑电路设计。若选择用**与非门**设计 8 线-3 线编码器，则逻辑表达式变换为

$$Y_0 = \overline{\overline{I_1 + I_3 + I_5 + I_7}} = \overline{\overline{I_1} \cdot \overline{I_3} \cdot \overline{I_5} \cdot \overline{I_7}}$$
$$Y_1 = \overline{\overline{I_2 + I_3 + I_6 + I_7}} = \overline{\overline{I_2} \cdot \overline{I_3} \cdot \overline{I_6} \cdot \overline{I_7}}$$
$$Y_2 = \overline{\overline{I_4 + I_5 + I_6 + I_7}} = \overline{\overline{I_4} \cdot \overline{I_5} \cdot \overline{I_6} \cdot \overline{I_7}}$$

得 8 线-3 线编码器的电路如图 5.12（c）所示。

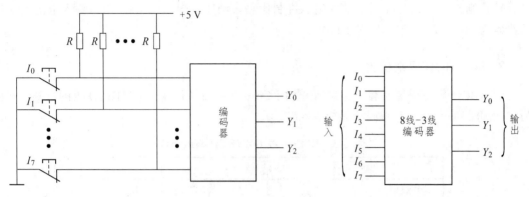

（a）8 个按钮电键编码示意图　　　　　　（b）8 线-3 线编码器示意图

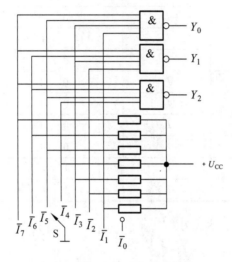

（c）8 线-3 线编码器的电路图

图 5.12　8 线-3 线编码器

表 5.5　3 位二进制编码表

输　入	输　　出		
	Y_2	Y_1	Y_0
I_0	0	0	0
I_1	0	0	1
I_2	0	1	0
I_3	0	1	1
I_4	1	0	0
I_5	1	0	1
I_6	1	1	0
I_7	1	1	1

用来实现编码功能的电路，称为**编码器**，如图 5.12（b）所示。它的输入是待编码的信号，输出则是与该信号相对应的一组二进制代码。例如：图 5.12（a）中，输入电键 I_0 对应的代码为 000，I_6 对应的代码为 110。

3. 8421BCD 码编码器

8421BCD 码编码器是将十进制数 0、1、2…9 转换成 4 位输出 8421BCD 码的电路。又称为二-十进制编码器。其编码功能如表 5.6 所示。

表 5.6　10 线-4 线 8421BCD 码编码表

输　入		输　出			
十进制数	变　量	Y_3	Y_2	Y_1	Y_0
0	I_0	0	0	0	0
1	I_1	0	0	0	1
2	I_2	0	0	1	0
3	I_3	0	0	1	1
4	I_4	0	1	0	0
5	I_5	0	1	0	1
6	I_6	0	1	1	0
7	I_7	0	1	1	1
8	I_8	1	0	0	0
9	I_9	1	0	0	1

根据表 5.6，列出逻辑表达式为

$$Y_0 = I_1 + I_3 + I_5 + I_7 + I_9$$
$$Y_1 = I_2 + I_3 + I_6 + I_7$$
$$Y_2 = I_4 + I_5 + I_6 + I_7$$
$$Y_3 = I_8 + I_9$$

由上列 Y_0、Y_1、Y_2、Y_3 的逻辑表达式，可以完成图 5.13 所示的 8421BCD 码编码器的逻辑电路的设计（逻辑电路图略）。

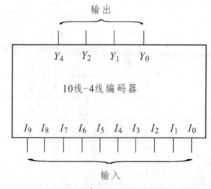

图 5.13　8421BCD 码编码器示意图

4. 优先编码器

普通编码器：在某一时刻只允许有一个有效的输入信号，如果同时有两个或两个以上的输入信号要求编码，输出端则会发生混乱，出现错误。如表 5.5、表 5.6 所示为普通编码器功能表。

优先编码器：允许同时输入两个以上编码信号，编码器按输入信号排定的优先顺序，只对优先级别最高的一个信号进行编码，优先级低的信号则不起作用。如表 5.7 所示为优先编码器功能表。

优先编码器在控制系统中有着十分重要的作用。例如，在电子计算机中，控制"中断"就是存在优先权问题，人们采用优先编码器解决。

1）8 线-3 线优先编码器 74LS148

8 线-3 线优先编码器 74LS148 的外引线功能端排列和编码器示意图如图 5.14 所示。

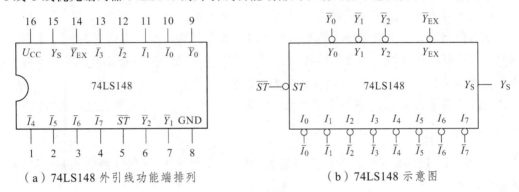

（a）74LS148 外引线功能端排列　　　（b）74LS148 示意图

图 5.14　8 线-3 线优先编码器

74LS148 编码功能如表 5.7 所示。

表 5.7　8 线-3 线优先编码器 74LS148 编码表

输　入									输　出				
ST	I_7	I_6	I_5	I_4	I_3	I_2	I_1	I_0	Y_2	Y_1	Y_0	Y_{EX}	Y_S
1	×	×	×	×	×	×	×	×	1	1	1	1	1
0	1	1	1	1	1	1	1	1	1	1	1	1	0
0	0	×	×	×	×	×	×	×	0	0	0	0	1
0	1	0	×	×	×	×	×	×	0	0	1	0	1
0	1	1	0	×	×	×	×	×	0	1	0	0	1
0	1	1	1	0	×	×	×	×	0	1	1	0	1
0	1	1	1	1	0	×	×	×	1	0	0	0	1
0	1	1	1	1	1	0	×	×	1	0	1	0	1
0	1	1	1	1	1	1	0	×	1	1	0	0	1
0	1	1	1	1	1	1	1	0	1	1	1	0	1

注释：

"×"：表示输入信号为无关项，即输入信号为 0 或 1，对输出逻辑函数 Y 都没有影响。

选通输入端 ST：当 $ST=0$ 时允许编码；当 $ST=1$ 时编码被禁止。

编码信号输入端 $I_7 \sim I_0$：I_7 优先权最高，I_0 优先权最低；当 $ST=0$ 时，输入端信号为低电平（即"0"）时，输出端有对应的代码信号输出，称之为输入端以低电平作为有效信号。

编码器输出端 Y_2、Y_1、Y_0：在 $ST=0$ 状态下，当输入端有低电平信号输入时，编码器输出相应的代码，其代码为二进制的反码，即只要 I_7 输入为低电平（即 $\overline{I_7}$）时，输出端 $Y_2 Y_1 Y_0$ 的二进制的反码代码为 $\overline{Y_2}\,\overline{Y_1}\,\overline{Y_0} = \overline{111} = 000$（即 111 的二进制反码为 000）；当 I_7 输入为高电平（即 I_7）、I_6 输入为低电平（即 $\overline{I_6}$）时，只对 $\overline{I_6}$ 编码，输出端的代码为 $\overline{Y_2}\overline{Y_1}Y_0 = \overline{110} = 001$（即 110 的二进制反码为 001）。注意：输出以低电平作为有效信号。

选通输出端 Y_S：Y_S 是在多个编码器之间组合进行扩展连接（简称"级连"）时所应用的端口。即高位编码器的 Y_S 端与低位的 ST 端连接，从而实现编码器功能的扩展。如图 5.15 所示，两片编码器组合扩展为 16 线-4 线优先编码器。

优选扩展输出端 Y_{EX}：在编码器扩展的级连应用中，Y_{EX} 可作为输出的扩展端，如图 5.15 所示。

【例 5.5】 用两片 8 线-3 线优先编码器 74LS148，扩展为 16 线-4 线优先编码器，试画出扩展电路图。

分析：

（1）16 线-4 线优先编码器：两片 8 线-3 线优先编码器的输入端合计共有 16 个，则需要 4 位代码输出端。

（2）输出端代码分配：根据编码 1111 ~ 0000 的特点，可分为 1111 ~ 1000（低位编码器）、0111 ~ 0000（高位编码器）两片输出代码，则最高位 Y_3 编码用 Y_{EX} 为输出端，Y_2、Y_1、Y_0 为后三位 111 ~ 000 的输出端。

（3）级连：高位的编码器 Y_S 与低位的编码器 ST 连接，当高位有输入时，低位编码器 ST 等于高位编码器 Y_S 的输出代码 1，低位编码器编码被禁止；当低位编码器输入时，高位编码器输出 $Y_{EX} Y_2 Y_1 Y_0$ 为 1111，Y_S 为 0，低位编码器 ST 为 0，允许编码。

解 $\overline{A_0} \sim \overline{A_{15}}$ 是编码输入信号端，输入有效电平为低电平（即 0 有效），$\overline{A_{15}}$ 优选级别最高，$\overline{A_0}$ 最低。

$\overline{Z_3} \sim \overline{Z_0}$ 输出 4 位二进制反码，即 0000 ~ 1111。

用两片 74LS148 扩展为 16 线-4 线优先编码器的电路如图 5.15 所示。

结论： 编码器进行扩展设计时，首先要明确编码器的高、低位，再利用选通输出端（即"级连"端）Y_S 与选通输入端 ST 的连接，实现编码器的扩展功能。

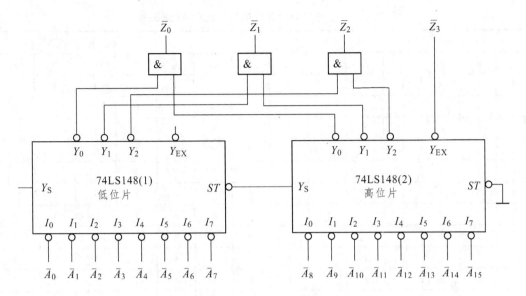

图 5.15　16 线-4 线优先编码器

2）8421BCD 优先编码器 74LS147

8421BCD 优先编码器（称为二-十进制优先编码器）74LS147 的外引线功能端排列和编码器示意图如图 5.16 所示。

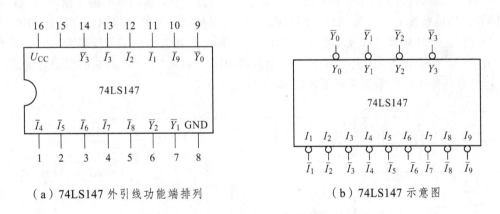

（a）74LS147 外引线功能端排列　　　　　　　（b）74LS147 示意图

图 5.16　二-十进制优先编码器

图 5.16（a）所示管脚 15 为空。74LS147 优选编码器有 9 个输入端（$I_9 \sim I_1$），I_9 优选级别最高，I_0 最低。当某个输入端为 0（低电平有效）时，则输出其对应 8421BCD 码的二进制反码；当 9 个输入全为 1 时，4 个输出为 1111，表示 I_0 输入低电平。其 74LS147 优先编码器的编码功能如表 5.8 所示。

表 5.8　二-十进制优先编码器 74LS147 编码表

输　　　入										输　　出			
I_9	I_8	I_7	I_6	I_5	I_4	I_3	I_2	I_1	I_0	Y_3	Y_2	Y_1	Y_0
1	1	1	1	1	1	1	1	1	1	1	1	1	1
0	×	×	×	×	×	×	×	×	×	0	1	1	0
1	0	×	×	×	×	×	×	×	×	0	1	1	1
1	1	0	×	×	×	×	×	×	×	1	0	0	0
1	1	1	0	×	×	×	×	×	×	1	0	0	1
1	1	1	1	0	×	×	×	×	×	1	0	1	0
1	1	1	1	1	0	×	×	×	×	1	0	1	1
1	1	1	1	1	1	0	×	×	×	1	1	0	0
1	1	1	1	1	1	1	0	×	×	1	1	0	1
1	1	1	1	1	1	1	1	0	×	1	1	1	0
1	1	1	1	1	1	1	1	1	0	1	1	1	1

5.4.2　译码器

译码是编码的逆过程，是将具有特定含义的一组代码"翻译"出它的原意。

例如，在如图 5.17（a）所示电路中，当按下按钮健 5 时，编码器 I_5 输入信号为 "0"（即低电平），其他端输入信号为 "1"（即高电平），这时编码器 $Y_2 Y_1 Y_0$ 输出编码信息 010；010 经 3 个非门，使译码器的 $A_2 A_1 A_0$ 输入信息为 101，则译码器 Y_5 输出端的代码为 "0"，其他输出端为 "1"。即 I_5 输入的低电平编码为一组代码 010→译码 "翻译" 出它的原意为 Y_5 输出低电平。译码与编码的关系如流程图 5.17（b）所示。

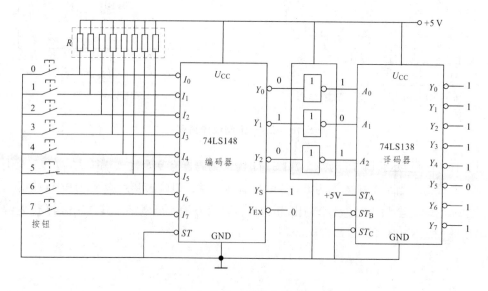

（a）编码、译码电路图

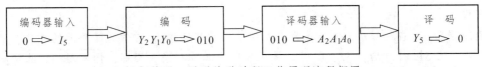

（b）编码、译码的逆过程工作原理流程框图

图 5.17　编码器与译码器

译码器的使用范围很广泛，例如，数字仪表中的各种显示译码器，计算机中的地址译码器、指令译码器，通信设备中由译码器构成的分配器，以及各种代码变换译码器等。

1. 3 线-8 线译码器

（1）3 线-8 线译码器功能。

3 线-8 线编码器：输入端由 3 位二进制代码（即 $2^3 = 8$ 个代码）组成，输出端有 8 个。即输入一组二进制代码对应一个输出端信号。其外引线排列和示意图如图 5.18（a）（b）所示。

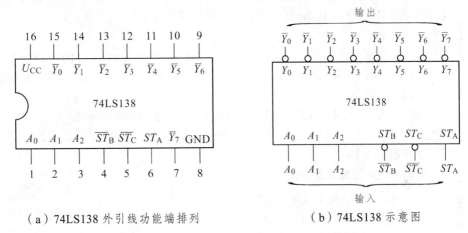

（a）74LS138 外引线功能端排列　　　　　　（b）74LS138 示意图

图 5.18　3 线-8 线译码器 74LS138

3 线-8 线译码器 74LS138 的功能如表 5.9 所示。

表 5.9　3 线-8 线译码器 74LS138 功能表

输　入						输　出							
ST_A	ST_B	ST_C	A_2	A_1	A_0	Y_7	Y_6	Y_5	Y_4	Y_3	Y_2	Y_1	Y_0
1	0	0	0	0	0	1	1	1	1	1	1	1	0
1	0	0	0	0	1	1	1	1	1	1	1	0	1
1	0	0	0	1	0	1	1	1	1	1	0	1	1
1	0	0	0	1	1	1	1	1	1	0	1	1	1
1	0	0	1	0	0	1	1	1	0	1	1	1	1
1	0	0	1	0	1	1	1	0	1	1	1	1	1
1	0	0	1	1	0	1	0	1	1	1	1	1	1
1	0	0	1	1	1	0	1	1	1	1	1	1	1
0	×	×	×	×	×	1	1	1	1	1	1	1	1
×	1	1	×	×	×	1	1	1	1	1	1	1	1

注释：

使能端 ST_A、ST_B、ST_C：使能端为输入端（又称片选端），常作为译码器的扩展功能或级联时使用。当 $ST_A=1$，$ST_B=ST_C=0$ 时，译码器处于工作状态；否则，译码器被禁止译码，输出端的全部为高电平。

代码输入端 A_2、A_1、A_0：输入每一组代码都对应一个输出端输出 0，如 A_2、A_1、A_0 输入代码为101时，则译码成 Y_5 输出端为 0。

输出端 $Y_7 \sim Y_0$：有效输出电平为低电平。

（2）3线-8线译码器功能特点。

3 线-8 线译码器是把每一组输入代码状态都翻译出来的全译码电路。即以代码输入信号为变量 A_2、A_1、A_0，输出信号 $Y_7 \sim Y_0$ 为逻辑函数，则每一个输出信号 Y_i 对应一组代码输入变量 A_2、A_1、A_0 的最小项。所以，3线-8线译码器的输出函数 $Y_7 \sim Y_0$ 对应了代码输入变量 A_2、A_1、A_0 的全部最小项。

【例5.6】 试根据例 5.4 设计的三人表决逻辑电路式 $Y=\overline{A}BC+A\overline{B}C+AB\overline{C}+ABC$，用 3 线-8线译码器 74LS138 实现其逻辑功能，并画出逻辑功能图。

分析：

（1）函数 Y 为原变量，即输入代码为 011（$\overline{A}BC$）、101（$A\overline{B}C$）、110（$AB\overline{C}$）、111（ABC）时，输出 $Y=1$；所以，输入变量 A、B、C 分别与译码器的 A_2、A_1、A_0 连接，使能端连接信号为 $ST_A=1$，$ST_B=ST_C=0$。

（2）输入代码 011、101、110、111 所对应的输出信号端为 Y_3、Y_5、Y_6、Y_7，即 $Y=Y_3+Y_5+Y_6+Y_7$，而 3 线-8 线译码器 74LS138 的输出信号为反变量，因此，逻辑函数 Y 式要利用反演律进行变换。

解 根据例 5.4 的输出逻辑式得

$$Y=\overline{A}BC+A\overline{B}C+AB\overline{C}+ABC$$
$$=Y_3+Y_5+Y_6+Y_7$$
$$=\overline{\overline{Y_3+Y_5+Y_6+Y_7}}$$
$$=\overline{\overline{Y_3}\cdot\overline{Y_5}\cdot\overline{Y_6}\cdot\overline{Y_7}}$$

用 3 线-8 线译码器 74LS138 实现其逻辑功能图如图 5.19 所示。

结论：译码器可拓展应用于一般组合电路的设计，即可以直接通过组合电路的真值表，写出最小项函数表达式，从而用译码器实现（不用对最小项函数表达式进行化简）。

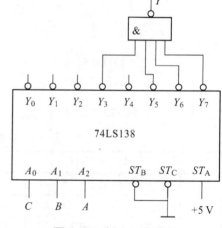

图 5.19 例 5.6 设计图

【例5.7】 试用 3 线-8 线译码器 74LS138 设计一个多输出的组合逻辑电路。其输出的逻辑函数式为

$$\begin{cases} Z_1=A\overline{C}+\overline{A}BC+ABC \\ Z_2=BC+\overline{A}\overline{B} \end{cases}$$

分析：

（1）将函数 Z_1、Z_2 的表达式转换为 $m_0 \sim m_7$ 最小项表达式。

（2）将式中的 $m_0 \sim m_7$ 最小项表达式转换为 $\overline{m}_0 \sim \overline{m}_7$ 表达式。

（3）令 3 线-8 线译码器 74LS138 的输入 $A_2 = A$、$A_1 = B$、$A_0 = C$，输出 $\overline{Y_0} \sim \overline{Y_7}$ 为最小项式中的 $\overline{m_0} \sim \overline{m_7}$，用一片 3 线-8 线译码器 74LS138 实现逻辑函数 Z_1、Z_2。

解　（1）将函数 Z_1、Z_2 表达式转换为最小项表达式。

$$
\begin{aligned}
Z_1 &= A\overline{C} + \overline{A}BC + ABC \\
&= A\overline{C}(B + \overline{B}) + \overline{A}BC + ABC \\
&= AB\overline{C} + A\overline{B} \cdot \overline{C} + \overline{A}BC + ABC \\
&= m_6 + m_4 + m_3 + m_7
\end{aligned}
$$

$$
\begin{aligned}
Z_2 &= BC + \overline{A} \cdot \overline{B} \\
&= BC(A + \overline{A}) + \overline{A} \cdot \overline{B}(C + \overline{C}) \\
&= ABC + \overline{A}BC + \overline{A} \cdot \overline{B}C + \overline{A} \cdot \overline{B} \cdot \overline{C} \\
&= m_7 + m_3 + m_1 + m_0
\end{aligned}
$$

（2）将函数 Z_1、Z_2 表达式转换为 $\overline{m_0} \sim \overline{m_7}$ 函数式。

$$
\begin{cases}
Z_1 = \overline{\overline{m_6 + m_4 + m_3 + m_7}} = \overline{\overline{m_6} \cdot \overline{m_4} \cdot \overline{m_3} \cdot \overline{m_7}} \\
Z_2 = \overline{\overline{m_7 + m_3 + m_1 + m_0}} = \overline{\overline{m_7} \cdot \overline{m_3} \cdot \overline{m_1} \cdot \overline{m_0}}
\end{cases}
$$

（3）用 3 线-8 线译码器 74LS138 实现其逻辑功能图，如图 5.20 所示。

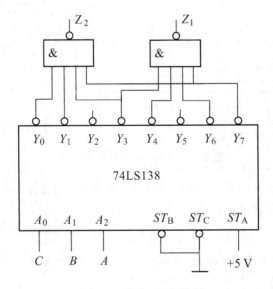

图 5.20　例 5.7 设计图

结论： 只需在 74LS138 的输出端附加 2 个与非门，即可得到 Z_1、Z_2 的逻辑电路。

（3）两片 3 线-8 线译码器的级联。

3 线-8 线译码器的输入端由 3 位二进制代码组成，当输入二进制代码大于 8 个代码时，可以把几个 3 线-8 线译码器级联起来实现其译码功能。

【例 5.8】 将两片 3 线-8 线译码器 74LS138，扩展为 4 线-16 线译码器，试画出逻辑电路图。

分析：

（1）4 线-16 线译码器：输入共 4 个端，其可以组成 $2^4 = 16$ 个输入代码组合，所以有 16 个输出端。

（2）输入端代码分配：根据输入 $D_3D_2D_1D_0$ 代码组合为 1111 ~ 0000 的特点可知，当 D_3 为 1 时，$D_2D_1D_0$ 的输入代码组合为 111 ~ 000；当 D_3 为 0 时，$D_2D_1D_0$ 的输入代码组合仍然为 111 ~ 000。所以，两片译码器的 $A_2A_1A_0$ 同时接入 $D_2D_1D_0$ 输入信息，而 D_3 输入信息接入使能端，控制两片芯片工作状态。

（3）使能端：当 $D_3 = 0$ 时，D_3 与低位译码器的 ST_B、ST_C 连接，同时 D_3 与高位译码器 ST_A 连接（如图 5.19 所示），即低位译码器工作，高位译码器被禁止，$D_3D_2D_1D_0$ 输入信息为 0111 ~ 0000，输出 $\overline{Y}_7 \sim \overline{Y}_0$；当 $D_3 = 1$ 时，低位译码器的 $ST_B = ST_C = 1$ 被禁止，高位译码器 $ST_A = 1$ 处于工作状态，则 $D_3D_2D_1D_0$ 输入信息 1111 ~ 1000，输出 $\overline{Y}_{15} \sim \overline{Y}_8$。

解　$\overline{Y}_{15} \sim \overline{Y}_0$ 是译码器输出信号端，其有效电平为低电平。用两片 74LS138 扩展为 4 线-16 线译码器电路，如图 5.21 所示。

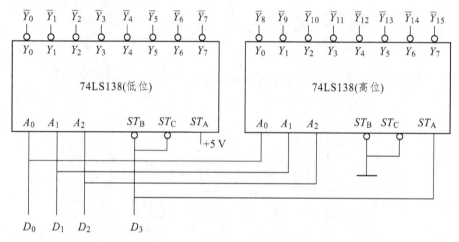

图 5.21　4 线-16 线译码器电路

结论：在译码器的扩展应用中，重点掌握好"使能端"的设计。由输入信号控制使能端，从而达到控制译码器工作状态的目的。

【例 5.9】　试用两片 3 线-8 线译码器 74LS138 设计下列逻辑函数 Y 的电路图。即

$$Y = ABCD + \overline{A} \cdot \overline{B}CD + ABC + \overline{A}BD + \overline{A} \cdot \overline{B}C + \overline{A} \cdot \overline{C}D + A\overline{B}D$$

分析：

（1）先将逻辑表达式转换成最小项表达式 $m_0 \sim m_{15}$，然后再用摩根定理将 $m_0 \sim m_{15}$ 表达式转换为 $\overline{m}_0 \sim \overline{m}_{15}$ 表达式。

（2）因为函数 Y 中含有 4 个输入变量，所以要用两片 3 线-8 线译码器扩展为 4 线-16 线译码器电路，如图 5.21 所示。

（3）令扩展后的 4 线-16 线译码器的输入 $A_2 = B$、$A_1 = C$、$A_0 = D$、使能端接 A；输出 $\overline{Y}_0 \sim \overline{Y}_{15}$ 为最小项式中的 $\overline{m}_0 \sim \overline{m}_{15}$，用一片与非门完成逻辑函数 Y 的电路图。

解 （1）最小项表达式。

$$Y = ABCD + \overline{A} \cdot \overline{B}CD + ABC + \overline{A}BD + \overline{A} \cdot \overline{B}C + \overline{A} \cdot \overline{C}D + A\overline{B}D$$

$$= ABCD + \overline{A} \cdot \overline{B}CD + ABC(D + \overline{D}) + \overline{A}BD(C + \overline{C}) + \overline{A} \cdot \overline{B}C(D + \overline{D}) +$$
$$\overline{A} \cdot \overline{C}D(B + \overline{B}) + A\overline{B}D(C + \overline{C})$$

$$= ABCD + \overline{A} \cdot \overline{B}CD + ABCD + ABC\overline{D} + \overline{A}BCD + \overline{A}B\overline{C}D + \overline{A} \cdot \overline{B}CD +$$
$$\overline{A} \cdot \overline{B}C\overline{D} + \overline{A}B\overline{C}D + \overline{A} \cdot \overline{B} \cdot \overline{C}D + A\overline{B}CD + A\overline{B} \cdot \overline{C}D$$

$$= ABCD + \overline{A} \cdot \overline{B}CD + ABC\overline{D} + \overline{A}BCD + \overline{A}B\overline{C}D + \overline{A} \cdot \overline{B}C\overline{D} + \overline{A} \cdot \overline{B} \cdot \overline{C}D +$$
$$A\overline{B}CD + A\overline{B} \cdot \overline{C}D$$

$$= m_{15} + m_3 + m_{14} + m_7 + m_5 + m_2 + m_1 + m_{11} + m_9$$

（2）函数 Y 表达式转换为 $\overline{m}_0 \sim \overline{m}_7$ 函数式。

$$Y = \overline{\overline{m_{15} + m_3 + m_{14} + m_7 + m_5 + m_2 + m_1 + m_{11} + m_9}}$$
$$= \overline{\overline{m}_{15} \cdot \overline{m}_3 \cdot \overline{m}_{14} \cdot \overline{m}_7 \cdot \overline{m}_5 \cdot \overline{m}_2 \cdot \overline{m}_1 \cdot \overline{m}_{11} \cdot \overline{m}_9}$$

（3）函数 Y 的设计逻辑图如图 5.22 所示。

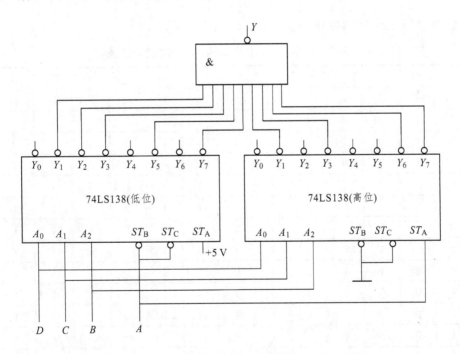

图 5.22 例 5.9 设计图

结论： 一般可根据输入逻辑变量的个数 n，决定级联译码器的个数。以 3 线-8 线译码器为例，如果输入逻辑变量 $n=5$，则有 $2^5 = 32$ 个输入代码组合，要用 4 个 3 线-8 线译码器通过级联来实现 5 线-32 线译码器电路的设计。

2. 二-十进制译码器

二-十进制译码器：将二-十进制编码器的 BCD 码翻译成对应的十个输出信号。

下面介绍 8421BCD 码输入的 4 线-10 线译码器，其外引线排列和示意图如图 5.23（a）（b）所示。

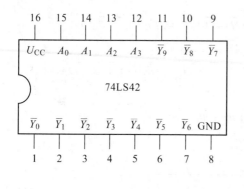

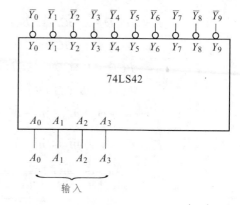

（a）74LS42 外引线功能端排列

（b）74LS42 示意图

图 5.23 二-十进制译码器 74LS42

4 线-10 线译码器 74LS42 的功能如表 5.10 所示。

表 5.10 4 线-10 线译码器 74LS42 的功能表

序号	输 入				输 出									
	A_3	A_2	A_1	A_0	Y_9	Y_8	Y_7	Y_6	Y_5	Y_4	Y_3	Y_2	Y_1	Y_0
0	0	0	0	0	1	1	1	1	1	1	1	1	1	0
1	0	0	0	1	1	1	1	1	1	1	1	1	0	1
2	0	0	1	0	1	1	1	1	1	1	1	0	1	1
3	0	0	1	1	1	1	1	1	1	1	0	1	1	1
4	0	1	0	0	1	1	1	1	1	0	1	1	1	1
5	0	1	0	1	1	1	1	1	0	1	1	1	1	1
6	0	1	1	0	1	1	1	0	1	1	1	1	1	1
7	0	1	1	1	1	1	0	1	1	1	1	1	1	1
8	1	0	0	0	1	0	1	1	1	1	1	1	1	1
9	1	0	0	1	0	1	1	1	1	1	1	1	1	1
伪码	1	0	1	0	1	1	1	1	1	1	1	1	1	1
	1	0	1	1	1	1	1	1	1	1	1	1	1	1
	1	1	0	0	1	1	1	1	1	1	1	1	1	1
	1	1	0	1	1	1	1	1	1	1	1	1	1	1
	1	1	1	0	1	1	1	1	1	1	1	1	1	1
	1	1	1	1	1	1	1	1	1	1	1	1	1	1

注释:

输入端 A_3、A_2、A_1、A_0：输入每一组代码都对应一个输出端，如 $A_3A_2A_1A_0 = 0111$，翻译成输出端 Y_7 输出 0。

输出端 $Y_9 \sim Y_0$：有效输出电平为低电平。

伪码：输入中 1010~1111 这 6 个代码（即称为伪码）没有与其对应的输出端。伪码输入时，$Y_9 \sim Y_0$ 输出端均处于无效状态（一般是低电平有效，此时输出均为高电平）。

3. LED 数码管和 BCD 七段显示译码器

1）LED 数码管

LED 数码管（又称为 LED 七段显示器）：用发光二极管（LED）组成的七段字形显示器件，如图 5.24 所示，它是当前用得最广泛的显示器之一。

图 5.24（a）为 LED 数码管的外形示意图，其工作电压为 1.5~3 V，工作电流为几毫安到几十毫安。

图 5.24（b）（c）为 LED 数码管的内部接线方式。图 5.24（b）为共阴极接法，即二极管的阳极接高电平时，该段二极管发光，与其相连的译码器输出端为高电平有效；图 5.24（c）为共阳极接法，即二极管的阴极接低电平时，该段二极管发光，与其相连的译码器输出端为低电平有效。

图 5.24（d）是将二-十进制 BCD 代码直接译成十进制数的七段字形。即 LED 七段显示器管脚 a~g 与字形二极管的对应关系和 0~9 的七段字划亮灭的组合符号图。

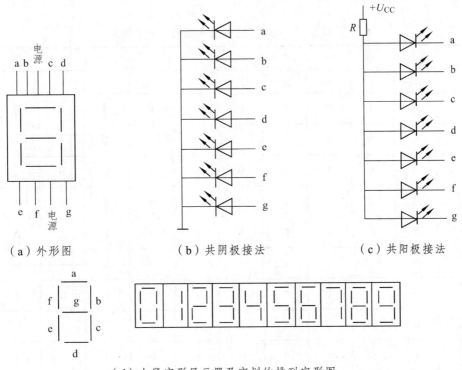

（a）外形图　　　　（b）共阴极接法　　　　（c）共阳极接法

（d）七段字形显示器及字划的排列字形图

图 5.24　LED 数码管

2）BCD 七段显示译码器

BCD 七段译码器：能将 BCD 代码译成 LED 数码管所需的驱动信号，即 BCD 代码通过"七段译码器"驱动"七段数码管"来显示十进制数值。如图 5.25 所示为驱动共阳极数码管的译码器示意图。

驱动共阳极 LED 七段显示器的译码器的逻辑功能如表 5.11 所示，其连接示意电路如图 5.26 所示。

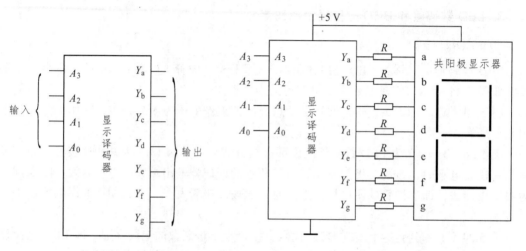

图 5.25　BCD 七段显示译码器示意图　　　　图 5.26　显示译码器与共阳极显示器连接图

表 5.11　七段共阳极译码器的逻辑功能表

字形	输 入				输 出						
	A_3	A_2	A_1	A_0	Y_a	Y_b	Y_c	Y_d	Y_e	Y_f	Y_g
0	0	0	0	0	0	0	0	0	0	0	1
1	0	0	0	1	1	0	0	1	1	1	1
2	0	0	1	0	0	0	1	0	0	1	0
3	0	0	1	1	0	0	0	0	1	1	0
4	0	1	0	0	1	0	0	1	1	0	0
5	0	1	0	1	0	1	0	0	1	0	0
6	0	1	1	0	0	1	0	0	0	0	0
7	0	1	1	1	0	0	0	1	1	1	1
8	1	0	0	0	0	0	0	0	0	0	0
9	1	0	0	1	0	0	0	0	1	0	0

5.4.3　常见问题讨论

（1）由于普通编码器和优先编码器都具有编码功能，所以在应用中没有区别。

解答：错。

区别：普通编码器在某一时刻只允许有一个有效的输入信号；优先编码器允许同时输入两个以上编码信号，编码器自动按优先顺序，对优先级别最高的一个信号进行编码，其他信号不起作用。

（2）译码与编码的关系是？

解答：译码是编码的逆过程，编码的输出通过译码器，将具有特定含义的编码输入"翻译"出来。

（3）译码器的"使能端"是输出端。

解答：错。

"使能端"是输入端。"使能端"又称"片选端"，只有当"使能端"连接有效电平（如图 5.18 中 $ST_A = 1$，$ST_B = ST_C = 0$）时，译码器处于工作状态；否则，译码器输出端全部为高电平。"使能端"常作为扩展功能或级联时使用。

（4）LED 数码管和 BCD 七段显示译码器连接使用注意事项是什么？

解答：主要注意 LED 数码管和 BCD 七段显示译码器必须同时是"共阳极"器件或"共阴极"器件。

5.5　数据选择器和分配器功能简介

5.5.1　8 选 1 数据选择器

1. 8 选 1 数据选择器功能

在如图 5.27 所示多路数字信号的传输中，可根据需要从 m 个输入数据中选出一个 D_i 送至输出端 Y，即 $Y = D_i$，此逻辑电路叫做**数据选择器**（也称为多路选择器或多路开关）。$Y = D_i$ 的输出数据由选择控制信号 $A_0 \sim A_{n-1}$ 决定，其中 n 与 m 的关系为 $m = 2^n$。如 8 选 1 数据选择器的输入数据为 8，则选择控制信号有 $n = 3$ 个地址输入端 $A_0 \sim A_2$。

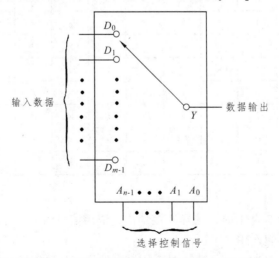

图 5.27　m 选 1 数据选择器示意图（$m = 2^n$）

8选1数据选择器如图5.28所示，其功能如表5.12所示。

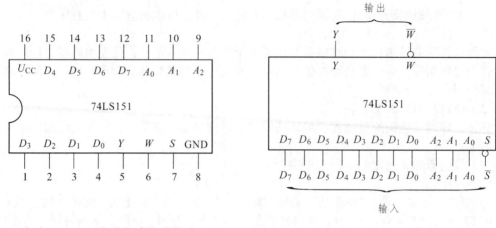

（a）74LS151 外引线功能端排列 　　　　　　　（b）74LS151 示意图

图5.28　8选1数据选择器

输入信号：8路输入数据，用 D_0、D_1、D_2、D_3、D_4、D_5、D_6、D_7 表示；3个选择控制信号输入，用 A_0、A_1、A_2 表示；用 S 表示使能端，作为芯片的选通控制。

输出信号：用 Y、$\overline{W}$ 表示，它是由选择控制信号 $A_2A_1A_0$ 确定的输入数据 $D_0 \sim D_7$ 中某一路信号 D_i 或 $\overline{D_i}$。

表5.12　8选 1 数据选择器 74LS151 功能表

输　　　　入												输　出	
使能信号	地址信号			数据输入									
S	A_2	A_1	A_0	D_7	D_6	D_5	D_4	D_3	D_2	D_1	D_0	Y	W
1	×	×	×	×	×	×	×	×	×	×	×	0	0
0	0	0	0	×	×	×	×	×	×	×	D_0	D_0	$\overline{D_0}$
0	0	0	1	×	×	×	×	×	×	D_1	×	D_1	$\overline{D_1}$
0	0	1	0	×	×	×	×	×	D_2	×	×	D_2	$\overline{D_2}$
0	0	1	1	×	×	×	×	D_3	×	×	×	D_3	$\overline{D_3}$
0	1	0	0	×	×	×	D_4	×	×	×	×	D_4	$\overline{D_4}$
0	1	0	1	×	×	D_5	×	×	×	×	×	D_5	$\overline{D_5}$
0	1	1	0	×	D_6	×	×	×	×	×	×	D_6	$\overline{D_6}$
0	1	1	1	D_7	×	×	×	×	×	×	×	D_7	$\overline{D_7}$

工作原理：

（1）当选通输入端 S 为 1 时，选择器被禁止，输出信号为 $Y=0$，$W=1$，此时，输入数据和选择控制信号均不起作用。

（2）当选通输入端 S 为 0 时，选择器工作，由地址信号决定输出信号，即当 $A_2A_1A_0$ 地址

信号为 $\overline{A}B\overline{C}$（信号码 010）时，输出信号 $Y = D_2$，$W = \overline{D_2}$。

2. 8 选 1 数据选择器的功能特点

8 选 1 数据选择器的地址信号 $A_2 A_1 A_0$ 包含了输出逻辑函数的全部最小项，即逻辑函数中每一个最小项对应一个地址信号码，而每一个地址信号码又对应着一个输入数据 D_i。当逻辑函数为原函数 Y 时，函数中的每一个最小项对应的输入数据为 1。

【例 5.10】试根据例 5.4 设计的三人表决逻辑电路的函数式 $Y = \overline{A}BC + A\overline{B}C + AB\overline{C} + ABC$，用 8 选 1 选择器 74LS151 实现其逻辑功能，并画出逻辑功能图。

分析：

（1）输入信号与输出信号对应关系。

根据已知逻辑函数 Y 可知：输入地址信号码为 011（$\overline{A}BC$）、101（$A\overline{B}C$）、110（$AB\overline{C}$）、111（ABC）时，输出函数 $Y = 1$，地址信号码所对应的数据输入 $D_3 = D_5 = D_6 = D_7 = 1$，其余数据输入为 0。

（2）逻辑电路图的连接。

输入变量 A、B、C 分别与地址信号输入的 A_2、A_1、A_0 连接；D_3、D_5、D_6、D_7 数据输入信号 1，D_0、D_1、D_2、D_4 数据输入信号 0；使能端 S 连接信号 0；Y 连接输出函数。

解　将已知逻辑函数 Y 的表达式转换为 $D_0 \sim D_7$ 表达式，得

$$Y = \overline{A}BC + A\overline{B}C + AB\overline{C} + ABC$$
$$= D_3 + D_5 + D_6 + D_7$$

用 8 选 1 选择器 74LS151 实现其逻辑功能，如图 5.29 所示。

结论：选择器直接反映了最小项与逻辑函数之间的对应关系。8 选 1 数据选择器的输出函数 Y（或 W）是输入地址信号变量 A_2、A_1、A_0 的函数，而其最小项地址信号 $A_2 A_1 A_0$ 则由 $2^3 = 8$ 路输入数据 $D_0 \sim D_7$ 确定与函数 Y 是否存在关系。+

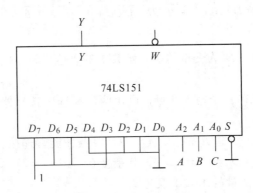

图 5.29　例 5.9 设计图

3. 数据选择器的扩展

利用选通输入使能端 S 实现扩展数据选择的功能。

【例 5.11】得两片 8 选 1 选择器 74LS151，扩展为 16 选 1 选择器，试画出电路图。

分析：

（1）16 选 1 选择器：数据输入端为 16 个，地址信号输入端为 4 个，输出端 1 个。

（2）数据输入：用 74LS151（1）输入数据 $D_0 \sim D_7$，74LS151（2）输入数据 $D_8 \sim D_{15}$。

（3）地址输入：16 选 1 选择器的地址为 1111 ～ 0000，则 74LS151（1）的地址为 0111 ～ 0000（即 $A_3 = 0$），74LS151（2）的地址为 1111 ～ 1000（即 $A_3 = 1$），所以，A_3 与使能端 S 连接。

解　利用选择控制端实现功能扩展为 16 选 1 选择器，其电路如图 5.30 所示。

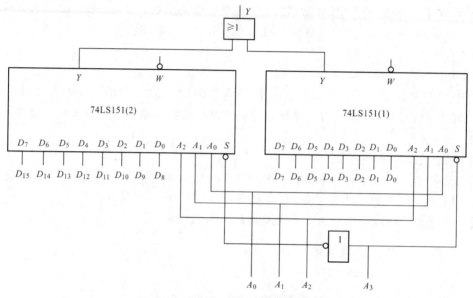

图 5.30　16 选 1 数据选择器电路图

结论： 在选择器扩展应用中，可用地址信号控制使能端，从而扩展选择器的正常工作状态。

【**例 5.12**】　试用两片 8 选 1 选择器 74LS151 设计下列逻辑函数 Y 的电路图。

$$Y = ABCD + \overline{A} \cdot \overline{B}CD + ABC\overline{D} + \overline{A}BCD + \overline{A}B\overline{C}D + \overline{A} \cdot BC\overline{D} + \overline{A} \cdot \overline{B} \cdot \overline{C}D + A\overline{B}CD + A\overline{B} \cdot \overline{C}D$$

分析：

（1）先将以 A、B、C、D 为变量的逻辑函数 Y 的表达式转换成以输入数据 $D_0 \sim D_{15}$ 为变量的函数 Y 的表达式。

（2）因为，函数 Y 含有 4 个输入变量，则用两片 8 选 1 选择器 74LS151 扩展为 16 选 1 选择器电路。

（3）地址信号输入 $A_2 = B$、$A_1 = C$、$A_0 = D$、A 与使能端连接；

$D_1 = D_2 = D_3 = D_5 = D_7 = D_9 = D_{11} = D_{14} = D_{15} = 1$，其余接 0。

解　（1）$D_0 \sim D_{15}$ 为变量的函数 Y 表达式。

$$Y = ABCD + \overline{A} \cdot \overline{B}CD + ABC\overline{D} + \overline{A}BCD + \overline{A}B\overline{C}D + \overline{A} \cdot BC\overline{D} + \overline{A} \cdot \overline{B} \cdot \overline{C}D + A\overline{B}CD + A\overline{B} \cdot \overline{C}D$$

$$= D_{15} + D_3 + D_{14} + D_7 + D_5 + D_2 + D_1 + D_{11} + D_9$$

（2）函数 Y 的设计逻辑图如图 5.31 所示。

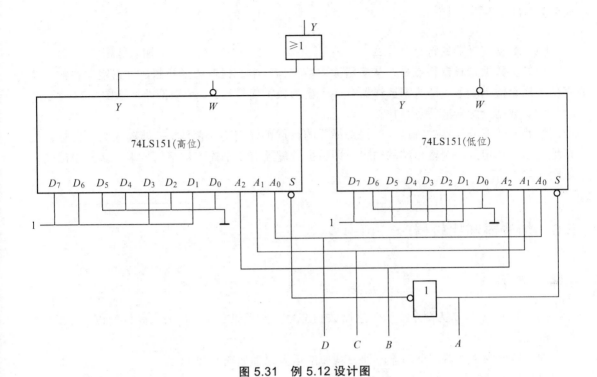

图 5.31　例 5.12 设计图

结论：利用数据选择器的扩展功能，可实现多变量的函数功能。

5.5.2　数据分配器

数据分配器的功能与数据选择器的功能正好相反，如图 5.32 所示。其工作原理为：将 1 个输入数据 D，其输入信号根据地址信号 $A_0 \sim A_{n-1}$，确定传送到 m 个输出端中的某一个输出端。n 个地址信号端与 m 个输出端的个数关系为 $m = 2^n$。

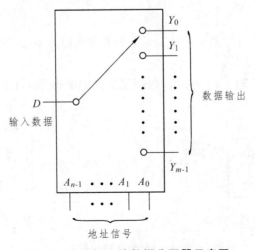

图 5.32　1 路-m 路数据分配器示意图

5.5.3　常见问题讨论

（1）数据选择器的特点是什么？

解答：数据选择器特点是：从多路输入数字信号中，根据选择控制信号选定一路输入数字信号送至输出端 Y。即数据选择器有多个输入数字信号端，1 个输出端，如图 5.28 所示。

（2）数据分配器的特点是什么？

解答：数据分配器的特点与数据选择器的特点正好相反，它是将一路输入数字信号，根据地址信号选定某一个输出端的输出。即数据分配器有 1 个输入数字信号端，多个输出端，如图 5.32 所示。

5.6　加法器和比较器

5.6.1　加法器

图 5.33 中 A_i、B_i 为两个 1 位二进制数，S_i 为本位相加之和，C_i 为向高位的进位，C_{i-1} 为低位的进位。

加法器分为半加器和全加器两种，其加法运算原理如图 5.32 所示。

二进制加法运算原则：$0+0=0$，$0+1=1$，$1+1=10$。

$$\begin{array}{r} A_i \\ +\ B_i \\ \hline C_i\ S_i \end{array} \qquad \begin{array}{r} A_i \\ B_i \\ +\ C_{i-1} \\ \hline C_i\ S_i \end{array} \text{……来自低位进位}$$

（a）半加运算式　　　　（b）全加运算式

图 5.33　加法运算式图

1. 半加器

不考虑来自低位的进位将两个 1 位二进制数相加，称为**半加**，实现半加运算（见图 5.33）功能的电路称为**半加器**。

半加器示意图如图 5.34（a）所示。根据二进制加法运算法则，半加器功能如表 5.13 所示。

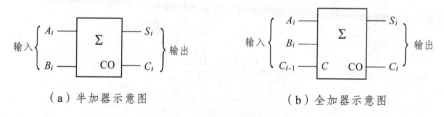

（a）半加器示意图　　　　　　（b）全加器示意图

图 5.34　加法器示意图

表 5.13　半加器真值表

输入		输出	
A_i	B_i	S_i	C_i
0	0	0	0
0	1	1	0
1	0	1	0
1	1	0	1

2. 全加器

设两个二进制数为 $A=1011$、$B=1001$，则 A 与 B 相加为 10100，其加法运算过程如图 5.35 所示。

可见，在加法运算中，除了本位相加和向高位进位外，还要考虑低位来的进位。即两个 1 位二进制数 A_i、B_i 以及来自低位的进位数 C_{i-1} 三者相加 [见图 5.33 (b)]，称为**全加**，实现全加功能的电路称为**全加器**。

```
  1011    …… A
  1001    …… B
+ 1011    …… 来自低位进位
 10100    …… A+B的运算结果
```

图 10.35　*A+B* 运算式示意图

全加器示意图如图 5.34 (b) 所示。其功能如表 5.14 所示。

表 5.14　全加器真值表

输入			输出	
A_i	B_i	C_{i-1}	S_i	C_i
0	0	0	0	0
0	0	1	1	0
0	1	0	1	0
0	1	1	0	1
1	0	0	1	0
1	0	1	0	1
1	1	0	0	1
1	1	1	1	1

【**例 5.13**】 试用 4 个全加器构成能实现 $A=A_3A_2A_1A_0$、$B=B_3B_2B_1B_0$ 相加的串行进位加法器电路。

分析："串行进位加法器电路"是指连接电路时，第一个全加器的进位输入 C_{0-1} 接地，其他全加器依次将低位全加器的进位输出接到高位全加器的进位输入，从而构成串行进位（或逐位进位）加法器电路。

解 $A+B$ 串行进位加法器电路如图 5.36 所示。其中，输出数码 $C_3S_3S_2S_1S_0$ 表示二进制数 $A_3A_2A_1A_0$ 与 $B_3B_2B_1B_0$ 之和，即 $A+B=A_3A_2A_1A_0+B_3B_2B_1B_0=C_3S_3S_2S_1S_0$。

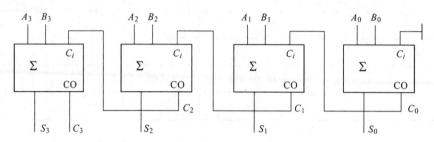

图 5.36　4 位串行进位加法器电路图

结论： 若干全加器级联构成多位全加器。这种串行进位连续方式的最大缺点是运算速度慢。

5.6.2　数值比较器

人们常常通过对事物之间的"比较"得出结论（或结果、事物的识别），同样，计算机则要对两个二进制数或二进制代码进行比较后才得出孰大孰小的答案。在数字电路中，用来实现二进制数比较操作的逻辑电路，称为**数值比较器**。

数值比较器原理： 两个二进制数的比较与数学中的数值比较概念是相同的，即两个数值比较是自高位到低位进行逐位比较，只有在高位相等时，才对低位进行比较，其比较结果为"大于""小于"和"等于"三种。

下面以 4 位数值比较为例进行数值比较器基本概念的讨论。

设二进制数 $A=A_3A_2A_1A_0$、$B=B_3B_2B_1B_0$，其中，A_3、B_3 为两个数值的最高位，A_0、B_0 为最低位。比较时应首先比较最高位（比较 A_3 和 B_3），其比较过程为：

（1）如果 $A_3\neq B_3$，产生两种数值比较的结果：若 $A_3>B_3$，比较结果为 $A>B$；反之，若 $A_3<B_3$，比较结果为 $A<B$。

（2）如果 $A_3=B_3$，则继续比较 A_2 与 B_2。如果 $A_2\neq B_2$，产生两种数值比较的结果：若 $A_2>B_2$，比较结果为 $A>B$；若 $A_2<B_2$，比较结果为 $A<B$。

（3）依此类推。如果 $A_3=B_3$、$A_2=B_2$、$A_1=B_1$、$A_0=B_0$，比较结果为 $A=B$。

可见，两个二进制数 A 和 B 相比较结果有三种，即 $A>B$、$A<B$ 和 $A=B$。因此，比较器的输入为 A_3、A_2、A_1、A_0 和 B_3、B_2、B_1、B_0；输出为 $F_{A>B}$、$F_{A<B}$ 和 $F_{A=B}$。

4 位数值比较器如图 5.37 所示，其功能如表 5.15 所示。

表 5.15 中的"比较输入"与"输出"的对应关系是根据数值的比较规律列出的；"级联输入"使用于比较器功能扩展时，例如：4 位比较器扩展为 8 位数值比较器时，将低位 4 位比较器的输出 $F_{A>B}$、$F_{A<B}$ 和 $F_{A=B}$ 与高位 4 位比较器的"级联输入"端 $A>B$、$A<B$、$A=B$ 对应连接，通过"级联输入"实现功能的扩展。

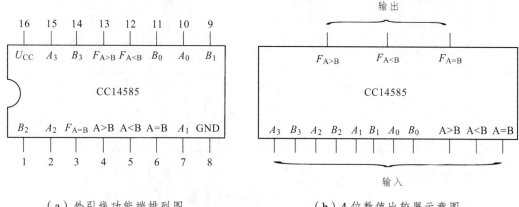

（a）外引线功能端排列图　　　　　　　（b）4 位数值比较器示意图

图 5.37　4 位数值比较器

表 5.15　4 位数值比较器的真值表

比较输入				级联输入			输　出		
A_3　B_3	A_2　B_2	A_1　B_1	A_0　B_0	$A > B$	$A < B$	$A = B$	$F_{A>B}$	$F_{A<B}$	$F_{A=B}$
$A_3 > B_3$	×	×	×	×	×	×	1	0	0
$A_3 < B_3$	×	×	×	×	×	×	0	1	0
$A_3 = B_3$	$A_2 > B_2$	×	×	×	×	×	1	0	0
	$A_2 < B_2$	×	×	×	×	×	0	1	0
	$A_2 = B_2$	$A_1 > B_1$	×	×	×	×	1	0	0
		$A_1 < B_1$	×	×	×	×	0	1	0
		$A_1 = B_1$	$A_0 > B_0$	×	×	×	1	0	0
			$A_0 < B_0$	×	×	×	0	1	0
			$A_0 = B_0$	1	0	0	1	0	0
				0	1	0	0	1	0
				0	0	1	0	0	1

【例 5.14】　试用两片 CC14585 组成一个 8 位数值比较器。

分析：

（1）输入、输出信号：高位 CC14585（1）的比较输入为 A_7、A_6、A_5、A_4、B_7、B_6、B_5、B_4；低位 CC14585（2）的比较输入为 A_3、A_2、A_1、A_0、B_3、B_2、B_1、B_0；CC14585（1）的输出 $F_{A>B}$、$F_{A<B}$ 和 $F_{A=B}$ 为 8 位数值比较器的输出。

（2）扩展连接：当高位输入比较相等时，8 位数值比较器的输出取决于低位的比较结果。即低位的输出 $F_{A>B}$ 接高位的级联输入 $A > B$ 端，低位 $F_{A<B}$ 接高位的 $A < B$ 端，低位 $F_{A=B}$ 接高位 $A = B$ 端。

解　8 位数值比较器输入为 $A = A_7 A_6 A_5 A_4 A_3 A_2 A_1 A_0$、$B = B_7 B_6 B_5 B_4 B_3 B_2 B_1 B_0$；输出为 $F_{A>B}$、$F_{A<B}$ 和 $F_{A=B}$，其 8 位数值比较器如图 5.38 所示。

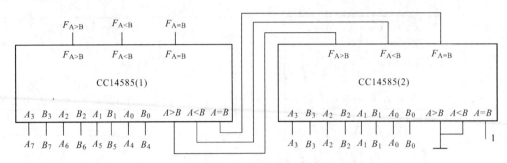

图 5.38　8 位数值比较器

结论：根据数学中多位数比较的规则，在数值大小比较时，遵循由高位向低位逐位比较大小的原则，高位的大小决定其多位数比较的结果。因此，在两个数值比较器拓展应用比较数值时，当高位的比较器相等时，其比较器结果取决于低位的比较器；低位比较器的结果通过"级联"端输入到高位比较器，整个拓展后的比较器是从高位比较器输出。

注意：不同产品的数值比较器，其电路结构略有不同，扩展输入端的用法也不完全一样，使用时应注意加以区别。

5.6.3　常见问题讨论

（1）半加器与全加器的区别是什么？

解答：半加器的输入端有两个，即两个要相加的 1 位二进制数；而全加器的输入端有三个，即除了有两个要相加的 1 位二进制数（与半加器相同）外，还有一个来自低位的进位输入，是三个数值的相加。

（2）数据比较器输入与输出关系。

解答：数据比较器的输出是根据输入数值大小比较而得出的结果，所以，输入的数据可以任意变化，但数据比较的结果只有三种："大于""小于"和"等于"。

本章小结

1. 组合电路特点

任意时刻电路的输出状态只取决于该时刻的输入状态，而与该时刻前的电路状态无关。

2. 组合电路结构

电路只包含逻辑门电路，没有存储（记忆）单元，其输入信号单向传递到输出端。

3. 组合电路分析方法

组合电路的一般分析步骤为：

（1）根据组合逻辑电路的结构，从输入端至输出端，逐级写出逻辑函数表达式，并应用布尔代数将逻辑函数表达式转换为与或式。

（2）由与或式表达式写出真值表。

（3）分析真值表得出组合逻辑电路的功能。

4. 组合电路设计方法

组合电路的设计过程与分析过程相反。一般设计步骤为：

（1）根据设计的逻辑功能要求，设置输入、输出逻辑变量，再根据因果关系列出真值表。

（2）根据真值表写出逻辑函数表达式。

（3）根据所选择的逻辑器件，化简或转换逻辑表达式，画出所设计的逻辑电路图。

5. 几种最常用的典型电路器件

编码器、译码器、数据选择器、数据分配器、加法器、数值比较器等。

选择题

1. 组合电路的输出取决于（　　）。
   A. 输入信号的现态和输出信号变化前的状态
   B. 输入信号的现态
   C. 输出信号的现态

2. 已知二-十进制编码器的编码表如表 5.16 所示，其中逻辑式 $Y_1 =$（　　）。
   A. $\overline{\overline{I_8}\,\overline{I_9}}$ 　　B. $\overline{\overline{I_4}\,\overline{I_5}\,\overline{I_6}\,\overline{I_7}}$ 　　C. $\overline{\overline{I_2}\,\overline{I_3}\,\overline{I_6}\,\overline{I_7}}$ 　　D. $\overline{\overline{I_1}\,\overline{I_3}\,\overline{I_5}\,\overline{I_7}\,\overline{I_9}}$

表 5.16　二-十进制编码表

输入		输出			
十进制数	变量	Y_3	Y_2	Y_1	Y_0
0	I_0	0	0	0	0
1	I_1	0	0	0	1
2	I_2	0	0	1	0
3	I_3	0	0	1	1
4	I_4	0	1	0	0
5	I_5	0	1	0	1
6	I_6	0	1	1	0
7	I_7	0	1	1	1
8	I_8	1	0	0	0
9	I_9	1	0	0	1

3. 译码电路的输出量是（　　）。

　　A. 二进制代码　　　B. 十进制数　　C. 某个特定的控制信息

4. 一个两位二进制代码的译码器真值表为（　　）。

输入		输出			
A_1	A_0	Y_0	Y_1	Y_2	Y_3
0	0	1	0	0	0
0	1	0	1	0	0
1	0	0	0	1	0
1	1	0	0	0	1

A.

输入	输出	
Y	A_1	A_0
Y_0	0	0
Y_1	0	1
Y_2	1	0
Y_3	1	1

B.

输入			输出							
A_2	A_1	A_0	Y_0	Y_1	Y_2	Y_3	Y_0	Y_1	Y_2	Y_3
0	0	0	1	0	0	0	0	0	0	0
0	0	1	0	1	0	0	0	0	0	0
0	1	0	0	0	1	0	0	0	0	0
0	1	1	0	0	0	1	0	0	0	0
1	0	0	0	0	0	0	1	0	0	0
1	0	1	0	0	0	0	0	1	0	0
1	1	0	0	0	0	0	0	0	1	0
1	1	1	0	0	0	0	0	0	0	1

C.

5. 译码器电路如图 5.39 所示，则（　　）端输出为 0。

　　A. $\overline{Y}_3$　　　　　　B. $\overline{Y}_6$　　　　　　C. $\overline{Y}_4$

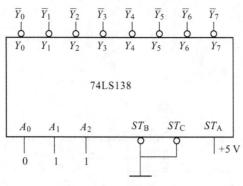

图 5.39 选择题 5 图

6. 全加器逻辑符号如图 5.40 所示，当输入 $A_i = B_i = C_{i-1} = 1$ 时，全加器的输出 C_i 和 S_i 分别为（ ）。

A. 01　　　　　　　　B. 10　　　　　　　　C. 11　　　　　　　　D. 00

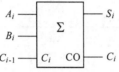

图 5.40 选择题 6 图

7. 逻辑电路如图 5.41 所示，当输入为 $A_3 A_2 A_1 A_0 = 0011$ 时，译码器的输出 abcdefg 为（ ）。

A. 1111001　　　　　B. 0000110　　　　　C. 0000011　　　　　D. 0011000

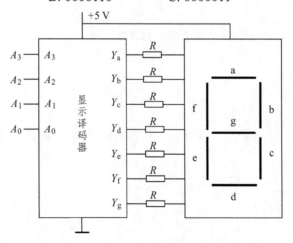

图 5.41 选择题 7 图

8. 逻辑电路如图 5.42 所示，选择器的输出表达式 $Y=$（ ）。

A. $\overline{A}B\overline{C} + A\overline{B} \cdot \overline{C} + A\overline{B}C + ABC$

B. $\overline{\overline{\overline{A}B\overline{C}} \cdot \overline{A\overline{B}\overline{C}} \cdot \overline{A\overline{B}C} \cdot \overline{\overline{A} \cdot \overline{B} \cdot \overline{C}}}$

C. $\overline{\overline{\overline{A} \cdot \overline{B} \cdot \overline{C}} \cdot \overline{\overline{A} \cdot BC} \cdot \overline{A\overline{B}C} \cdot \overline{AB\overline{C}}}$

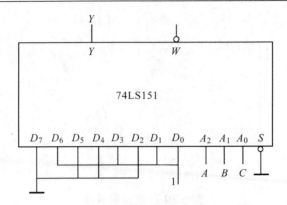

图 5.42　选择题 8 图

10. 逻辑电路如图 5.43 所示，比较器的输出为（　　　）。

A. $F_{A>B}$　　　　　B. $F_{A<B}$　　　　　C. $F_{A=B}$　　　　　D. $F_{A>B}$ 或 $F_{A<B}$

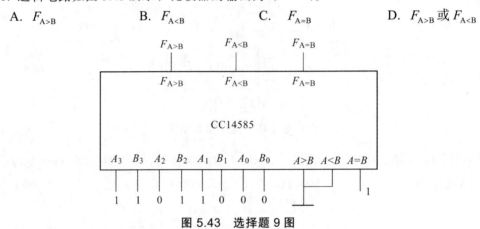

图 5.43　选择题 9 图

习　题

1. 组合电路及输入波形如图 5.44 所示，试写出输出 Y 的逻辑表达式和真值表，并画出输出 Y 的波形图。

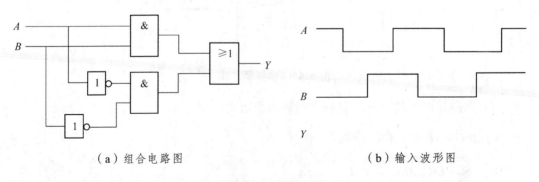

（a）组合电路图　　　　　　　　　　　（b）输入波形图

图 5.44　习题 1 图

2. 试分析如图 5.45 所示组合电路的功能。

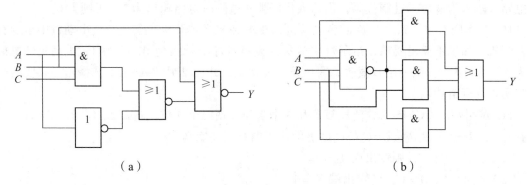

（a） （b）

图 5.45 习题 2 图

3. 试用与非门设计实现逻辑函数 $Y = \overline{A}BCD + \overline{A}BC\overline{D} + \overline{A}B\overline{C}\overline{D} + A\overline{B}CD + ABCD$ 的电路，并列出逻辑函数表达式 Y 的真值表。

4. 设计一个能实现功能如波形图 5.46 所示的组合电路。试写出设计过程的真值表和逻辑表达式，并用与非门实现其逻辑功能。

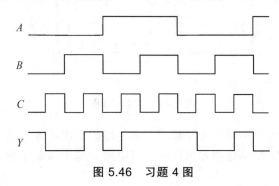

图 5.46 习题 4 图

5. 设有三台电机 A、B、C，要求 A 开机则 B 也必须开机，B 开机则 C 也必须开机。如不满足要求，则发出报警信号。试写出报警信号的真值表与逻辑表达式，并用 74LS138 译码器和必要的逻辑门实现其逻辑功能。

6. 在举重比赛中，有一个主裁判和两个副裁判员，当裁判认为杠铃已完全举起时，就按下自己面前的键钮。只有当三个裁判或者两个裁判（其中之一必须是主裁判）按下自己面前的键钮，表示杠铃完全举起时红灯才亮。试设计出能完成上述功能的组合电路（用 74LS138 译码器和必要的逻辑门实现）。

7. 试用 74LS138 译码器和必要的门电路实现一个判别电路。要求输入为 3 位二进制代码，当输入代码被 2 整除时电路输出为 1，否则为 0。

8. 在激光射极游戏中，允许游戏者在规定时间内打三枪：其中一枪必须打中飞机（用 A 表示），一枪必须打中坦克（用 B 表示），一枪必须打中轮船（用 C 表示）。获奖规则：三枪均打中，获一等奖（用 X 表示）；两枪打中，且其中一枪必须打中飞机，获二等奖（用 Y 表示）；只中一枪但必须是打中飞机，或者同时打中坦克和轮船（中两枪），获三等奖（用 Z 表示）。试用 74LS138 译码器和必要的门电路实现其逻辑功能。

9. 试用两片 74LS138 译码器扩展成 4 线-16 线译码器，并加入必要的门电路实现一个判别电路，输入为 4 位二进制代码，当输入代码被 4 整除时电路输出为 1，否则为 0。

10. 某车间有 A、B、C、D 四台电动机，要求 A 机必须开机，其他三台电动机中至少有两台开机。如果不满足要求，指示灯 Y 熄灭。设指示灯 Y 熄灭为 0，亮为 1；电动机开机信号为 1，否则为 0。试列出真值表，写出逻辑表达式，并用 2 片 74LS151 选择器和必要的逻辑门实现其逻辑功能。

11. 试用两片 CC14585 数值比较器和 3 个与门实现三个 4 位二进制数 A、B、C（即 $A = A_3A_2A_1A_0$；$B = B_3B_2B_1B_0$；$C=C_3C_2C_1C_0$）的比较电路，并能判别：

（1）若 $A = B = C$，则输出端 $Y_0 = 1$。

（2）若 $A > B$，$A > C$，则输出端 $Y_1 = 1$。

（3）若 $A < B$，$A < C$，则输出端 $Y_2 = 1$。

12. 试用两片半加器和 4 个与门实现 2 位二进制数相乘（$A_1A_0 \times B_1B_0$）的乘法逻辑电路。

13. 全加器的逻辑电路如图 5.47 所示，试写出电路的运算结果 $C_2S_1C_1S_0$。

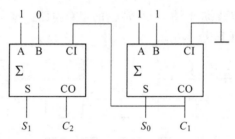

图 5.47 习题 13 图

14. 试写出如图 5.48 所示译码器组成的逻辑电路的输出函数 Y 的表达式。

15. 试写出如图 5.49 所示选择器组成的逻辑电路的输出函数 Y 的表达式。

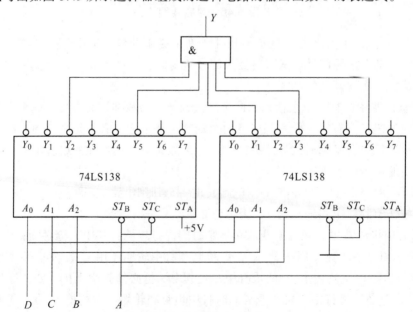

图 5.48 习题 14 图

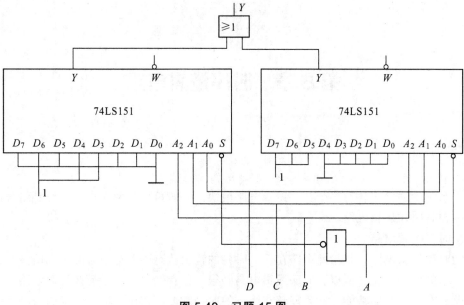

图 5.49　习题 15 图

第 6 章　时序逻辑电路

6.1　学习指导

数字系统中通常包含有多个数字逻辑电路模块，一般可分为两大类：一类是组合逻辑电路；另一类是时序逻辑电路。

（1）时序逻辑电路。

所谓时序逻辑电路，是指此电路在任一时刻的输出状态不但与当时的输入信号有关，还与电路原来的状态有关。所以，时序逻辑电路必须具备**存储电路**或者**反馈延时**电路，即时序逻辑电路具有记忆存储功能，并且能够在统一的时钟脉冲的作用下，按一定的顺序工作。

（2）记忆存储功能的器件。

记忆存储功能的器件是构成时序逻辑电路的基本单元电路。

本章主要介绍触发器和集成计数器。其中，触发器是具有基本的记忆存储功能的器件，而集成计数器是由触发器所组成的具有记忆存储计数功能的集成器件。

（3）分析和设计。

描述时序逻辑电路的方法主要有：逻辑电路图、逻辑功能表、特性方程、状态转换图和时序图（波形图）等。通过采用这些方法，可以分析和设计时序逻辑电路。

6.1.1　内容提要

（1）触发器。

基本 RS 触发器、JK 触发器、D 触发器。其中，JK 触发器、D 触发器为边沿触发器。

（2）集成计数器。

十六进制计数器 74LS161、十进制计数器 74LS291。

（3）分析和设计由触发器等逻辑器件构成的时序逻辑电路。

（4）分析和设计由集成计数器构成的时序逻辑电路功能。

（5）寄存器。

6.1.2　重点与难点

1. 重　点

（1）掌握 JK 触发器、D 触发器和集成计数器等器件的逻辑图、逻辑功能表、特性方程、状态转换图和时序图（波形图）等。

（2）掌握时序逻辑电路的分析与设计方法。

2. 难　点

（1）触发器和集成计数器等器件的功能掌握。

（2）时序逻辑电路分析和设计方法的掌握。

6.2　触发器和集成计数器

触发器：触发器是由若干个逻辑门构成的时序电路模块。它是存储 1 位二值信号（即 0、1）的基本单元电路，也是组成时序逻辑电路的基本部件。其基本特点有：一是具有两个能自行保持（即存储）的稳定状态，即 0 和 1 逻辑状态；二是它可以根据输入信号被置成 1 或 0 状态。

根据结构的不同，触发器有主从型、边沿型、维持阻塞型等。结构虽然有所不同，但其触发器的功能和特性方程是完全相同的。所以，本教材主要讨论基本触发器、边沿型触发器功能、特性方程和时序波形图。下面讨论中，**边沿型触发器**简称触发器。

集成计数器：集成计数器是由若干个触发器构成的一种时序电路，它按预定的顺序改变电路内各触发器的状态，以表征输入的脉冲个数。

6.2.1　触发器

1. 基本触发器

1）基本概念

基本触发器又你为基本 RS 触发器。其电路的最简单结构形式如图 6.1（a）所示，它由两个与非门构成。基本触发器是许多复杂结构触发器（如 JK 触发器、D 触发器）或其他数字芯片（如 555 定时器）的一个组成部分。

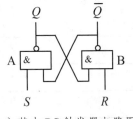

（a）基本 RS 触发器电路图　　　　　（b）逻辑符号示意图

图 6.1　基本 RS 触发器

（1）输入端 R、S。

R、S 端的小圆圈表示低电平有效，即 R、S 端为低电平时表示有信号，高电平时表示无信号。

（2）输出端 Q、$\bar{Q}$。

表示触发器的状态。触发器的两个输出端 Q 和 $\bar{Q}$ 的电平总是相反的。

（3）逻辑符号。

逻辑符号如图 6.1（b）所示。输入端 S、R 处用小圆圈表示低电平有效；输出端 Q 处无小圆圈，$\overline{Q}$ 处有小圆圈，表示在正常工作状态下，两者的状态是互补的。

2）逻辑功能

由图 6.1（a）所示电路进行分析。

（1）$R = S = 1$（无信号）时，触发器有两个稳定状态（即双稳态）。

当 $R = S = 1$ 时，与非门 A 的输出 $Q = \overline{S \cdot \overline{Q}} = \overline{1 \cdot \overline{Q}} = Q$（维持触发器输出状态 Q 不变），与非门 B 的输出 $\overline{Q} = \overline{R \cdot Q} = \overline{Q}$（维持输出端 $\overline{Q}$ 不变）。所以，$Q = 0$ 时触发器的稳定状态为 0，$Q = 1$ 时触发器的稳定状态为 1，即 $R = S = 1$ 时，触发器有两个稳定状态。

（2）当 $R = 1$（无信号）、$S = 0$（有信号）时，触发器状态置 1。

当 $S = 0$ 时，与非门 A 的输出 $Q = 1$，则与非门 B 的输出 $\overline{Q} = \overline{R \cdot Q} = \overline{1 \cdot 1} = 0$，即 $\overline{S} = 0$ 时，触发器状态 Q 置 1。

（3）当 $R = 0$（有信号）、$S = 1$（无信号）时，触发器状态置 0。

当 $R = 0$ 时，与非门 B 的输出 $\overline{Q} = 1$，则与非门 A 的输出 $Q = \overline{S \cdot \overline{Q}} = \overline{1 \cdot 1} = 0$，即 $R = 0$ 时，触发器状态 Q 置 0。

（4）不允许 R、S 同时有信号，即不允许 $R = S = 0$。

当 $R = S = 0$ 时，输出端 Q、$\overline{Q}$ 同时为 1；然后输入端转换为 $R = S = 1$，由于门电路翻转速度的不确定性，触发器的状态可能是 $Q = 1$、$\overline{Q} = 0$，也可能是 $Q = 0$、$\overline{Q} = 1$，即触发器的状态不确定，因此，在使用中应该尽量避免这种情况出现。

根据以上分析，基本 RS 触发器的逻辑功能如表 6.1 所示。并设 Q^n 为现态（触发器接收输入信号之前所处的状态），Q^{n+1} 为次态（触发器接收输入信号之后所处的状态）。

表 6.1　基本 RS 触发器逻辑功能表

输　入		输　出	说明
S	R	Q^{n+1}	
0	0	不确定	不允许
0	1	1	置 1（置位）
1	0	0	置 0（复位）
1	1	Q^n	保持原状态

3）特性方程

根据基本 RS 触发器的逻辑功能表 6.1，卡诺图 6.2（a）化简得特性方程为

$$\begin{cases} Q^{n+1} = \overline{R} + SQ^n \\ \overline{R} \cdot \overline{S} = 0 \qquad \text{约束条件} \end{cases}$$

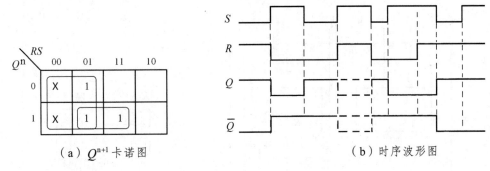

（a）Q^{n+1} 卡诺图　　　　（b）时序波形图

图 6.2　基本 RS 触发器

4）时序波形图

如图 6.2（b）所示的波形图说明了表 6.1 中的四种情况，其时序波形图的说明按时间顺序展开如表 6.2 所示，图中不确定的状态用虚线表示。

可见，所谓"不定"是指当输入 $RS = 00$ 变换为 $RS = 11$ 时，输出状态 Q 会出现不确定状态。

表 6.2　时序波形图的变化说明表

输　入		输　出		说　明
S	R	Q	$\overline{Q}$	
0	1	1	0	置 1（置位）
1	0	0	1	置 0（复位）
0	0	1	1	不允许
1	1	不定	不定	不允许
0	0	1	1	不允许
1	0	0	1	置 0（复位）
1	1	0	1	保持原状态
0	1	1	0	置 1（置位）
1	1	1	0	保持原状态

2. JK 触发器

JK 触发器及逻辑部件 74LS76 如图 6.3 所示。

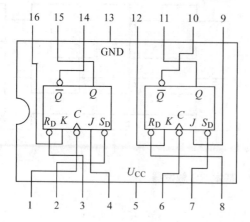

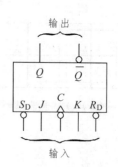

（a）边沿型双 JK 触发器 74LS76 外引线排列图 （b）逻辑符号示意图

图 6.3　JK 触发器

1）基本概念

（1）时钟信号输入端 C。

① C 端为时钟脉冲输入端，其输入信号称为**时钟脉冲信号**，简称为时钟信号，常用 CP 表示时钟信号（$C = CP$），其 CP 的时序波形如图 6.4（a）所示。

② 图 6.4（a）的横轴为时间轴（一般时序图中不画出来），纵轴是电压轴（包括高电平和低电平，图中用 1、0 表示），高电平脉冲称为**正脉冲**，低电平脉冲称为**负脉冲**。

③ 随着时间横轴的展开，CP 波形中有两个重要的时间点，即"上升沿"和"下降沿"，这是触发器产生新的输出 Q 的"分界沿"，又称**触发沿**。

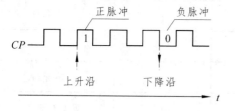

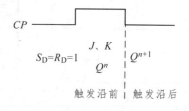

（a）脉冲信号 CP 的基本概念图　　　　（b）图 6.3 中 CP 信号的功能示意图

图 6.4　输入与输出信号逻辑关系示意图

（2）触发器状态输出端 Q、$\overline{Q}$。

① Q 称为原码输出端，$\overline{Q}$ 称为反码输出端，规定 Q 的状态为**触发器输出状态**。

② 用 Q^n 表示 CP 信号作用前（即触发沿前）触发器的状态，称为**原状态**，或称为**现态**。

③ 用 Q^{n+1} 表示触发器在 CP 信号触发沿后所产生的稳定状态，称为**新状态**，或称为**次态**，如图 6.4（b）所示。

注意：Q^n 与 Q^{n+1} 分别描述的是触发沿前、后的两个状态。

④ 图 6.3（b）中表示的 CP 为"下降沿"触发，所以在 $S_D = R_D = 1$ 的条件下，下降沿前的输入信号 J、K 和触发器的原态 Q^n 决定下降沿后新的状态 Q^{n+1}，如图 6.4（b）所示。

（3）数据输入端 J、K。

数据信号由 J、K 端输入，称为**数据输入端**，即有四组输入数据：00、01、10、11。

（4）置位、复位输入端 S_D、R_D。

① S_D 称为直接**置位端**，即将 Q 状态"置位"为"1"，置位 $Q=1$ 状态是不受 CP 控制和 J、K 影响的。

② R_D 称为直接**复位端**，即将 Q 状态"复位"为"0"，复位 $Q=0$ 状态是不受 CP 控制和 J、K 影响的。

当触发器符号图的 S_D、R_D 端有"小圆圈"时，表示低电平有效，即低电平置位或复位，否则是高电平有效。如图 6.3（b）所示的 S_D、R_D 是低电平有效，其功能如表 6.3 所示。

2）逻辑功能

（1）JK 触发器逻辑功能表。

以图 6.3（b）所示 JK 触发器逻辑符号为例，其功能如表 6.3 所示。

表 6.3　下降沿触发 JK 触发器功能表

脉冲	输　入				输　出	说　明
CP	S_D	R_D	J	K	Q^{n+1}	
×	0	1	×	×	1	置 1（置位）
×	1	0	×	×	0	置 0（复位）
↓	1	1	0	0	Q^n	保持原状态：$Q^{n+1}=Q^n$
↓	1	1	0	1	0	复位 0：$Q^{n+1}=J=0$
↓	1	1	1	0	1	置位 1：$Q^{n+1}=J=1$
↓	1	1	1	1	$\overline{Q^n}$	计数：$Q^{n+1}=\overline{Q^n}$

注释：

① 表 6.3 中"×"表示无关项，"×"对应的输入端信号不影响输出信号。

②"↓"表示 CP 为"下降沿"触发，即下降沿后产生触发器状态 Q^{n+1}。

③ 输出为"Q^n"或"$\overline{Q^n}$"表示输出状态 $Q^{n+1}=Q^n$ 或 $Q^{n+1}=\overline{Q^n}$。

（2）JK 触发器的逻辑功能。

①置位、复位功能。

置位 1：当 $S_D=0$，$R_D=1$ 时，$Q=1$，即置位输出状态为 1。

复位 0：当 $S_D=1$，$R_D=0$ 时，$Q=0$，即复位输出状态为 0。

②当 $S_D=R_D=1$ 时，在 CP 下降沿触发作用下，输出状态 Q^{n+1} 有：

当 $J=K$ 时，$\begin{cases} J=K=0 \Rightarrow \text{保持原状态，称为"记忆"状态，即 } Q^{n+1}=Q^n \\ J=K=1 \Rightarrow \text{原状态的非，称为"计数"状态，即 } Q^{n+1}=\overline{Q^n} \end{cases}$。

当 $J \neq K$ 时，$\begin{cases} J=1 \text{，} K=0 \Rightarrow Q^{n+1}=1 \Rightarrow \text{称为 “置 1 ” 状态} \\ J=0 \text{，} K=1 \Rightarrow Q^{n+1}=0 \Rightarrow \text{称为 “置 0 ” 状态} \end{cases} Q^{n+1}=J$ 。

3）特性方程

根据功能表 6.3，卡诺图 6.5 化简得 JK 触发器的特性方程为

$$Q^{n+1} = J\overline{Q^n} + \overline{K}Q^n \tag{6.1}$$

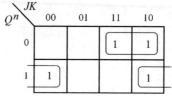

图 6.5　JK 触发器 Q^{n+1} 卡诺图

4）状态图

"状态图"可形象直观地将触发器状态转换关系及转换条件用几何图形的方式表现出来。如图 6.6（a）所示，"箭头"表示触发器状态由原态 Q^n 转换为新的状态 Q^{n+1}，即"箭头"说明了状态转换的"方向"；"输入/输出"表示转换时的输入条件；图 6.6（b）中的"圆圈"表示触发器的输出状态，即状态 0 和状态 1。

当图 6.3（b）所示 JK 触发器的 $S_D = R_D = 1$ 时，根据功能表 6.3 得 JK 触发器的状态图，如图 6.6（b）所示。

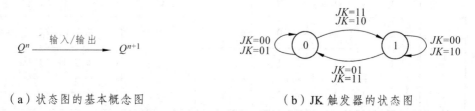

（a）状态图的基本概念图　　　　　（b）JK 触发器的状态图

图 6.6　输入与输出信号逻辑关系示意图

5）时序波形图

【例 6.1】 已知图 6.3（b）所示边沿型 JK 触发器的 J、K 和 CP 输入信号如图 6.7（a）所示，$S_D = R_D = 1$，JK 触发器的初始状态 Q 为 0。试画出输出 Q 的状态图和时序波形图。

分析：

（1）已知 $S_D = R_D = 1$；并由图 6.1（b）可知 JK 触发器的 CP 脉冲为下降沿触发。

（2）第 1、2 个 CP 下降沿前 $J \neq K$，则 $Q^{n+1} = J$；第 3 个 CP 下降沿前 $J = K = 1$，则 $Q^{n+1} = \overline{Q^n} = \overline{0} = 1$；第 4 个 CP 下降沿前 $J \neq K$，则 $Q^{n+1} = J = 1$；第 5 个 CP 下降沿前 $J = K = 0$，则 $Q^{n+1} = Q^n = 1$。

解　根据表 6.1 或特性方程式（6.1），画出 Q 的时序波形图 6.7（b）所示。

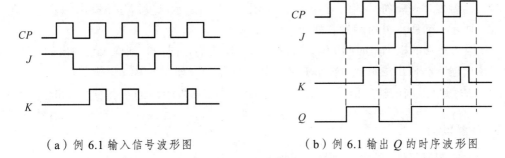

（a）例 6.1 输入信号波形图　　　　　　（b）例 6.1 输出 Q 的时序波形图

图 6.7　例 6.1 时序波形图

结论：

（1）当触发器逻辑符号图 S_D、R_D 端有"小圆圈"时，表示低电平有效，如图 6.8（a）（b）所示。画波形图时，首先重点关注信号 S_D、R_D，即图 6.8 表示只有在 $S_D = R_D = 1$ 条件下，J、K 和 CP 输入信号才起作用；同理，当 S_D、R_D 端没有"小圆圈"时，表示高电平有效，如图 6.8（c）（d）所示。

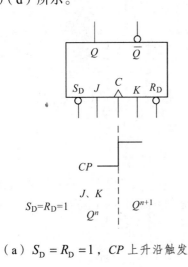

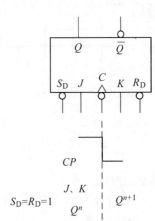

（a）$S_D = R_D = 1$，CP 上升沿触发　　　　　　（b）$S_D = R_D = 1$，CP 下降沿触发

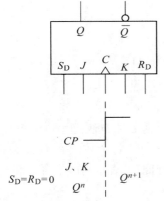

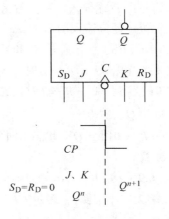

（c）$S_D = R_D = 0$，CP 上升沿触发　　　　　　（d）$S_D = R_D = 0$，CP 下降沿触发

图 6.8　S_D、R_D 和 CP 功能示意图

（2）当触发器逻辑符号图的 C 端有"小圆圈"时，表示触发器是下降沿触发，如图 6.8 （b）（d）所示；否则上升沿触发，如图 6.8（a）（d）所示。

（3）因为波形的横轴是时间 t 轴，所以波形图反映的是同一时刻输入与输出的逻辑关系，即波形图中输入与输出逻辑变量波形必须采用纵向排列，如图 6.7（b）所示。

（4）CP 触发沿前的输入信号 J、K 和原态 Q^n，决定触发沿后的新态 Q^{n+1}，如图 6.8 所示。

3. D 触发器

D 触发器逻辑部件 CC4031 如图 6.9 所示。

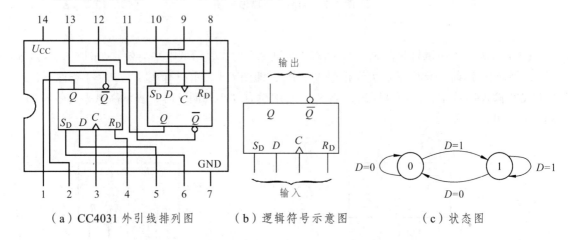

（a）CC4031 外引线排列图   （b）逻辑符号示意图   （c）状态图

图 6.9   边沿型 D 触发器

1）基本概念

（1）时钟信号输入端 C。

输入 C 端的信号为 CP **时钟信号**，如图 6.4（a）所示，即图 6.9（a）（b）所示 D 触发器为"上升沿"触发方式。

（2）数据信号输入端 D。

数据信号由 D 端输入，称为**数据输入端**。

（3）置位、复位输入端 S_D、R_D。

图 6.9（a）（b）所示置位 S_D 和复位 R_D 为高电平有效。

置位 1：当 $S_D = 1$、$R_D = 0$ 时，S_D 直接置位 Q 状态为"1"。

复位 0：当 $S_D = 0$、$R_D = 1$ 时，R_D 直接复位 Q 状态为"0"。

（4）输出 Q^{n+1} 状态。

当 $S_D = R_D = 0$ 时，Q^{n+1} 状态由时钟信号 CP 和输入数据信号 D 决定。

（5）注意。

① 图 6.9（a）（b）所示触发器的 S_D、R_D 端无"小圆圈"，表示高电平置位和复位。

② C 端无"小圆圈"，表示 CP 时钟信号上升沿触发。

2）逻辑功能

（1）D 触发器逻辑功能表

以图 6.9（b）所示 D 触发器逻辑符号为例，其功能如表 6.4 所示。

表 6.4 D 触发器功能表

脉冲	输 入			输 出	说 明
CP	S_D	R_D	D	Q^{n+1}	
×	1	0	×	1	置 1（置位）
×	0	1	×	0	置 0（复位）
↑	0	0	0	0	复位 0：$Q^{n+1} = D = 0$
↑	0	0	1	1	置位 1：$Q^{n+1} = D = 1$

注释："↑"表示上升沿触发，即上升沿后产生新状态 Q^{n+1}。

（2）D 触发器逻辑功能

由功能表 6.4 可知，当 $S_D = R_D = 0$ 时，在 CP 的触发作用下，D 触发器的功能如下：

（1）当 $D = 1$ 时，$Q^{n+1} = D = 1$；

（2）当 $D = 0$ 时，$Q^{n+1} = D = 0$。

3）特性方程

D 触发器的特性方程为

$$Q^{n+1} = D \tag{6.2}$$

4）状态图

由功能表 6.4 可知，当 $S_D = R_D = 0$ 时，D 触发器的状态图如图 6.9（c）所示。

5）时序波形图

【例 6.2】 已知图 6.9（b）所示边沿型 D 触发器的输入信号 D、CP 的波形如图 6.10（a）所示，$S_D = R_D = 0$，D 触发器的初始状态 Q 为 0。试画出输出状态 Q 的时序波形图。

分析：

（1）已知 $S_D = R_D = 0$，初始状态 Q 为 0，并由图 6.9（b）可知 CP 脉冲为上升沿触发。

（2）第 1、4 个 CP 上升沿前 $D = 1$，则 $Q^{n+1} = D = 1$；第 2、3、5 个 CP 上升沿前 $D = 0$，则 $Q^{n+1} = D = 0$。

解 根据表 6.4 或特性方程式（6.2），画出 Q 的时序波形图 6.10（b）所示。

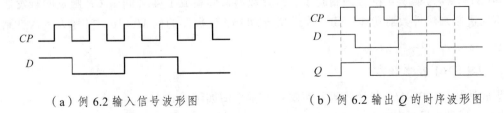

（a）例 6.2 输入信号波形图　　　　（b）例 6.2 输出 Q 的时序波形图

图 6.10　例 6.2 时序波形图

结论：

（1）图 6.11（a）中 $S_D = R_D = 0$（图 6.11（b）中 $S_D = R_D = 1$）时，状态 Q^{n+1} 由输入信号 D、CP 决定。

（2）D 触发器的 CP 也分为"上升沿"和"下降沿"两种触发方式，如图 6.11 所示。

（3）CP 触发沿前的输入信号 D，决定触发沿后的新态 Q^{n+1}，即 $Q^{n+1} = D$，如图 6.11 所示。

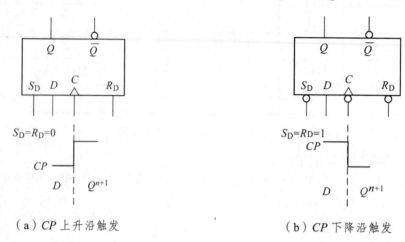

（a）CP 上升沿触发　　　　　　　　　（b）CP 下降沿触发

图 6.11　时钟脉冲 CP

6.2.2　集成计数器

计数器：指具有对 CP 脉冲的个数进行计数功能的时序电路。

计数器实质上是一个多稳态的时序逻辑电路，利用其相应的稳态实现对输入脉冲 CP 个数的记忆，其计数器所具有的稳态数，称为**计数器的模**，常用"M"表示，称之为 M **进制计数器**，如 $M=10$ 为十进制计数器、$M=16$ 为十六进制计数器。

集成计数器：由若干个触发器（如 JK 触发器、D 触发器等）和逻辑门构成的具有计数器功能的集成芯片，称为集成计数器。又因其计数为二进制代码，所以又称为**集成二进制计数器**。集成计数器是计算机和数字逻辑系统的基本器件之一。

本教材主要以 74LS161、74LS291 等集成计数器为例，讨论其功能及应用，重点是提高继续学习其他集成芯片的能力。

1. 集成计数器 74LS161

74LS161 称为集成 4 位二进制同步加法计数器，即集成了 4 个同步 CP 触发的触发器，并具有二进制加法计数器功能，其计数最高数为 15，计数器的模 $M = 16$，又称为十六进制计数器。

1）74LS161 基本概念

集成计数器 74LS161 芯片管脚及逻辑符号示意图如图 6.12 所示。

CP：计数器脉冲信号输入端。

CR：清零端。CR 端输入低电平信号（即 $CR=0$）时，计数器输出端 $Q_3 \sim Q_0$ 清零。

LD：低电平（即 $LD=0$）置数控制端。当 $LD=0$ 时，在计数器脉冲信号 CP 的作用下，置计数器输出端 $Q_3 \sim Q_0$ 信号为 $D_3 \sim D_0$。

CT_P、CT_T：计数器工作状态（"计数"状态或"保持"状态）控制端。

$D_3 \sim D_0$：并行输入数据端。

$Q_3 \sim Q_0$：计数器状态并行输出端。

CO：进位信号输出端；当 $Q_3Q_2Q_1Q_0$ 状态为 0000 ~ 1110 时，CO 输出为 0；当 $Q_3Q_2Q_1Q_0$ 状态为 1111 时，CO 输出为 1。

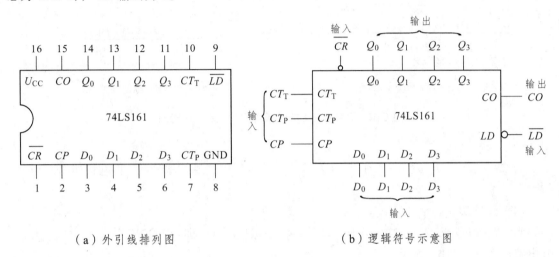

（a）外引线排列图　　　　　　（b）逻辑符号示意图

图 6.12　集成计数器 74LS161

2）74LS161 状态表及功能

74LS161 的状态表如表 6.5 所示。

表 6.5　74LS161 的状态表

输　　入						输　　出	
CR	LD	CT_P	CT_T	CP	$D_3\ D_2\ D_1\ D_0$	$Q_3^{n+1}Q_2^{n+1}Q_1^{n+1}Q_0^{n+1}$	CO
0	×	×	×	×	× × × ×	0　0　0　0	0
1	0	×	×	↑	$d_3\ d_2\ d_1\ d_0$	$d_3\ \ d_2\ \ d_1\ \ d_0$	
1	1	1	1	↑	× × × ×	计　　数	
1	1	0	×	×	× × × ×	保　　持	
1	1	×	0	×	× × × ×	保　　持	0

表 6.5 所示 74LS161 的功能有：

（1）清零功能。

当 CR 端输入低电平（即 $CR=0$）时，计数器输出 $Q_3 \sim Q_0$ 的状态为 0000。其电路如图 6.13（a）所示。

（2）置数功能。

当 $CR = 1$，$LD = 0$，$D_3D_2D_1D_0$ 端输入数据 $d_3d_2d_1d_0$ 时，在 CP 上升沿触发下，输出状态 $Q_3^{n+1}Q_2^{n+1}Q_1^{n+1}Q_0^{n+1} = d_3d_2d_1d_0$。其电路如图 6.13（b）所示。

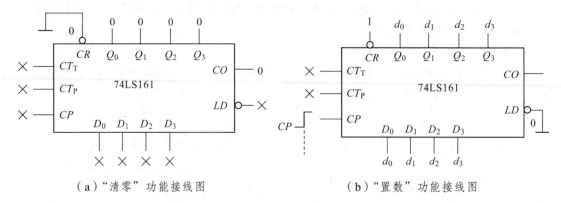

（a）"清零"功能接线图　　　　　　　　（b）"置数"功能接线图

图 6.13　74LS161 的"清零""置数"功能图

（3）计数功能。

当 $CR = LD = CT_P = CT_T = 1$ 时，对 CP 脉冲信号进行二进制加法计数。其电路如图 6.14（a）所示。

（4）保持功能。

当 $CR = LD = 1$，$CT_P \cdot CT_T = 0$ 时，计数器状态保持不变，即 $Q_3^{n+1}Q_2^{n+1}Q_1^{n+1}Q_0^{n+1} = Q_3^nQ_2^nQ_1^nQ_0^n$。其电路如图 6.14（b）所示。

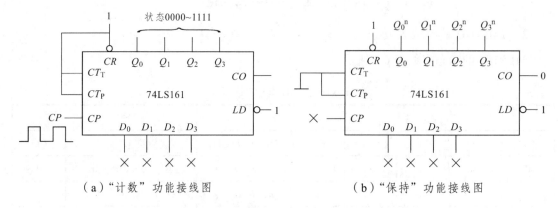

（a）"计数"功能接线图　　　　　　　　（b）"保持"功能接线图

图 6.14　74LS161 的"计数""保持"功能图

注释：图 6.13、图 6.14 中输入端为"×"表示该端信号为无关项。

2. 集成计数器 74LS290

74LS290 称为集成十进制异步加法计数器。"异步"是指触发触发器的 CP 脉冲不是同时触发的，而是有先有后，"十进制"是指计数器的计数最高数为 9；又因为计数器的计数最高数还可为 2 和 5，所以 74LS290 又常称为二-五-十进制计数器。

1）74LS290 基本概念

集成计数器 74LS290 芯片管脚及逻辑符号示意图如图 6.15 所示。

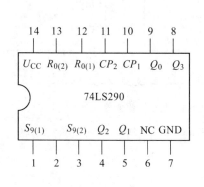
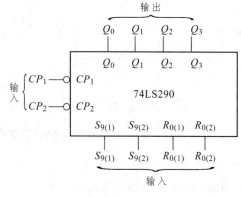

（a）外引线排列图　　　　　　　　　　　　（b）逻辑符号示意图

图 6.15　集成计数器 74LS290

$Q_3 \sim Q_0$：计数器状态并行输出端。

CP_1、CP_2：计数器脉冲输入端。

$S_{9(1)}$、$S_{9(2)}$：高电平（即 $S_{9(1)} = S_{9(2)} = 1$）置 9 控制端。

$R_{0(1)}$、$R_{0(2)}$：高电平（$R_{0(1)} = R_{0(2)} = 1$）置 0 控制端。

2）74LS290 状态表及功能

74LS290 的状态表如表 6.6 所示。

表 6.6　74LS290 的状态表

输　　　　　入						输　　　出			
$R_{0(1)}$	$R_{0(2)}$	$S_{9(1)}$	$S_{9(2)}$	CP_1	CP_2	Q_3^{n+1}	Q_2^{n+1}	Q_1^{n+1}	Q_0^{n+1}
1	1	0	0	×	×	0	0	0	0
×	×	1	1	×	×	1	0	0	1
0	×	0	×	↓	↓	计		数	
×	0	×	0	↓	↓	计		数	

表 6.6 所示 74LS290 的功能有：

（1）清零功能。

当 $S_{9(1)} \cdot S_{9(2)} = 0$、$R_{0(1)} \cdot R_{0(2)} = 1$ 时，计数器清零，即输出 $Q_3 Q_2 Q_1 Q_0$ 的状态为 0000。其电路如图 6.16（a）所示。

（2）置"9"功能。

当 $S_{9(1)} \cdot S_{9(2)} = 1$ 时，计数器置"9"，即输出 $Q_3 Q_2 Q_1 Q_0$ 的状态为 1001。其电路如图 6.16（b）所示。

注意：实现置"9"功能时，$R_{0(1)}$、$R_{0(2)}$ 为无关项，所以实现其功能有两种接线图。

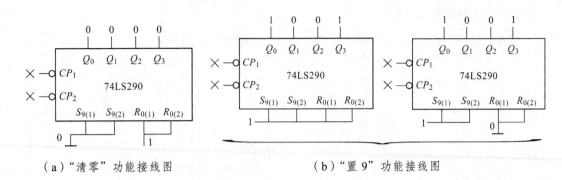

（a）"清零"功能接线图　　　　　　　　　（b）"置9"功能接线图

图 6.16　74LS290 的"清零""置 9"功能图

（3）计数功能。

74LS290 的基本连接方式有以下三种。

① 十进制计数器。

当输入脉冲信号 CP 接入 CP_1，CP_2 与 Q_0 连接时，连接方式如图 6.17（a）所示，其电路对 CP 脉冲信号进行 $0000 \sim 1001$（即十进制）加法计数，即 74LS290 由 $Q_3Q_2Q_1Q_0$ 输出计数器 $0000 \sim 1001$ 状态。

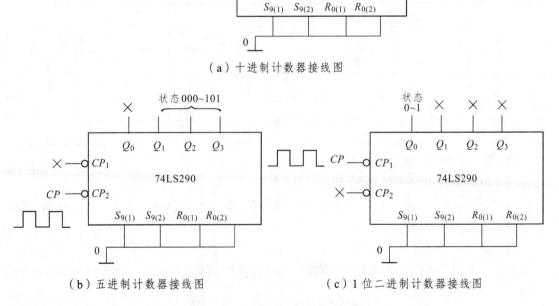

（a）十进制计数器接线图

（b）五进制计数器接线图　　　　　　（c）1 位二进制计数器接线图

图 6.17　74LS290 的计数功能图

② 五进制计数器。

当输入脉冲信号 CP 接入 CP_2 时，连接方式如图 6.17（b）所示，其电路对 CP 脉冲信号进行 000～100（即五进制）加法计数，即 74LS290 由 $Q_3Q_2Q_1$ 输出计数器 000～100 状态。

③ 二进制计数器。

当输入脉冲信号 CP 接入 CP_1 时，连接方式如图 6.17（c）所示，电路对 CP 脉冲信号进行 1 位二进制加法计数，即 74LS290 由 Q_0 输出计数器 0、1 状态。

6.2.3　常见问题讨论

（1）基本 RS 触发器输入 $S = R = 0$ 时，输出状态 $Q = ?$　$\overline{Q} = ?$

解答：当 $S = R = 0$ 时，输出状态 $Q = \overline{Q} = 1$。

（2）当基本 RS 触发器输入信号由 $S = R = 0$ 转变为 $S = R = 1$ 时，输出状态 $Q = ?$　$\overline{Q} = ?$

解答：当输入由 $S = R = 0$ 转变为 $S = R = 1$ 时，输出状态 Q、$\overline{Q}$ 不确定。

（3）JK 触发器与 D 触发器的置位 S_D 和复位 R_D 功能是否相同？

解答：相同。

① 当 $S_D \neq R_D$ 时，S_D 置位 Q 状态为"1"或 R_D 复位 Q 状态为"0"。

② 当触发器的逻辑符号示意图中 S_D、R_D 端无"小圆圈"时，表示高电平置位或复位，称为高电平有效；当 S_D、R_D 端有"小圆圈"时，表示低电平置位或复位，称为低电平有效。

（4）JK 触发器与 D 触发器的时钟信号 CP 功能是否相同？

解答：相同。

① 时钟信号 CP 分"上升沿"触发和"下降沿"触发两种方式，触发沿前的输入信号 J、K、D 决定触发沿后的次态 Q^{n+1}；

② 当触发器的逻辑符号示意图中的 C 端无"小圆圈"时，表示 CP 上升沿触发；当 C 端有"小圆圈"时，表示 CP 下降沿触发。

（5）集成计数器是一种最简单的基本"计数"运算逻辑电路，其"计数"指的是对输入信号进行计数。

解答：因为集成计数器有多个输入信号端，所以"'计数'指的是对输入信号进行的计数"的描述是错误的。

计数器所描述的"计数"指的是对输入脉冲信号 CP 的个数进行计数。

6.3　时序逻辑电路的分析与设计

（1）时序逻辑电路的结构。

时序逻辑电路中"时序"的意思是指电路的状态 Q^{n+1} 与时间 t 顺序有密切的关系，其电路是由**组合电路**和**存储电路**两部分构成，如图 6.18 所示。

（2）时序逻辑电路的基本特征。

电路的输出不仅与当前时刻的输入信号有关，还与电路原来的状态 Q^n 有关。

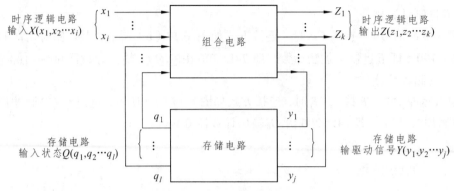

图 6.18   时序逻辑电路结构

（3）时序逻辑电路的分析与设计方程式。

在进行时序逻辑电路分析与设计中，常常要根据

$$输出方程\ Z = F_1(X, Q^n)$$
$$驱动方程\ Y = F_2(X, Q^n)$$
$$状态方程\ Q^{n+1} = F_3(Y, Q^n)$$

进行时序电路功能的分析或电路的设计。

注意：并非所有的时序逻辑电路都具备图 6.18 所示的完整形式。有的时序逻辑电路中没有组合逻辑电路部分，或没有输入逻辑变量，但一定含有存储电路，在逻辑功能上具有时序逻辑电路的基本特征。

（4）时序逻辑电路的分类。

时序逻辑电路常常可为"同步"和"异步"两类逻辑电路。

同步时序逻辑电路：所有存储电路的状态 Q^{n+1} 的变化，都是在同一时钟 CP 信号作用下同时发生，即控制逻辑电路中所有存储电路的时钟脉冲 CP 信号只有一个。

异步时序逻辑电路：各存储电路的状态 Q^{n+1} 的变化不是同一时刻发生，而是有先有后，即控制逻辑电路中所有存储电路的时钟脉冲 CP 信号不止一个。

6.3.1   时序逻辑电路的分析

时序逻辑电路的分析就是对已知的逻辑电路进行逻辑功能的分析，即分析时序逻辑电路的输出状态在输入变量和时钟脉冲 CP 作用下的变化规律。其分析的一般步骤如图 6.19 所示。

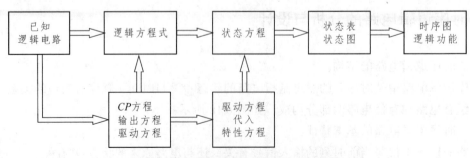

图 6.19   分析时序逻辑电路的一般步骤

【例 6.3】 分析图 6.20（a）所示时序逻辑电路的功能，并根据图 6.20（b）的已知条件 R_D 和 CP，画出 Q_0、Q_1、Q_2 和 Z 的时序图，并作出状态转换图。

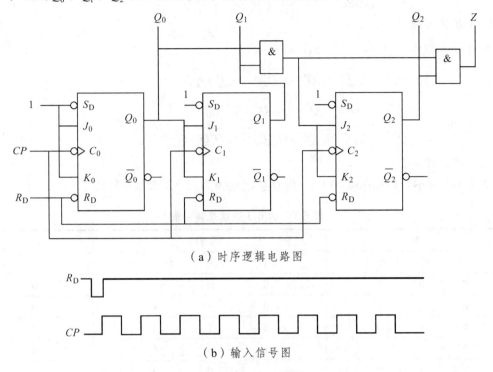

（a）时序逻辑电路图

（b）输入信号图

图 6.20　例 6.3 逻辑电路和输入信号图

分析：

（1）图 6.20（a）是用一个时钟脉冲 CP 信号控制三个 JK 触发器组成的逻辑电路，其时钟脉冲方程为 $CP_1 = CP_2 = CP_3 = CP$。

（2）根据图 6.20（a）写出输入端 J、K 的方程（即驱动方程）和输出方程 Z。

（3）将驱动方程代入 JK 触发器的特性方程 $Q^{n+1} = J\overline{Q^n} + \overline{K}Q^n$，可得状态方程 Q_2^{n+1}、Q_1^{n+1}、Q_0^{n+1}。

（4）根据 6.20（b）中 $R_D = 0$ 的信号得初始状态 $Q_2 Q_1 Q_0 = 000$，所以，将 000 ~ 111 代入状态方程，推导出状态转换表如 6.7 所示。

（5）分析状态转换表得出状态转换图、逻辑功能和时序图（注意：时钟脉冲 CP 信号是下降沿触发）。

解 （1）时钟脉冲方程、驱动方程、输出方程。

时钟脉冲 CP 方程

$$CP_1 = CP_2 = CP_3 = CP$$

驱动方程

$$J_0 = K_0 = 1$$
$$J_1 = K_1 = Q_0^n$$
$$J_2 = K_2 = Q_1^n Q_0^n$$

输出方程

$$Z = Q_2^n Q_1^n Q_0^n$$

（2）状态方程。

将驱动方程代入 $Q^{n+1} = J\overline{Q^n} + \overline{K}Q^n$ 得

$$Q_0^{n+1} = J_0\overline{Q_0^n} + \overline{K_0}Q_0^n = 1 \cdot \overline{Q_0^n} + \overline{1} \cdot Q_0^n = \overline{Q_0^n}$$

$$Q_1^{n+1} = J_1\overline{Q_1^n} + \overline{K_1}Q_1^n = Q_0^n \cdot \overline{Q_1^n} + \overline{Q_0^n} \cdot Q_1^n$$

$$Q_2^{n+1} = J_2\overline{Q_2^n} + \overline{K_2}Q_2^n = Q_1^n Q_0^n \cdot \overline{Q_2^n} + \overline{Q_1^n Q_0^n} \cdot Q_2^n$$

（3）状态转换表。

如表 6.7 所示，根据图 6.20（b）得 $Q_2^n Q_1^n Q_0^n$=000 为表 6.7 的起始状态。

表 6.7　　例 6.3 的状态转换表

原态			现态			输出
Q_2^n	Q_1^n	Q_0^n	Q_2^{n+1}	Q_1^{n+1}	Q_0^{n+1}	Z
0	0	0	0	0	1	0
0	0	1	0	1	0	0
0	1	0	0	1	1	0
0	1	1	1	0	0	0
1	0	0	1	0	1	0
1	0	1	1	1	0	0
1	1	0	1	1	1	0
1	1	1	0	0	0	1

（4）状态图、逻辑功能、时序图。

其状态图如图 6.21（a）所示。

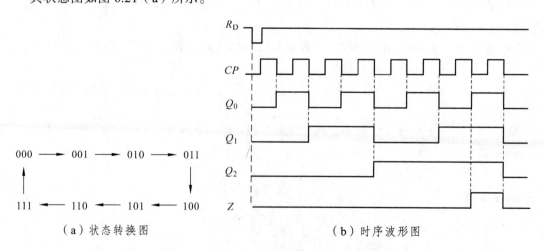

（a）状态转换图　　　　　　　　　（b）时序波形图

图 6.21　　例 6.3 状态转换图和时序波形图

其逻辑功能为八进制同步加法计数器。

其时序图如图 6.21（b）所示。

结论：

（1）由一个脉冲 CP 控制所有触发器的时序逻辑电路，称为**同步时序逻辑电路**。

（2）时钟方程、驱动方程和输出方程可由已知逻辑电路列出。

（3）状态方程可由驱动方程列出。

（4）状态转换表是根据状态方程和时钟方程得出。

（5）状态图是根据状态转换表得出。

（6）逻辑功能和时序图（注意 R_D 的功能）是根据状态图或状态转换表得出。

【例 6.4】 试写出如图 6.22（a）所示时序逻辑电路的状态方程和状态转换表，并画出状态图和时序图。已知触发器的初始状态为 000。

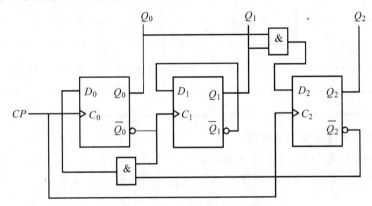

图 6.22　例 6.4 时序逻辑电路图

分析：

（1）图 6.22 中 CP_1 与 CP_0、CP_2 不是由同一个时钟脉冲信号控制，即 $CP_1 = \overline{Q_0}$，$CP_0 = CP_2 = CP$，并且 CP 都是上升沿触发。

（2）根据图 6.22 写出驱动方程。

（3）将驱动方程代入特性方程 $Q^{n+1} = D$，得状态方程 Q_0^{n+1}、Q_1^{n+1}、Q_2^{n+1}。

（4）由状态方程和 CP 方程推导出状态转换表 6.8。注意时钟 $CP_1 = \overline{Q_0}$，当 $Q_0^n = 1$ 转换为 $Q_0^{n+1} = 0$ 时，产生上升沿 CP_1 触发信号，得到新状态 $Q_1^{n+1} = \overline{Q_1^n}$。

（5）由状态转换表画出状态转换图，从而分析得出逻辑功能和时序图。

解　（1）时钟脉冲方程、驱动方程。

时钟脉冲 CP 方程

$$CP_0 = CP_2 = CP \qquad\qquad CP_1 = \overline{Q_0}$$

驱动方程

$$D_0 = \overline{Q_2^n} \cdot \overline{Q_0^n} \qquad\qquad D_1 = \overline{Q_1^n} \qquad\qquad D_2 = Q_1^n Q_0^n$$

（2）状态方程。

将驱动方程代入 $Q^{n+1} = D$，得

$$Q_0^{n+1} = \overline{Q_2^n \cdot Q_0^n} \qquad\qquad Q_1^{n+1} = \overline{Q_1^n} \qquad\qquad Q_2^{n+1} = Q_1^n Q_0^n$$

（3）状态转换表。

如表 6.8 所示，已知触发器的初始状态为 000，即 $Q_2^n Q_1^n Q_0^n$=000 为表 6.8 的起始状态。

表 6.8　例 6.4 的状态转换表

原态			时钟信号			现态		
Q_2^n	Q_1^n	Q_0^n	CP_2	CP_1	CP_0	Q_2^{n+1}	Q_1^{n+1}	Q_0^{n+1}
0	0	0	↑	0	↑	0	0	1
0	0	1	↑	↑	↑	0	1	0
0	1	0	↑	0	↑	0	1	1
0	1	1	↑	↑	↑	1	0	0
1	0	0	↑	0	↑	0	0	0
1	0	1	↑	↑	↑	1	1	0
1	1	0	↑	0	↑	0	1	0
1	1	1	↑	↑	↑	1	0	0

（4）状态图、逻辑功能、时序图。

根据状态转换表 6.8 画出状态图 6.23（a）。

分析状态图 6.23（a）可知，其逻辑功能为五进制异步加法计数器，其时序图如图 6.23（b）所示。

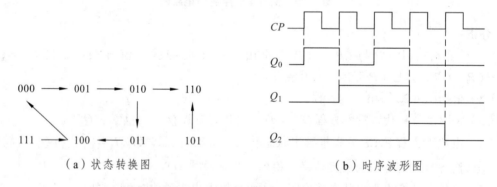

（a）状态转换图　　　　　　　（b）时序波形图

图 6.23　例 6.4 状态图和时序波形图

结论：

（1）不是由同一个脉冲 CP 控制所有触发器的时序逻辑电路（如 $CP_1 = \overline{Q_0}$，$CP_0 = CP_2 = CP$），称为**异步时序逻辑电路**。

（2）因在脉冲 CP 作用下产生新状态 Q^{n+1}，所以在异步时序电路的状态转换表中，各触发器的新状态 Q^{n+1} 不是同步的。

（3）分析状态图 6.23（b）可知，000～100 为封闭循环，并且是加法计数循环，其计数的模 $M = 5$，所以逻辑功能确定为五进制加法计数器。

6.3.2　时序逻辑电路设计

时序电路的设计就是对已知的**逻辑功能**进行逻辑电路的设计，其设计的一般步骤如图 6.24 所示。

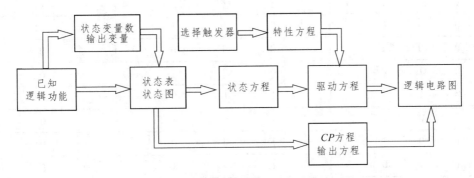

图 6.24　时序逻辑电路的设计一般步骤

【例 6.5】 试用 D 触发器实现 3 位二进制同步加法计数器功能，并有进位输出端（触发器的初始状态为 000）。

分析：

（1）状态变量数和输出变量。

状态变量数："3 位二进制加法计数器"说明触发器状态变换规律如图 6.25 所示，即状态数 $M = 8$，根据 $M = 2^n$ 关系式，得状态变量数 $n = 3$，即状态变量为 Q_2、Q_1、Q_0。

输出变量："进位输出"变量用 Z 表示。

（2）状态图和状态转换表。

状态图：根据 3 位二进制变化规律，画出如图 6.25 所示的状态图。如图 6.25 所示，其状态用"箭头"描述出原态与新态的逻辑关系，000 为初始原态，在 CP 脉冲作用下新态为 001；而 001 又是下一个 CP 脉冲的原态，再来一个 CP 脉冲，原态 001 变为新态 010……依此类推。

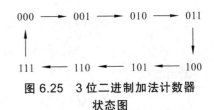

**图 6.25　3 位二进制加法计数器
状态图**

状态转换表：根据状态图得表 6.9。当输出状态由 111 转换为 000 时，产生进位输出 Z。

（3）CP 方程和状态方程。

CP 方程：已知"同步"是指同一个脉冲信号控制，即 $CP_0 = CP_1 = CP_2 = CP$。

状态方程：根据状态表 6.9 做出如图 6.26 所示的卡诺图，化简得出状态方程 Q_2^{n+1}、Q_1^{n+1}、Q_0^{n+1}。

（4）驱动方程。

根据题意选定的 D 触发器，**其**特性方程 $Q^{n+1} = D$，解得驱动方程 D_2、D_1、D_0。

（5）逻辑电路图。

先画出 3 个 D 触发器，并将 CP_0、CP_1、CP_2 连接到输入脉冲信号 CP 上；再根据驱动方程画出输入端 D_2、D_1、D_0 的逻辑图；最后根据 $Z = Q_2^n Q_1^n Q_0^n$ 画出进位输出信号逻辑图。

解 （1）状态表如表 6.9 所示。

表 6.9　例 6.5 的状态转换表

原态			现态			输出
Q_2^n	Q_1^n	Q_0^n	Q_2^{n+1}	Q_1^{n+1}	Q_0^{n+1}	Z
0	0	0	0	0	1	0
0	0	1	0	1	0	0
0	1	0	0	1	1	0
0	1	1	1	0	0	0
1	0	0	1	0	1	0
1	0	1	1	1	0	0
1	1	0	1	1	1	0
1	1	1	0	0	0	1

（2）CP 方程、状态方程和输出方程。

CP 方程

$$CP_0 = CP_1 = CP_2 = CP$$

卡诺图化简得出状态方程

$$Q_0^{n+1} = \overline{Q_0^n}$$

$$Q_1^{n+1} = \overline{Q_1^n} Q_0^n + Q_1^n \overline{Q_0^n}$$

$$Q_2^{n+1} = \overline{Q_2^n} Q_1^n Q_0^n + Q_2^n \overline{Q_1^n} + Q_2^n \overline{Q_0^n}$$

$$= \overline{Q_2^n} Q_1^n Q_0^n + Q_2^n \cdot \overline{Q_1^n Q_0^n}$$

输出方程

$$Z = Q_2^n Q_1^n Q_0^n$$

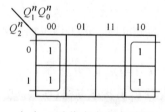

（a）Q_0^{n+1} 状态方程卡诺图

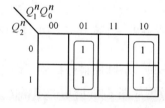

（b）Q_1^{n+1} 状态方程卡诺图

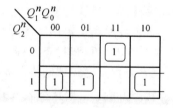

（c）Q_2^{n+1} 状态方程卡诺图

图 6.26　状态方程的卡诺图

（3）驱动方程。

由 D 触发器的特性方程 $Q^{n+1} = D$ 得到驱动方程

$$D_0 = \overline{Q_0^n} \qquad\qquad D_1 = Q_0^n \oplus Q_1^n \qquad\qquad D_2 = Q_1^n Q_0^n \oplus Q_2^n$$

（4）逻辑电路图

逻辑电路如图 6.27 所示。

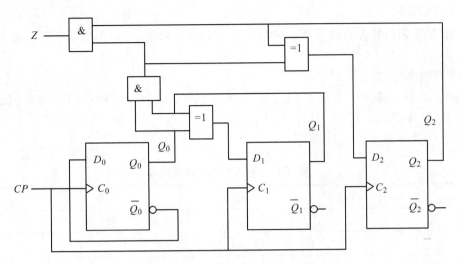

图 6.27　例 6.5 的逻辑电路图

结论：时序逻辑电路的设计过程与逻辑电路分析步骤正好相反，如图 6.28 所示。所以，掌握逻辑电路的分析，有利于准确地设计出逻辑电路。

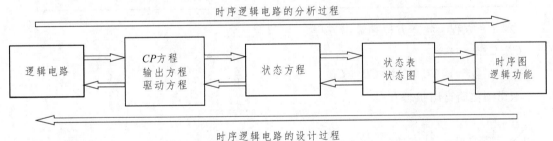

图 6.28　逻辑电路的分析与设计示意图

【例 6.6】　试用 JK 触发器设计如图 6.29 所示的五进制同步减法计数器。

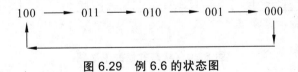

图 6.29　例 6.6 的状态图

分析：

（1）状态变量数。

五进制同步减法计数器状态数 $M=5$，根据 $M=2^n$ 关系式，得状态变量为 Q_2、Q_1、Q_0。

（2）根据状态图得出状态转换表如 6.10 所示。

（3）CP 方程和状态方程。

CP 方程：$CP_0=CP_1=CP_2=CP$。

状态方程：根据状态表 6.10 做出如图 6.30 所示的卡诺图。由于 101、110、111 三个状态是不会出现的状态（即无关项），所以利用无关项化简得出状态方程 Q_2^{n+1}、Q_1^{n+1}、Q_0^{n+1}。

（4）驱动方程。

将 JK 触发器的特性方程 $Q^{n+1} = J\overline{Q^n} + \overline{K}Q^n$ 和状态方程联立，解得驱动方程 J_0 和 K_0、J_1 和 K_1、J_2 和 K_2。

（5）逻辑电路图。

先画 3 个 JK 触发器，并将 CP_0、CP_1、CP_2 连接到输入脉冲信号 CP 上；再根据驱动方程画出逻辑图，如图 6.31 所示。

解 （1）状态表如表 6.10 所示。

表 6.10　例 6.6 的状态转换表

原态			现态		
Q_2^n	Q_1^n	Q_0^n	Q_2^{n+1}	Q_1^{n+1}	Q_0^{n+1}
1	0	0	0	1	1
0	1	1	0	1	0
0	1	0	0	0	1
0	0	1	0	0	0
0	0	0	1	0	0

（2）CP 方程、状态方程和输出方程。

CP 方程

$$CP_0 = CP_1 = CP_2 = CP$$

卡诺图化简得出状态方程

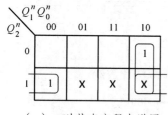
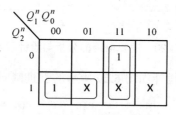
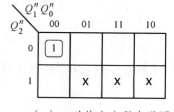

（a）Q_0^{n+1} 状态方程卡诺图　　（b）Q_1^{n+1} 状态方程卡诺图　　（c）Q_2^{n+1} 状态方程卡诺图

图 6.30　状态方程的卡诺图

$$Q_0^{n+1} = Q_1^n \overline{Q_0^n} + Q_2^n \overline{Q_0^n} = (Q_1^n + Q_2^n)\overline{Q_0^n}$$

$$Q_1^{n+1} = Q_2^n \overline{Q_1^n} + Q_0^n Q_1^n$$

$$Q_2^{n+1} = \overline{Q_2^n} \cdot \overline{Q_1^n} \cdot \overline{Q_0^n}$$

（3）驱动方程。

由 JK 触发器的特性方程 $Q^{n+1} = J\overline{Q^n} + \overline{K}Q^n$ 得到驱动方程

$$\begin{cases} J_0 = Q_1^n + Q_2^n \\ K_0 = Q_0^n \end{cases} \qquad \begin{cases} J_1 = Q_2^n \\ K_1 = \overline{Q_0^n} \end{cases} \qquad \begin{cases} J_2 = \overline{Q_1^n} \cdot \overline{Q_0^n} \\ K_2 = Q_2^n \end{cases}$$

（4）逻辑电路。

逻辑电路如图 6.31 所示。

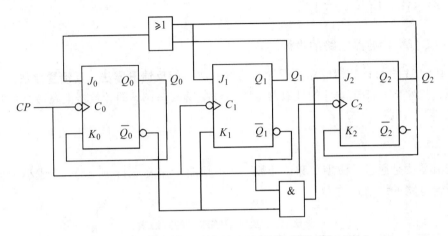

图 6.31　例 6.6 的逻辑电路图

结论：由于驱动方程 J_X、K_X 是通过特性方程 $Q_X^{n+1} = J_X \overline{Q_X^n} + \overline{K_X} Q_X^n$ 解得，所以，在利用无关项进行卡诺图化简时，注意圈内尽量保留 Q_X^n 或 $\overline{Q_X^n}$ 不被化简掉。

6.3.3　常见问题讨论

（1）时序逻辑电路一般是由组合电路组成。

解答：错。

时序逻辑电路中必须有存储电路模块。

（2）时序逻辑电路的分析与设计区别是什么？

解答："分析"是对已知的逻辑电路进行逻辑功能的分析；"设计"是对已知的逻辑功能进行逻辑电路的设计。

（3）"驱动方程""状态方程"与什么有关？

解答：

① "驱动方程""状态方程"与时序逻辑电路中所使用的触发器类型有关，因为不同的触发器其特性方程有所不同，例如 JK 触发器的特性方程为 $Q^{n+1} = J\overline{Q^n} + \overline{K} Q^n$，D 触发器的特性方程是 $Q^{n+1} = D$。

② 分析电路时，由"驱动方程"写"状态方程"；设计电路时，由"状态方程"写"驱动方程"。

6.4　计数器电路的设计与分析

主要讨论集成计数器 74LS161、74LS290 的应用，即计数器电路的分析与设计。

6.4.1　74LS161 计数器电路

1. 74LS161 计数器电路的设计

用 74LS161 进行计数器电路的设计有两种方法：即**反馈清零法**、**反馈置数法**。

注意：一片 74LS161 设计的计数器电路的最高模 $M = 16$，即计数器电路最高计数为十六进制计数器逻辑电路。

1）反馈清零法

反馈清零法是通过"清零"和"计数"两项功能（如表 6.11 所示），完成小于十六进制计数器逻辑电路的设计。

表 6.11　"反馈清零法"的状态表

输　　　　　入						输　　　　出	
CR	LD	CT_P	CT_T	CP	$D_3\ D_2\ D_1\ D_0$	$Q_3^{n+1}\ Q_2^{n+1}\ Q_1^{n+1}\ Q_0^{n+1}$	CO
0	×	×	×	×	×　×　×　×	0　　0　　0　　0	0
1	1	1	1	↑	×　×　×　×	计　　　数	

当设计的计数器为 M 进制时，则利用输出状态 $Q = M$ 的信号产生 CR 端低电平清零信号，使计数器输出状态 Q 为 0 状态。

【例 6.7】　试用反馈清零法分别设计由 74LS161 构成的"十二进制"和"八进制"计数器。

分析：

（1）"十二进制"说明计数器的模 $M = 12$，即当 $Q_3^{n+1}Q_2^{n+1}Q_1^{n+1}Q_0^{n+1} = 1100$ 时，向 CR 端输入一个低电平清零信号，使 $Q_3^{n+1}Q_2^{n+1}Q_1^{n+1}Q_0^{n+1}$ 由 1100 转变成 0000，其状态转换如图 6.32（a）所示。

（2）"八进制"说明计数器的模 $M = 8$，即当 $Q_3^{n+1}Q_2^{n+1}Q_1^{n+1}Q_0^{n+1} = 1000$ 时，向 CR 端输入一个低电平清零信号，使 $Q_3^{n+1}Q_2^{n+1}Q_1^{n+1}Q_0^{n+1}$ 由 1000 转变成 0000，其状态转换如图 6.32（b）所示。

（3）LD、CT_P、CT_T 在"清零"时为无关项，但工作在"计数"状态下时必须接高电平信号，所以这里接高电平；$D_3\ D_2\ D_1\ D_0$ 没有输入电平高低要求，可以直接接地。

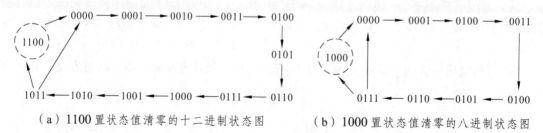

　　　（a）1100 置状态值清零的十二进制状态图　　　（b）1000 置状态值清零的八进制状态图

图 6.32　"反馈清零法"状态转换图

解　十二进制计数器逻辑电路如图 6.33（a）（c）所示；八进制计数器逻辑电路如图 6.33（b）所示。

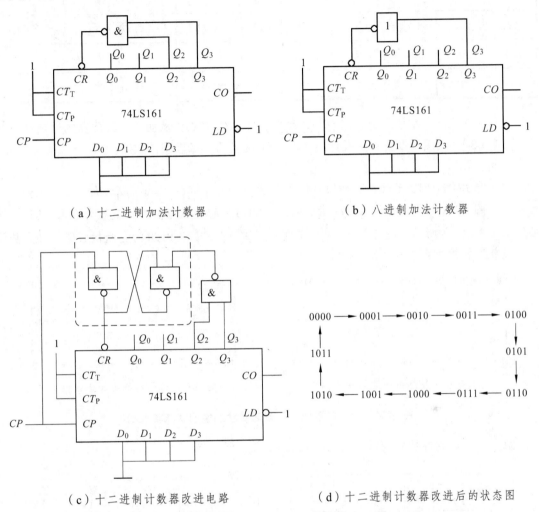

（a）十二进制加法计数器　　　　　　　　　　　　（b）八进制加法计数器

（c）十二进制计数器改进电路　　　　　　　　（d）十二进制计数器改进后的状态图

图 6.33　"反馈清零法"构成 74LS161 的十二进制加法计数器

　　结论：反馈清零法是用计数器模 M 所对应的输出状态 Q 产生低电平清零信号，即 CP 产生模 M 输出 Q，Q 再反馈产生低电平清零 CR 信号，所以计数器的清零采用的是异步方式。

　　注意：如果图 6.33（a）（b）所示电路的"清零"时间太短，则电路不能可靠运行。因此，图 6.33（c）为图 6.33（a）的改进电路。当 CP 发出触发信号时，输出状态 $Q_3Q_2Q_1Q_0 = 1100$，则产生低电平清零信号 $CR = 0$，输出状态为 0000，这时只要 $CP = 1$，低电平清零信号 $CR = 0$ 就保持不变，提高了电路"清零"的稳定性；当 CP 脉冲信号由 1 下降为 0（即 $CP = 0$）时，$CR = 1$，74LS161 进入计数状态。改进后电路状态转换如图 6.33（d）所示。

　　2）反馈置数法

　　反馈置数法是通过"置数"和"计数"两项功能（如表 6.12 所示），完成小于十六进制计数器逻辑电路的设计。

表 6.12　"反馈置数法"的状态表

输			入			输	出
CR	LD	CT_P	CT_T	CP	$D_3\ D_2\ D_1\ D_0$	$Q_3^{n+1}Q_2^{n+1}Q_1^{n+1}Q_0^{n+1}$	CO
1	0	×	×	↑	$d_3\ d_2\ d_1\ d_0$	$d_3\quad d_2\quad d_1\quad d_0$	
1	1	1	1	↑	× × × ×	计　　数	

利用 LD 的低电平信号置新态 $Q_3^{n+1}Q_2^{n+1}Q_1^{n+1}Q_0^{n+1}=d_3d_2d_1d_0$，从而改变计数器的循环状态。

【例 6.8】 试用反馈置数法设计由 74LS161 构成的十二进制计数器。

分析：

（1）当 $LD=0$ 时，在 CP 脉冲信号作用下置 $Q_3^{n+1}Q_2^{n+1}Q_1^{n+1}Q_0^{n+1}=d_3d_2d_1d_0$ 为起始状态值。

（2）图 6.35（a）反馈置 $Q_3^{n+1}Q_2^{n+1}Q_1^{n+1}Q_0^{n+1}=0000$ 为起始状态值（即置数为零），其状态转换如图 6.34（a）所示；图 6.35（b）反馈置 $Q_3^{n+1}Q_2^{n+1}Q_1^{n+1}Q_0^{n+1}=0100$ 为起始状态值（即置数为4），其状态转换如图 6.34（b）所示。

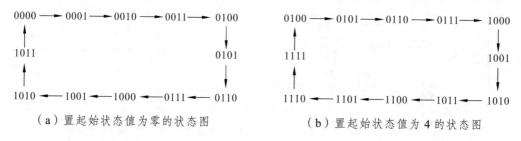

（a）置起始状态值为零的状态图　　　　　（b）置起始状态值为 4 的状态图

图 6.34　"反馈置数法"置起始状态值的状态转换图

解　十二进制计数器逻辑电路如图 6.35 所示。

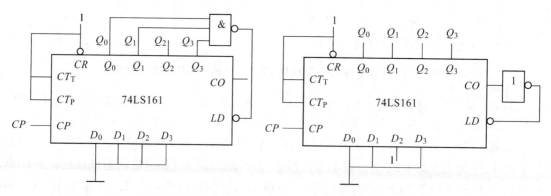

（a）置起始状态值为零计数器电路图　　　（b）置起始状态值为 4 计数器电路图

图 6.35　"反馈置数法"构成 74LS161 的十二进制加法计数器电路图

结论： 用 LD 置起始状态值是 "反馈置数法" 中的一种，还可以利用置状态值为 1111 设计电路（即置状态值为 15），例如：用状态为 1010 置数 1111，即十二进制计数器状态转换为 $0000\sim1010\rightarrow1111$。

3）74LS161 扩展功能的设计

一片 74LS161 最高只能构成十六进制计数器，如要设计大于 16 的计数器，就要用更多的 74LS161 芯片组合完成。

【例 6.9】　试用两片 74LS161 组成 256 进制加法计数器。

分析：

（1）高、低位计数器分配：256（即 $16 \times 16 = 256$）进制计数器的扩展电路有两种连接方式，如图 6.36 所示，其中 74LS161（1）为低位计数器，74LS161（2）为高位计数器。

（2）进位输出端 CO：当输出状态在 0000～1110 区间时，进位输出端 $CO = 0$，只有输出状态 $Q_3 Q_2 Q_1 Q_0 = 1111$、$CP_T = 1$ 时，$CO = 1$，即逻辑表达式 $CO = Q_3 Q_2 Q_1 Q_0 \cdot CP_T$。

（3）同步加法计数器的设计如图 6.36（a）所示，由于低位进位输出端 CO 接高位的状态控制端 $CT_{T高}$、$CP_{P高}$，所以，当低位 $CO = 1$ 时，高位的 $CT_{T高} = CP_{P高高} = 1$，高位进入计数状态；当低位 $CO = 0$ 时，高位的 $CT_{T高} = CP_{P高高} = 0$，高位进入保持状态，如表 6.13 所示。

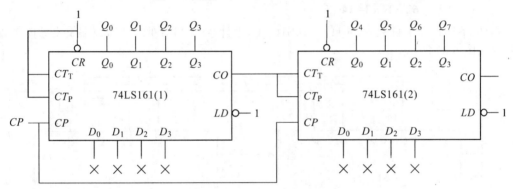

（a）同步 256 进制加法计数器

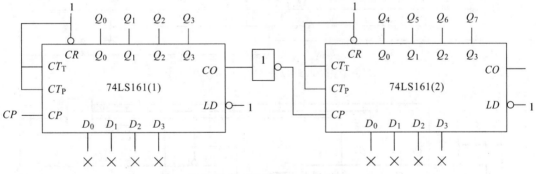

（b）异步 256 进制加法计数器

图 6.36　两片 74LS161 组成 256 进制加法计数器电路图

表 6.13　74LS161 的状态表

输　入						输　出
CR	LD	CT_P	CT_T	CP	$D_3\ D_2\ D_1\ D_0$	$Q_3^{n+1} Q_2^{n+1} Q_1^{n+1} Q_0^{n+1}$
1	1	1	1	↑	×　×　×　×	计　数
1	1	0	×	×	×　×　×　×	保　持

（4）异步加法计数器的设计如图 6.36（b）所示。利用低位进位输出端 $CO_{低}$ 由 1 变换为 0（下降沿脉冲）信号；作为高位计数器的 CP 触发信号，即用非门将下降沿触发信号转换为上升沿 CP 触发信号。

　　解　两片 74LS161 组成 $16 \times 16 = 256$ 进制加法计数器，如图 6.36 所示。

　　结论：在多片 74LS161 的扩展应用中，有两种方式扩展连接电路，即同步方式、异步方式。同步加法计数器设计原理是：用低位的进位 CO 信号控制高位的状态控制端 CT_T、CP_P；异步加法计数器设计原理是：低位的进位 CO 输出信号是高位 CP 端的脉冲输入信号。

　　【例 6.10】 试用 74LS161 构成 62 进制加法计数器。

　　分析：

（1）因为 $16 < 62 < 256$，所以用两片 74LS161 进行设计。

（2）第一步作扩展为 256 进制计数器电路设计，即分别用了两种扩展方式设计。

（3）用"反馈置数法"构成 62 进制加法计数器。

　　解　数学分解

$$62 = 16 \times 3 + 14$$

当 74LS161（2）计数为 0011、74LS161（1）计数为 1101 时，向 LD 端发出低电平置 0 信号，如图 6.37 所示。

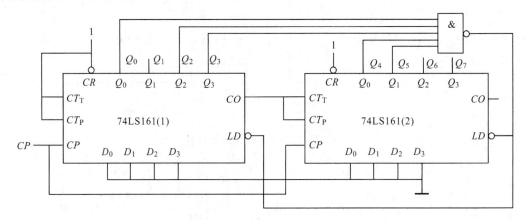

（a）同步 62 进制加法计数器

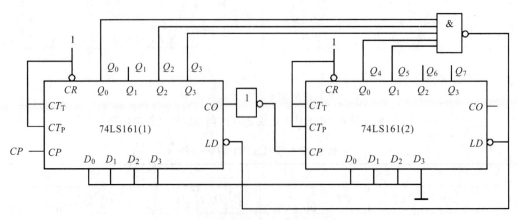

（b）异步 62 进制加法计数器

图 6.37　62 进制加法计数器电路图

结论：注意高、低位置数信号的不同。算式 $62 = 16 \times 3 + 14$ 中的 3 表示高位从 0 开始计 3 个 16，所以高位置数信号是 0011；算式 $62 = 16 \times 3 + 14$ 中的 14 表示低位从 0～13 计脉冲信号数有 14 个，所以低位置数信号是 1101。置数信号通过与非门转换为 LD 的低电平输入信号。

如果要设计一个 $M(\ 16 < M < 256\ )$ 进制加法计数器，列式 $M = 16 \times m_1 + m_2$（注：$m_2 < 16$），则高位置数信号的状态值是 m_1，低位置数信号的状态值是 $(m_2 - 1)$，高、低置数信号通过与非门转换为置数控制端 LD 的低电平输入信号。

2. 74LS161 计数器电路的分析

电路的分析是指对已知的 74LS161 计数器电路图进行功能分析。

【例 6.11】 试分析图 6.38 所示电路是几进制计数器，画出状态转换图。

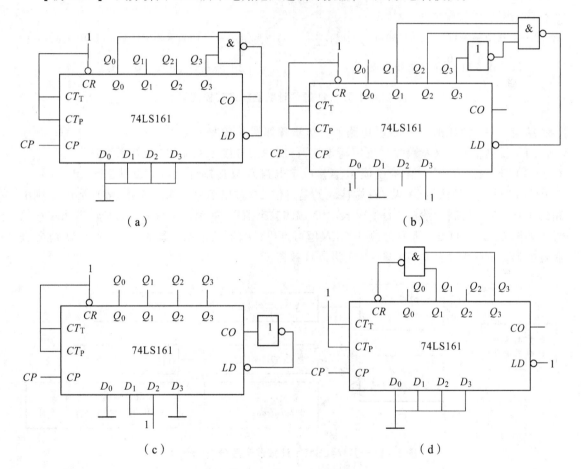

图 6.38 例 6.11 电路图

分析：

（1）图 6.38（a）（b）（c）应用的是"反馈置数法"设计的计数器电路。图 6.38（a）用输出状态 1001 置 $Q_3Q_2Q_1Q_0$ 状态为 0000，其状态转换如图 6.39（a）所示；图 6.38（b）用输出状态 0110 置 $Q_3Q_2Q_1Q_0$ 状态为 1101，其状态转换如图 6.39（b）所示；图 6.38（c）进位输出状态 1111 置 $Q_3Q_2Q_1Q_0$ 状态为 0110，其计数器状态转换如图 6.39（c）所示。

（2）图 6.38（d）应用的是"反馈清零法"设计的计数器电路，用输出状态 1010 反馈清零 $Q_3Q_2Q_1Q_0$，其状态转换如图 6.39（d）所示。

解 分析状态转换图 6.39，可得图 6.38 中各电路为十进制计数器。

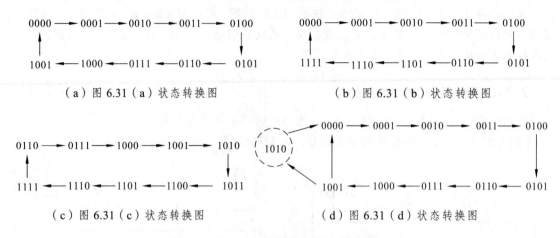

（a）图 6.31（a）状态转换图　　　　　（b）图 6.31（b）状态转换图

（c）图 6.31（c）状态转换图　　　　　（d）图 6.31（d）状态转换图

图 6.39　例 6.11 题的计数器状态转换图解

结论： 一片 74LS161 计数器电路的分析步骤如图 6.40 所示。

（1）反馈信号接 CR 端为"反馈清零法"；反馈信号接 LD 端为"反馈置数法"。

（2）"反馈清零法"：清零 Q 值 M 直接确定电路为 M 进制计数器（如图 6.38（d）所示）。

（3）"反馈置数法"：如果 LD 端接入的是进位 CO 输出信号（如图 6.38（c）所示），则电路为（$16-N$）进制计数器（注：N 表示 D 端的数据值）；如果 LD 端接入的是输出状态 Q 信号（如图 6.38（a）（b）所示），则根据 N 值可推出计数器的进制，即 $N=0$ 时为（$M+1$）进制计数器，$N\neq0$ 时为（$17+M-N$）进制计数器。

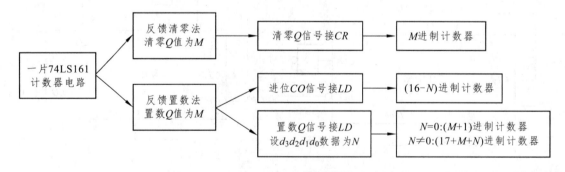

图 6.40　一片 74LS161 计数器电路分析示意图

【**例 6.12**】 试分析图 6.41 所示电路是几进制计数器。

分析： 图 6.41 所示是由两片 74LS161 构成的同步加法计数器。74LS161（1）为低位计数器，其置位 Q 值为 14；74LS161（2）为高位计数器，其置位 Q 值为 6。

解 计数器的进制为 $M=16\times6+15=111$，即图 6.41 所示是 111 进制计数器电路图。

结论： 两片 74LS161 可扩展构成 256 进制计数器。设低位计数器的置位 Q 值为 m_1，高位计数器的置位 Q 值为 m_2，则电路的模 $M=16m_2+m_1+1$。

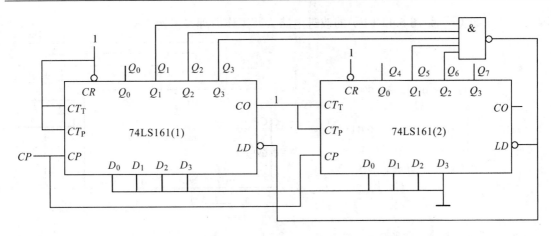

图 6.41　例 6.12 题电路图

6.4.2　74LS290 计数器电路

74LS290 是模 M 为二、五、十的计数器，下面主要讨论模为 $M=10$（即 CP_2 端与 Q_0 端连接）的计数器电路的设计与分析。

1. 74LS290 计数器电路的设计

用 74LS290 进行计数器电路设计有两种方法：**复位法、置 9 法**。

1）复位法

复位法是通过"复位"和"计数"两项功能（如表 6.14 所示），完成小于十进制计数器逻辑电路的设计。

表 6.14　"复位法"的状态表

输 入					输 出
$R_{0(1)}$	$R_{0(2)}$	$S_{9(1)}$	$S_{9(2)}$	CP_1	$Q_3^{n+1}Q_2^{n+1}Q_1^{n+1}Q_0^{n+1}$
1	1	0	0	×	0　0　0　0
0	×	0	×	↓	计　数
×	0	×	0	↓	计　数

注意： 当 $R_{0(1)}=R_{0(2)}=1$ 时，无须 CP 脉冲信号，就可复位 $Q_3^{n+1}Q_2^{n+1}Q_1^{n+1}Q_0^{n+1}=0000$。

【例 6.13】 试用复位法设计由 74LS290 构成的七进制计数器。

分析： 将 CP_2 与 Q_0 连接（即接成十进制计数器），根据表 6.14 将"置 9"端接地（即 $S_{9(1)}=S_{9(2)}=0$）；七进制计数器最高位为 6，则用输出状态 0111 产生 $R_{0(1)}=R_{0(2)}=1$ 的复位信号，其状态转换如图 6.42（a）所示。

解 七进制计数器电路如图 6.42（b）（c）所示。

结论： 用复位法设计模 M 计数器时，将状态 Q 值为 M 的信号作为复位输入信号（即 $R_{0(1)}=R_{0(2)}=1$）。同样，复位法也存在"清零"时间太短所引起的电路不能可靠运行的问题，因此，图 6.42（c）为图 6.42（b）的改进电路，其工作原理参考例 6.6。

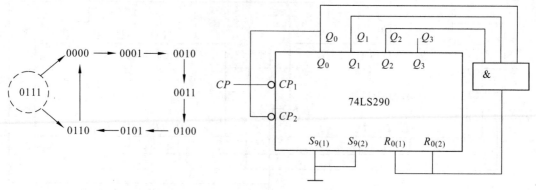

（a）七进制计数器状态转换图　　　　　　（b）七进制计数器

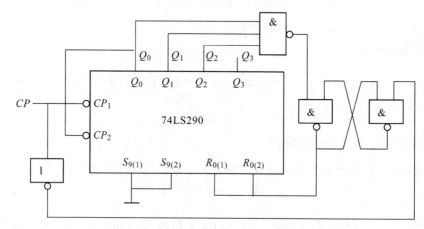

（c）七进制计数器改进电路及状态图

图 6.42　复位法设计七进制计数器的状态图和电路图

2）置 9 法

将复位端接地，用状态 Q 值置输出状态为 1001，即置 9 法，如表 6.15 所示。

表 6.15　"置 9 法"的状态表

输　　入				输　　出
$R_{0(1)}$　$R_{0(2)}$	$S_{9(1)}$　$S_{9(2)}$		CP_1	$Q_3^{n+1}Q_2^{n+1}Q_1^{n+1}Q_0^{n+1}$
0　　0	1　　1		×	1　0　0　1
0　　×	0　　×		↓	计　　数
×　　0	×　　0		↓	计　　数

注意： 当 $R_{0(1)}=R_{0(2)}=0$，$R_{9(1)}=R_{9(2)}=1$ 时，无须 CP 信号，就可置位 $Q_3^{n+1}Q_2^{n+1}Q_1^{n+1}Q_0^{n+1}=1001$。

【例 6.14】 试用置 9 法设计由 74LS290 构成的七进制计数器。

分析： 将 CP_2 接 Q_0 端，模 7 计数器最高位为 6，则用输出状态 0110 产生 $S_{9(1)}=S_{9(2)}=1$ 的置 9 信号，其状态转换如图 6.43（a）所示。

解 七进制计数器电路如图 6.43（b）所示。

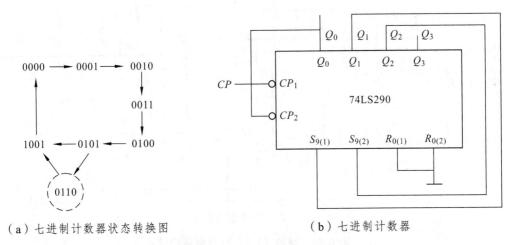

（a）七进制计数器状态转换图　　　　　　　（b）七进制计数器

图 6.43　置 9 法设计七进制计数器的状态图和电路图

结论：在用置 9 法设计模 M 计数器时，将状态 Q 值为（$M-1$）的信号作为置 9 输入信号（即 $S_{9(1)} = S_{9(2)} = 1$）。

3）74LS290 扩展功能的设计

一片 74LS290 可构成十进制计数器，两片 74LS290 可构成 100 进制计数器。

【**例 6.15**】　试用 74LS290 构成 62 进制加法计数器。

分析：

（1）十进制计数器：分别将计数器的 CP_2 接 Q_0 端。

（2）高、低位计数器分配：74LS290（1）为低位（即"个位"）计数器，74LS290（2）为高位（即"十位"）计数器。

（3）扩展连接：低位 Q_3 与高位 CP_1 连接，即低位 $Q_3 \sim Q_0$ 由 1001 变为 0000（低位 Q_3 由 1 变为 0），则高位 CP_1 输入下降沿触发信号，高位计数器加 1（逢十进一），如图 6.44（a）所示。

解　用复位法设计模 62 计数器电路。即 $Q_7 \sim Q_4$ 复位状态为 0110，$Q_3 \sim Q_0$ 复位状态为 0010，其 62 进制计数器的设计电路如图 6.44（b）所示。

结论：用 N 片 74LS290 设计计数器电路时，最大可构成 $10N$ 进制计数器，其电路连接步骤为：先将每个芯片的 CP_2 端与本片的 Q_0 端连接，接成十进制计数器；再将低位的输出状态 Q_3 端与高位的 CP_1 脉冲输入端连接，$S_{9(1)}$、$S_{9(2)}$、$R_{0(1)}$、$R_{0(2)}$ 接地，则完成 $10N$ 进制计数器的设计。

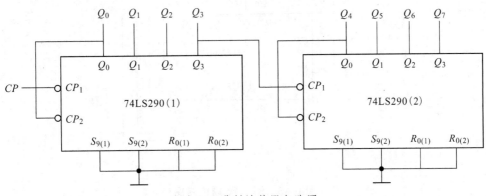

（a）100 进制计数器电路图

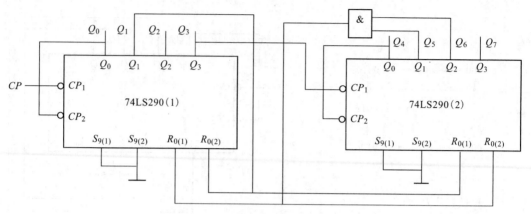

（b）62进制计数器电路图

图6.44　两片74LS290计数器设计图

2. 74LS290计数器电路的分析

【例6.16】　试分析图6.45所示电路是几进制计数器。

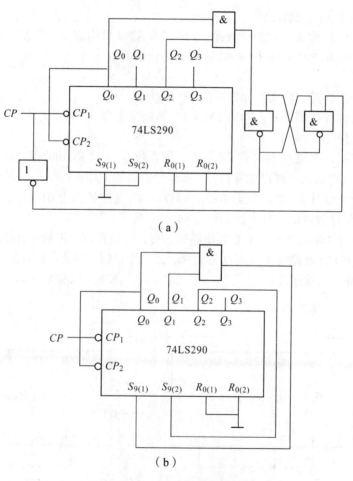

（a）

（b）

图6.45　例6.16题电路图

分析：

（1）图 6.45（a）用的是复位法设计的电路，复位信号为 0101。

（2）图 6.45（b）用的是置 9 法设计的电路，置 9 信号为 0111。

解　根据复位法设计原理，图 6.45（a）为五进制计数器；根据置 9 法的设计原理，图 6.45（b）为八进制计数器。

结论：74LS290 电路的分析：

（1）确定设计的计数器采用的是"复位法"还是"置 9 法"。

（2）复位信号 $R_{0(1)}$、$R_{0(2)}$，置 9 信号 $S_{9(1)}$、$S_{9(2)}$ 都来自于输出状态 Q。

（3）设复位、置 9 信号为 M，则"复位法"计数器为 M 进制，"置 9 法"计数器为（$M+1$）进制，如图 6.46 所示。

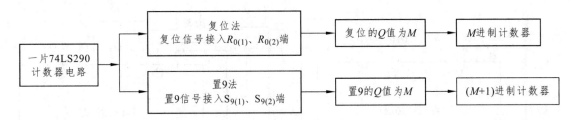

图 6.46　74LS290 计数器电路的分析示意图

【例 6.17】　试分析图 6.47 所示电路是几进制计数器。

分析：图 6.47 为 100 进制计数器。

（1）图 6.47（a）为复位法，复位信号 $Q_3Q_2Q_1Q_0$ 为 1000，$Q_7Q_6Q_5Q_4$ 为 0111。

（2）图 6.47（b）为置 9 法，置 9 信号 $Q_3Q_2Q_1Q_0$ 为 0010，$Q_7Q_6Q_5Q_4$ 为 0110。

解　（1）由图 6.47（a）得：

低位复位信号值 $m_1 = 8$，高位复位信号值 $m_2 = 7$，则计数器的模为

$$M = 10m_2 + m_1 = 10 \times 7 + 8 = 78$$

即图 6.47（a）为 78 进制计数器。

（2）由图 6.47（b）得：

低位置 9 信号值 $m_1 = 2$，高位置 9 信号值 $m_2 = 6$，则计数器的模为

$$M = 10m_2 + (m_1 + 1) = 10 \times 6 + (2 + 1) = 63$$

即图 6.47（b）为 63 进制计数器。

结论：分析时，首先确定计数器之间的关系，即低、高位关系；其次确定每个计数器连接的是几进制计数器，即 74LS290 可连接成二-五-十进制计数器；最后确定每个计数器的复位或置位信号的 Q 值，综合分析确定电路是几进制计数器。

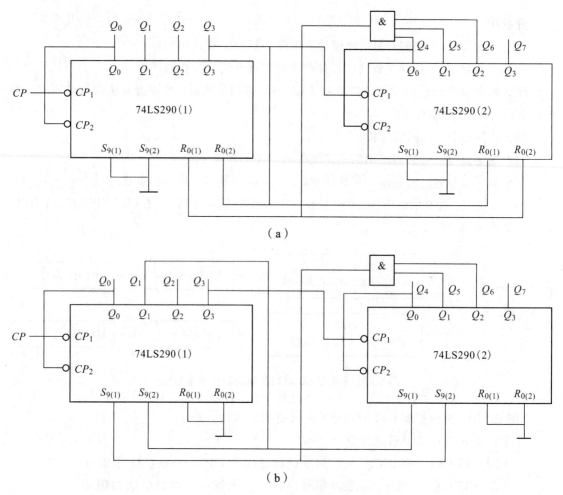

图 6.47　例 6.17 题电路图

6.4.3　常见问题讨论

（1）两片 74LS161 最高可构成 32（即 $M = 16 + 16 = 32$）进制计数器。

解答：错。

两片 74LS161 最高可构成 256（即 $M = 16 \times 16 = 256$）进制计数器。

（2）两片 74LS290 最高可构成 20（即 $M = 10 + 10 = 20$）进制计数器。

解答：错。

两片 74LS290 最高可构成 100（即 $M = 10 \times 10 = 100$）进制计数器。

6.5　寄存器简介

寄存：将二进制数据或代码暂时存储起来的操作称为寄存，其概念与人们生活中保存或寄存物件相似。

寄存器：具有寄存功能的时序电路称为寄存器。在现代数字系统中，寄存器几乎无所不在，因为数字系统所处理的数据、代码等都要先寄存起来，以便随时取用。

寄存器结构：寄存器由具有存储功能的触发器构成。每一个触发器可以存放一位二进制数或一个逻辑变量，由 n 个触发器构成的寄存器可存放 n 位二进制数或 n 个逻辑变量的值。

寄存器一般可分为数码寄存器和移位寄存器两大类。

6.5.1 数码寄存器

数码寄存器：只具有接收数码和清除原有数码功能的寄存器称为数码寄存器。如图 6.48 所示。

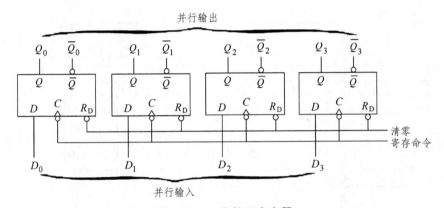

图 6.48 4 位数码寄存器

清零：当清零端输入信号为低电平时，输出状态为 $Q_3Q_2Q_1Q_0 = 0000$。

寄存命令：当发出寄存命令 CP 时，数码 $D_3D_2D_1D_0$ 信号寄存于寄存器中，即 $Q_3Q_2Q_1Q_0 = D_3D_2D_1D_0$。

6.5.2 移位寄存器

所谓"移位"，就是将寄存器所存的数码，在脉冲信号 CP 的作用下进行位移。根据位移方向可分为左移寄存器（如图 6.49（a）所示）、右移寄存器（如图 6.49（b）所示）和双向移位寄存器三种。

由图 6.49（a）（b）可见，左移与右移寄存器在工作原理上无本质区别，仅是输入、输出的方向发生了改变，如图 6.49（c）所示。

下面以图 6.49（a）为例，分析寄存器电路的逻辑功能。

驱动方程：

$$D_0 = D_i \qquad D_1 = Q_0 \qquad D_2 = Q_1 \qquad D_3 = Q_2$$

状态方程：

$$Q_0^{n+1} = D_i \qquad Q_1^{n+1} = Q_0 \qquad Q_2^{n+1} = Q_1 \qquad Q_3^{n+1} = Q_2$$

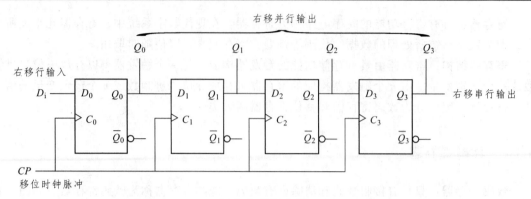

（a）右移寄存器

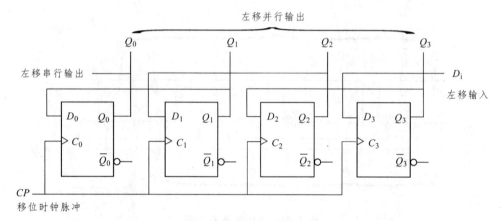

（b）左移寄存器

（c）单向移位寄存器示意图

图 6.49　4 位单向移位寄存器

其状态转换表（设输入数码为 $D_i = 1011$，后面再输入数码 0000）如表 6.16 所示。

表 6.16　图 6.49（a）的状态转换表

输入		原态				现态				串行输出
CP	D_i	Q_3^n	Q_2^n	Q_1^n	Q_0^n	Q_3^{n+1}	Q_2^{n+1}	Q_1^{n+1}	Q_0^{n+1}	Q_3
↑	1	0	0	0	0	0	0	0	1	0
↑	0	0	0	0	1	0	0	1	0	0
↑	1	0	0	1	0	0	1	0	1	0
↑	1	0	1	0	1	1	0	1	1	1
↑	0	1	0	1	1	0	1	1	0	0
↑	0	0	1	1	0	1	1	0	0	1
↑	0	1	1	0	0	1	0	0	0	1
↑	0	1	0	0	0	0	0	0	0	0

并行输出：当经过 4 个 CP 脉冲以后，4 位数码 $D_i=1011$ 全部移入 $Q_3Q_2Q_1Q_0$ 端，即可从 4 个触发器的 Q 端得到并行的数码输出。

串行输出：最后一个触发器的输出状态 Q_3 为串行输出端。当经过 8 个 CP 脉冲以后，4 位数码 $D_i=1011$ 依次从 Q_3 端输出。

移位寄器存的特点有：

（1）单向移位寄存器中的数码是在脉冲信号 CP 作用下依次产生位移（左移或者右移）。

（2）n 位二进制数码需用 n 位寄存器寄存。当输入数码 D_i 为 n 位时，则 n 个脉冲信号 CP 可完成单向移位寄存器的串行输入，同时在 $Q_3Q_2Q_1Q_0$ 端获得 n 位数码的并行输出；用 $2n$ 个脉冲信号 CP 可在端得到 n 位数码的串行输出。

本章小结

1. 逻辑部件

主要讨论了触发器（基本的 RS 触发器和边沿 JK 触发器、D 触发器）和集成计数器（十六进制计数器 74LS161、十进制计数器 74LS290）。

1）触发器

表 6.17　触发器总结

触发器	逻辑符号示意图	逻辑功能表						特性方程

基本的 RS 触发器：

输入		输出	说明
S	R	Q^{n+1}	
0	0	不确定	不允许
0	1	1	置1
1	0	0	置0
1	1	Q^n	保持原状态

$$\begin{cases} Q^{n+1}=\bar{R}+SQ^n \\ \bar{R}\cdot\bar{S}=0 \quad \text{约束条件} \end{cases}$$

边沿 JK 触发器：

输入					输出	说明
CP	S_D	R_D	J	K	Q^{n+1}	
×	0	1	×	×	1	置1
×	1	0	×	×	0	置0
↓	1	1	0	0	Q^n	保持原状态
↓	1	1	0	1	0	复位0
↓	1	1	1	0	1	置位1
↓	1	1	1	1	$\overline{Q^n}$	计数

$$Q^{n+1}=J\overline{Q^n}+\bar{K}Q^n$$

边沿 D 触发器：

输入				输出	说明
CP	S_D	R_D	D	Q^{n+1}	
×	1	0	×	1	置1
×	0	1	×	0	置0
↑	0	0	0	0	复位0
↑	0	0	1	1	置位1

$$Q^{n+1}=D$$

2）集成计数器

表 6.18　计数器总结

计数器	逻辑符号示意图	逻辑功能表

74LS161

输		入				输	出		
CR	LD	CT_P	CT_T	CP	$D_3\,D_2\,D_1\,D_0$	$Q_3^{n+1}\,Q_2^{n+1}\,Q_1^{n+1}\,Q_0^{n+1}$			
0	×	×	×	×	× × × ×	0　　0　　0　　0			
1	0	×	×	↑	$d_3\,d_2\,d_1\,d_0$	d_3　d_2　d_1　d_0			
1	1	1	1	↑	× × × ×	计　数			
1	1	0	×	×	× × × ×	保　持			
1	1	×	0	×	× × × ×	保　持			

74LS290

输		入				输	出		
$R_{0(1)}\,R_{0(2)}$		$S_{9(1)}\,S_{9(2)}$		CP_1	CP_2	$Q_3^{n+1}\,Q_2^{n+1}\,Q_1^{n+1}\,Q_0^{n+1}$			
1	1	0	0	×	×	0　　0　　0　　0			
×	×	1	1	×	×	1　　0　　0　　1			
0	×	0	×	↓	↓	计　数			
×	0	×	0	↓	↓	计　数			

2. 时序电路

基本特征：电路的输出不仅与当前时刻的输入信号有关，而且还与电路原来的状态 Q^n 有关。

结构：一般由组合电路和存储电路两部分构成。其中，时序电路必须含有存储电路。

分类：按其工作方式可分为两大类，即同步时序逻辑电路、异步时序逻辑电路。

分析：对已知的逻辑电路进行功能分析。

设计：对已知逻辑功能或要求进行设计其逻辑电路。

选择题

1. 逻辑电路如图 6.50 所示，当初始状态 Q 为 "0" 时，输出 Q 的波形图为波形为（　　　）。

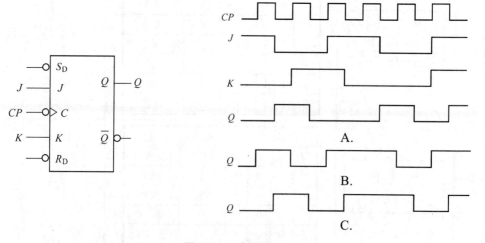

图 6.50　选择题 1 图

2. 逻辑电路如图 6.51 所示，当初始状态 Q 为"0"时，输出 Q 的波形图为波形为（　　）。

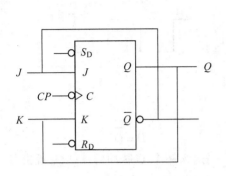
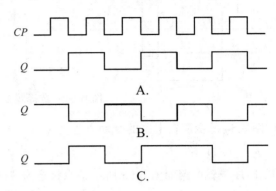

图 6.51　选择题 2、3、4 图

3. 图 6.51 所示逻辑电路的状态方程为（　　）。

   A. $Q^{n+1} = J\overline{Q^n} + \overline{K}Q^n$ B. $Q^{n+1} = \overline{Q^n}$ C. $Q^{n+1} = Q^n$

4. 图 6.51 所示逻辑电路的驱动方程为（　　）。

   A. $J = K = Q^n$ B. $J = \overline{Q}$，$K = Q$ C. $J = \overline{Q^n}$，$K = Q^n$

5. 图 6.52 所示逻辑电路的驱动方程为（　　）。

   A. $J = AB$，$K = 1$ B. $J = AB$，$K = 0$ C. $J = A + B$，$K = 1$

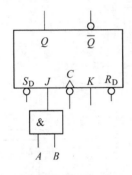
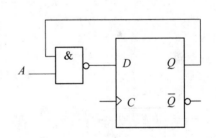

图 6.52　选择题 5 图　　　　　　　　　图 6.53　选择题 6、7 图

6. 逻辑电路如图 6.53 所示，当 $A=1$ 时，C 脉冲到来后 D 触发器（　　）。

   A. 具有计数器功能   B. 置"0"   C. 置"1"

7. 图 6.46 所示逻辑电路的驱动方程为（　　）。

   A. $D = \overline{A} + \overline{Q^n}$ B. $D = \overline{AQ}$ C. $D = \overline{A + Q^n}$

8. 逻辑电路如图 6.54 所示，分析 C 的波形，当初始状态为"0"时，输出 Q 是"0"的瞬间为（　　）。

   A. t_1 B. t_2 C. t_3

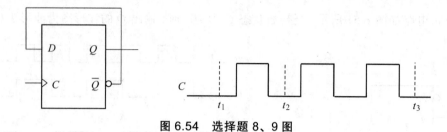

图 6.54　选择题 8、9 图

9. 图 6.54 所示逻辑电路的驱动方程为（　　　）。

A. $D = \overline{Q}$　　　　　　B. $D = \overline{Q^n}$　　　　　　C. $D = \overline{Q^{n+1}}$

10. 时序逻辑电路如图 6.55 所示，原状态为"00"，当送入一个 C 脉冲后，$Q_1 Q_0$ 新状态为（　　　）。

A. 0 0　　　　　　B. 1 1　　　　　　C. 0 1

11. 电路如图 6.56 所示，能实现状态方程式 $Q^{n+1} = \overline{Q^n}$ 的电路为图（　　　）。

12. 电路如图 6.57 所示，满足状态方程式 $Q^{n+1} = \overline{Q^n} + A$ 的电路为图（　　　）。

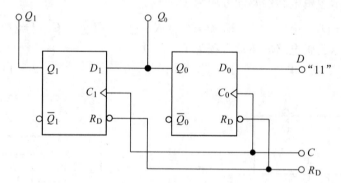

图 6.55　选择题 10 图

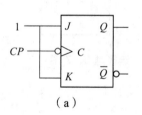
（a）

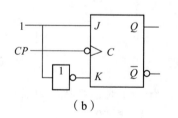
（b）

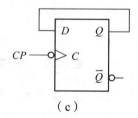
（c）

图 6.56　选择题 11 图

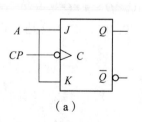
（a）

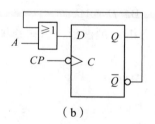
（b）

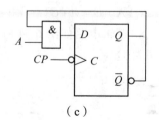
（c）

图 6.57　选择题 12 图

13. 图 6.58 所示计数器电路为（　　　）计数器。

    A. 九进制　　　　　　B. 十进制　　　　　　C. 十一进制　　　　　　D. 十二进制

14. 图 6.59 所示计数器电路为（　　　）计数器。

    A. 十进制　　　　　　B. 十二进制　　　　　　C. 十四进制　　　　　　D. 十六进制

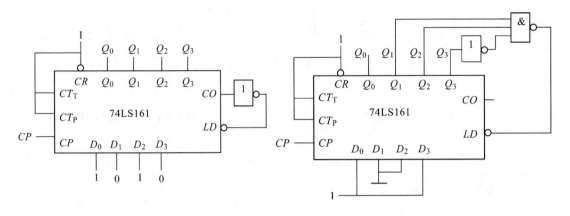

图 6.58　选择题 13 图　　　　　　　　图 6.59　选择题 14 图

15. 图 6.60 所示计数器电路为（　　　）计数器。

    A. 十一进制　　　　　B. 十二进制　　　　　C. 十三进制　　　　　D. 十四进制

16. 图 6.61 所示计数器电路为（　　　）计数器。

    A. 四进制　　　　　　B. 五进制　　　　　　C. 六进制　　　　　　D. 七进制

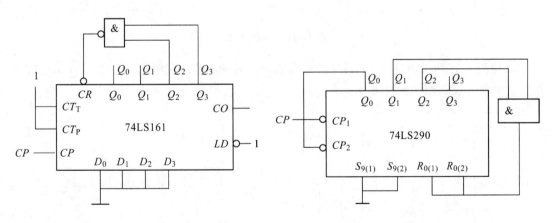

图 6.60　选择题 15 图　　　　　　　　图 6.61　选择题 16 图

17. 图 6.62 所示计数器电路为（　　　）计数器。

    A. 四进制　　　　　　B. 五进制　　　　　　C. 六进制　　　　　　D. 七进制

18. 图 6.63 所示计数器电路为（　　　）计数器。

    A. 二进制　　　　　　B. 三进制　　　　　　C. 四进制

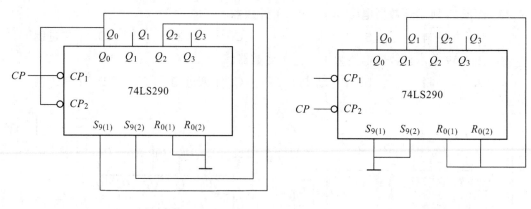

图 6.62　选择题 17 图　　　　　　　　图 6.63　选择题 18 图

习　题

1. 逻辑电路和输入波形如图 6.64 所示，试写出其驱动方程、状态方程，并列出状态转换表，画出 JK 触发器输出状态 Q 的波形。设触发器初始状态为 0。

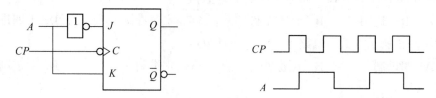

图 6.64　习题 1 图

2. 如图 6.65 所示电路为 JK 触发器构成的双相时钟电路，试画出状态 Q、$\overline{Q}$ 和输出 P_1、P_2 的波形图。设初始状态 Q 为 0。

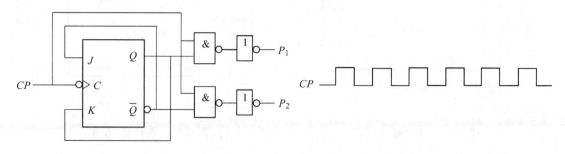

图 6.65　习题 2 图

3. 逻辑电路和输入波形如图 6.66 所示，设 JK 触发器初始状态为 0。试画出 Q 和 Z 的波形图。

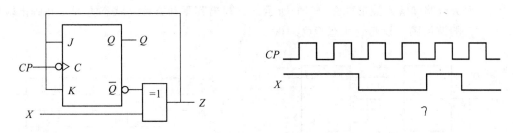

图 6.66 习题 3 图

4. 逻辑电路和 CP 脉冲如图 6.67 所示，试写出状态转换表和输出 Z 的逻辑表达式，画出输出 Q_0、Q_1 及 Z 的波形图，计算 Z 的脉宽 t_w 和周期 T（设 CP 脉冲频率为 1 kHz，各触发器初始状态均为 "0"）。

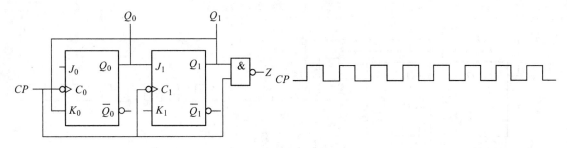

图 6.67 习题 4 图

5. 逻辑电路和输入波形如图 6.68 所示，试写出其驱动方程、状态方程，并画出输出状态 Q 的波形图。设初始状态 Q 为 0。

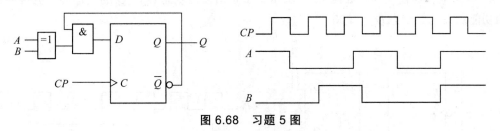

图 6.68 习题 5 图

6. 逻辑电路和输入波形如图 6.69 所示，试写出其驱动方程、状态方程，并画出输出状态 Q 的波形图。设初始状态 Q 为 0。

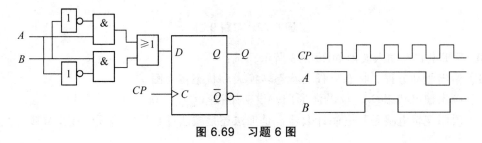

图 6.69 习题 6 图

7. 逻辑电路和输入波形如图 6.70 所示，试写出其驱动方程、状态方程，并画出输出状态 Q_0、Q_1 的波形图。设初始状态 $Q_1Q_0 = 00$。

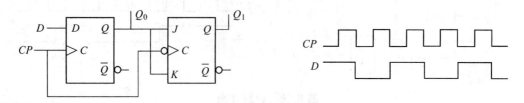

图 6.70　习题 7 图

8. 如图 6.71 所示为三分之二分频电路（即当输入 3 个脉冲 CP 时，输出端 Z 则输出 2 个脉冲），试画出状态 Q_0、Q_1 和输出 Z 的波形。设初始状态 $Q_1Q_0 = 00$。

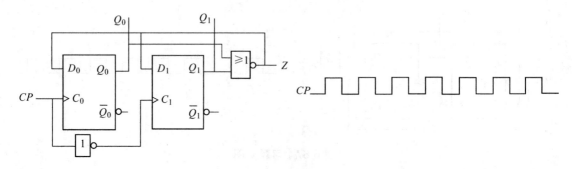

图 6.71　习题 8 图

9. 逻辑电路和输入波形如图 6.72 所示，试画出输出状态 Q_0、Q_1 的波形图，并说明此电路的功能。设初始状态 $Q_1Q_0 = 00$。

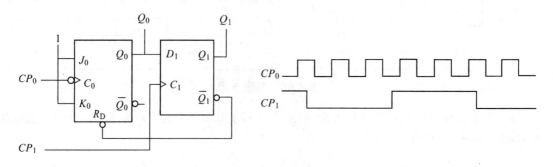

图 6.72　习题 9 图

10. 逻辑电路和输入波形如图 6.73 所示，试：

（1）给出驱动方程、状态方程、状态转换表和状态转换图。

（2）画出输出状态 Q_0、Q_1 的波形图，设初始状态 $Q_1Q_0 = 00$。

（3）说明逻辑电路是几进制计数器，是加法还是减法计数器，是同步还是异步计数器。

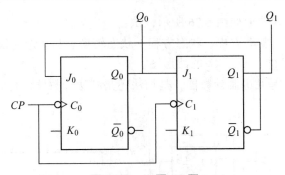

图 6.73　习题 10 图

11. 逻辑电路和输入波形如图 6.74 所示，试：

（1）给出驱动方程、状态方程、状态转换表和状态转换图。

（2）说明逻辑电路是几进制计数器，是同步还是异步计数器。

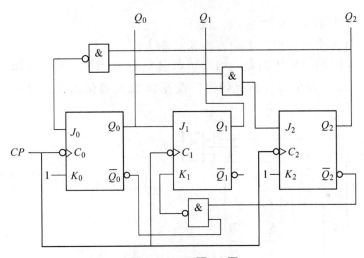

图 6.74　习题 11 图

12. 逻辑电路和输入波形如图 6.75 所示，试：

（1）给出驱动方程、状态方程、状态转换表和状态转换图。

（2）画出输出状态 Q_0、Q_1、Q_2 的波形图。

（3）说明逻辑电路是几进制计数器，是加法还是减法计数器，是同步还是异步计数器。

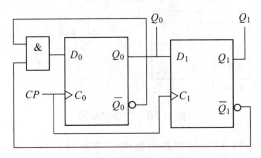

图 6.75　习题 12 图

13. 逻辑电路和输入波形如图 6.76 所示，试：

（1）给出 CP 方程、驱动方程、状态方程、状态转换表和状态转换图。

（2）画出输出状态 Q_0、Q_1、Q_2 的波形图。

（3）说明逻辑电路是几进制计数器，是加法还是减法计数器，是同步还是异步计数器。

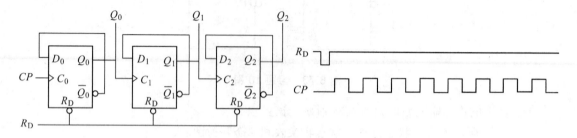

图 6.76　习题 13 图

14. 时序逻辑电路如图 6.77 所示，试：

（1）写出电路的输出方程、驱动方程和状态方程。

（2）列出 X=1 时的逻辑状态表，画出状态 Q_0、Q_1 和输出 Z 的波形图。

（3）若 X=0，则电路的工作情况如何？设各 JK 触发器初始状态为 0。

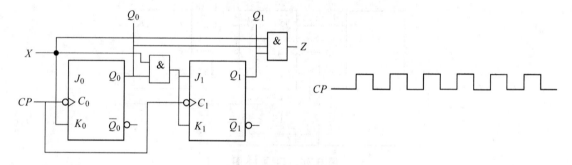

图 6.77　习题 14 图

15. 时序逻辑电路和输入波形如图 6.78 所示。试画出输出状态 Q_0、Q_1、Q_2 的波形图。设各触发器初始状态为 0。

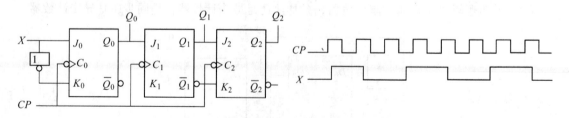

图 6.78　习题 15 图

16. 试分析下列如图 6.79 所示各逻辑电路为几进制计数器，并画出状态转换图。

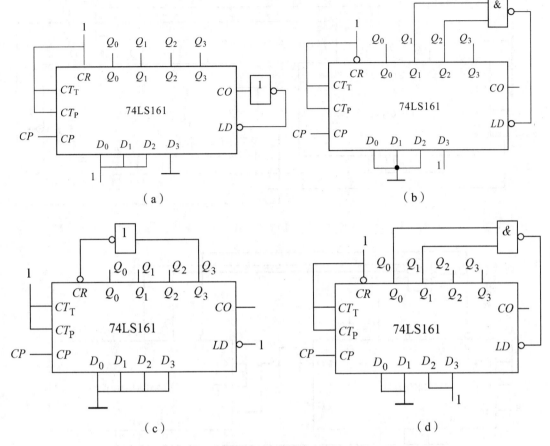

图 6.79　习题 16 图

17. 试分析下列如图 6.80 所示各逻辑电路为几进制计数器，并画出状态转换图。

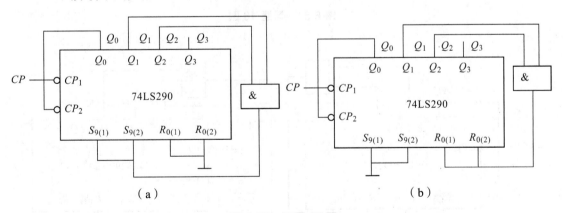

图 6.80　习题 17 图

18. 试分析下列如图 6.81 所示各逻辑电路为几进制计数器。

19. 试分析下列如图 6.82 所示各逻辑电路为几进制计数器。

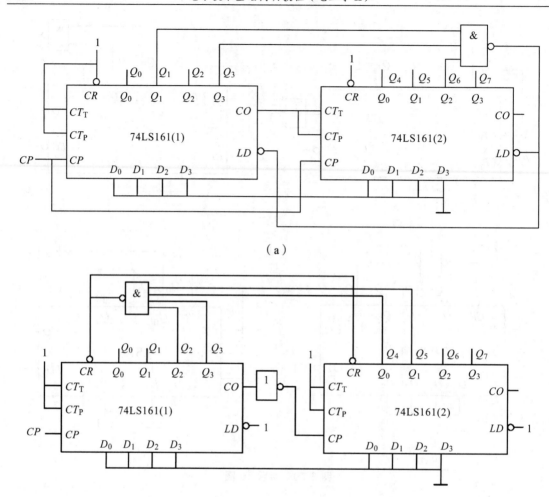

（a）

（b）

图 6.81　习题 18 图

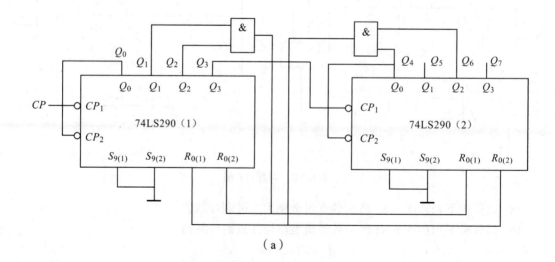

（a）

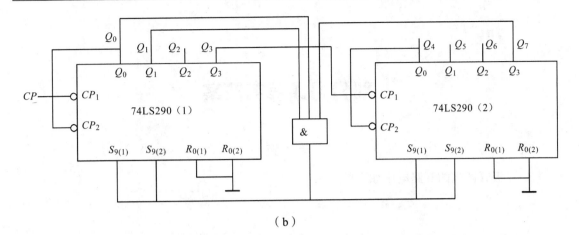

（b）

图 6.82　习题 19 图

20. 试用 74LS161 计数器和逻辑门，设计九进制加法计数器，并画出状态转换图。

21. 试用 74LS161 计数器和逻辑门，设计如图 6.83 所示逻辑功能的电路图，并说明其电路是几进制计数器。

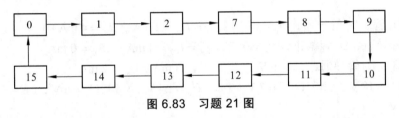

图 6.83　习题 21 图

22. 试用 74LS161 计数器和逻辑门，设计初始状态值为 00111 的十进制计数器，并列出状态转换表。

23. 试用两片 74LS161 计数器和逻辑门，设计 222 进制加法计数器。

24. 试用 74LS290 计数器和逻辑门，设计五进制加法计数器，并画出状态转换图。

25. 试用 74LS290 设计设计如图 6.84 所示逻辑功能的电路图，并说明其电路是几进制计数器。

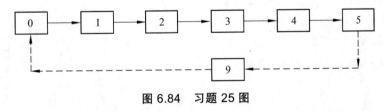

图 6.84　习题 25 图

26. 试用两片 74LS290 计数器和逻辑门，设计 98 进制加法计数器。

部分习题参考答案

第 1 章

3. 二极管两端的开路电压如下图所示：

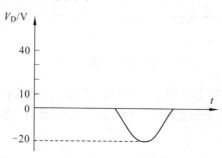

4. （1）D_1 管、D_2 管导通，$V_P = 0\,V$，$I_{D1} = I_{D2} = 2\,mA$，$I_R = 4\,mA$

（2）D_2 管导通、D_1 管截止，$V_P = 0\,V$，$I_R = I_{D2} = 4\,mA$，$I_{D1} = 0\,mA$

（3）D_1 管、D_2 管导通，$V_P = 6\,V$，$I_{D1} = I_{D2} = 1\,mA$，$I_R = 2\,mA$

7. （a）$U_o = 18\,V$；（b）$U_o = 6.7\,V$；（c）$U_o = 1.4\,V$；（d）$U_o = 6\,V$；（e）$U_o = 0.7\,V$；
（f）$U_o = 0.7\,V$

8. $I = 3\,mA$

9. 稳定状态下 $I_{LMAX} = 55\,mA$，即最大数值不能超过 55 mA

10. （1）稳压管稳定电压，$I_D = 0.75\,mA$；（2）稳压管截止，$I_D = 0\,mA$；（3）稳压管稳定电压，$I_D = 0\,mA$

12. 有六种：0.7 V，15 V，6.7 V，9.7 V，3 V，6 V；图略

13. （1）$U_o = 90\,V$；$I_L = 45\,mA$；

（2）$I_D = 22.5\,mA$；$U_{DRM} = 100\sqrt{2}\,V$

14. （1）$I_o = 3\,mA$；$I_Z = 6\,mA$；

（2）$U_2 = 25\,V$；

（3）$I_D = 4.5\,mA$；$U_{DRM} = 25\sqrt{2}\,V$

第 2 章

1. （a）截止区；（b）饱和区；（c）放大区

2. 不能，制造工艺不同，发射区的掺杂浓度远远大于集电区的掺杂浓度，集电区面积大

5. （1）$I_B = 0.047\,mA$；$I_C = 1.88\,mA$；$U_{CE} = 6.36\,V$；$r_{be} = 0.853\,k\Omega$；

（3）$r_i \approx 0.85\,k\Omega$；$r_o \approx 3\,k\Omega$；$A_u \approx -93.79$

6. （1）$I_B = 0.0175\,mA$；$I_C = 1.05\,mA$；$U_{CE} = 5.7\,V$；$r_{be} = 1.78\,k\Omega$；

（2）图略；$r_i \approx 0.836\,k\Omega$；$r_o \approx 3.3\,k\Omega$；（3）$R_L = \infty$ 时，$A_u \approx -264.5$；$R_L = 5.1\,k\Omega$ 时，

$A_u \approx -160.6$

7. （1）$I_B = 0.0486\,\text{mA}$；$I_C = 3.2\,\text{mA}$；$U_{CE} = 8.64\,\text{V}$；$r_{be} = 0.836\,\text{k}\Omega$；

（2）图略；$r_i \approx 6.22\,\text{k}\Omega$；$r_o \approx 3.9\,\text{k}\Omega$；（3）$A_u \approx -14.85$；$A_{uS} \approx -13.8$

8. （1）图略，$r_i \approx 100\,\text{M}\Omega$；$r_o \approx 30\,\text{k}\Omega$；$A_u \approx -21$ （2）$A_{uf} \approx -8.75$

9. 图略，$A_u \approx 1$；$r_i = 2.35\,\text{M}\Omega$；$r_O \approx 1.365\,\text{k}\Omega$

10. 图略，$r_{i2} = 0.99\,\text{k}\Omega$；$A_u \approx 15\,480$；$r_i \approx 1.13\,\text{k}\Omega$；$r_o \approx 7.5\,\text{k}\Omega$

11. 图略，$r_{i2} = 5.33\,\text{k}\Omega$；$A_{u1} \approx 1$；$A_{u2} \approx -2.7$；$A_u \approx -2.7$；$r \approx 10\,\text{M}\Omega$；$r_o \approx 2\,\text{k}\Omega$

第 3 章

4. $U_{o1} = 4.5\,\text{V}$；$U_{o2} = -2.25\,\text{V}$；$U_o = -2.25\,\text{V}$

5. $u_o = -\left(\dfrac{R_2}{R_1} + \dfrac{2R_2}{R} + 1\right)(u_{i1} - u_{i2})$

6. （a）$u_o = 8\,\text{V}$；（b）$u_o = 8\,\text{V}$

7. $u_o = -0.5u_i$

10. （1）运算放大器 A_1：反相比例放大器；A_2：反相过零比较器；A_3：电压跟随器。

（2）

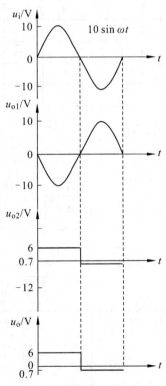

第 4 章

3. （1）$Y = \bar{B}$；（2）$Y = B$；（3）$Y = \bar{B}C + B\bar{C}$

6. （a）$Y = A\bar{B} + \bar{A}B$；（b）$Y = \bar{A}\bar{B} + AB$

8. （a）$Y_1 = ABC$；（b）$Y_2 = A + B + \bar{C}$

9. $Y = AC + B\overline{C}$

10. （1）$Y = A + C + BD + \overline{B}EF$；

（2）$Y = A$；

（3）$Y = A + C$；

（4）$Y = \overline{C}$

第 5 章

1. $Y = AB + \overline{A}\overline{B} = A \odot B$

4. $Y = \overline{A}\overline{B}\overline{C} + AB + BC + AC = \overline{\overline{\overline{A}\overline{B}\overline{C}} \cdot \overline{AB} \cdot \overline{BC} \cdot \overline{AC}}$

5. $Y = \overline{A}\overline{B}\overline{C} + \overline{A}B\overline{C} + A\overline{B}\overline{C} + AB\overline{C}$

6. $Y = ABC + \overline{A}\overline{B}C + AB\overline{C}$

7.

A	B	C	Y
0	0	0	1
0	0	1	0
0	1	0	1
0	1	1	0
1	0	0	1
1	0	1	0
1	1	0	1
1	1	1	0

10. $Y = A\overline{B}CD + AB\overline{C}D + ABC\overline{D} + ABCD$

11. 如下图所示。

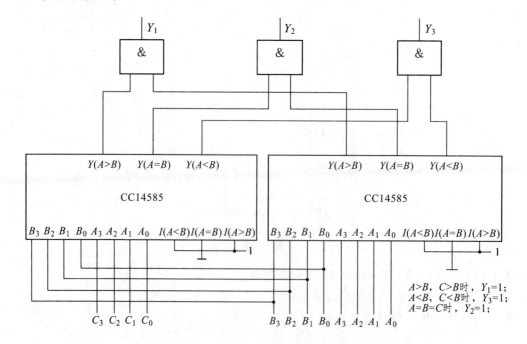

14. $Y=\overline{A}B\overline{C}\overline{D}+\overline{A}B\overline{C}D+AB\overline{C}\overline{D}+A\overline{B}D$

15. $Y=A\overline{B}CD+\overline{A}BD+\overline{A}BC+AB\overline{D}$

第6章

1. 如下图所示。

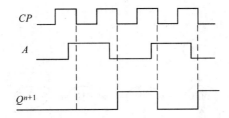

3. 如下图所示。

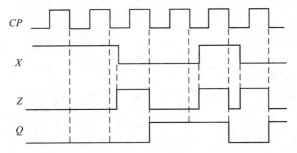

4. $Z=\overline{CP\cdot Q_1}$ Z 的周期 $T=0.003\ \mathrm{s}$ ， $t_\mathrm{w}=0.002\ 5\ \mathrm{s}$

5. 如下图所示。

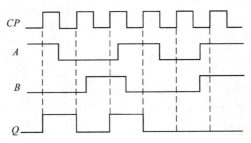

6. 驱动方程： $D=A\oplus B$ 状态方程 $Q^{n+1}=A\oplus B$

8. 如下图所示。

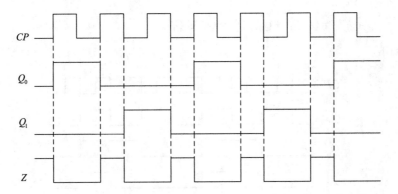

10. 状态转换图：

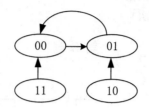

11. 状态转换图：

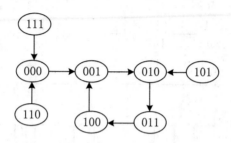

12. 状态转换图：

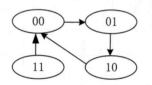

13.

（1）时钟方程：$C_0 = CP\uparrow$，$C_1 = Q_0\uparrow$，$C_2 = Q_1\uparrow$；

驱动方程：$D_0 = \overline{Q_0}$、$D_1 = \overline{Q_1}$、$D_2 = \overline{Q_2}$；

状态方程 $Q_0^{n+1} = \overline{Q_0^n}$；$Q_1^{n+1} = \overline{Q_1^n}$；$Q_2^{n+1} = \overline{Q_2^n}$

14.

（1）输出方程：$Z = X \cdot Q_1 \cdot Q_0$。

驱动方程：$J_0 = K_0 = X$、$J_1 = K_1 = Q_0^n \cdot X$

状态方程：$Q_0^{n+1} = X \cdot \overline{Q_0^n} + \overline{X} \cdot Q_0^n$

$Q_1^{n+1} = X \cdot Q_0^n \overline{Q_1^n} + \overline{X \cdot Q_0^n} \cdot Q_1^n$

（2）$X=1$ 时的逻辑状态表。

$X=1$ 时的状态方程为

$$Q_0^{n+1} = \overline{Q_0^n}$$

$$Q_1^{n+1} = Q_0^n \overline{Q_1^n} + \overline{Q_0^n} \cdot Q_1^n = Q_0^n \oplus Q_1^n$$

波形图如下：

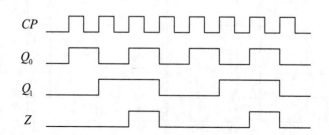

（3）

$X=0$ 时的状态方程为

$$Q_0^{n+1} = Q_0^n$$

$$Q_1^{n+1} = Q_0^n \overline{Q_1^n} + \overline{Q_0^n} \cdot Q_1^n = Q_0^n \oplus Q_1^n$$

状态转换图如下：

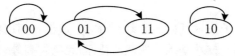

$X=0$ 时，电路的功能为一个不能自启动的二进制计数器.

16.

（a）九进制计数器；（b）七进制计数器；（c）八进制计数器；（d）四进制计数器

17.

（a）状态转换图

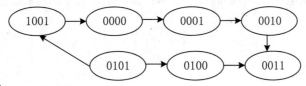

（b）状态转换图

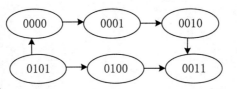

19.（a）65 进制计数器

21. 12 进制计数器

24. 状态转换图：

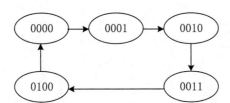

25. 如下图所示。

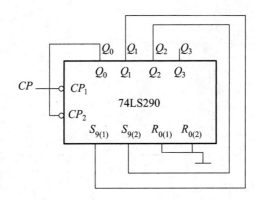

参考文献

［1］ 王英. 电路与电子技术基础简明教程 [M]. 成都：西南交通大学出版社，2018.

［2］ 余孟尝. 数字电子技术基础简明教程[M]. 北京：高等教育出版社，2002.

［3］ 康华光. 电子技术基础[M]. 北京：高等教育出版社，2013.

［4］ 李春茂. 电子技术基础（电工学Ⅱ）[M]. 北京：机械工业出版社，2016.

［5］ 唐介. 电工学（少学时）[M]. 北京：高等教育出版社，2014.

［6］ 李忠波，韩晓明. 电子技术[M]. 北京：机械工业出版社，1998.

［7］ 王英. 模拟电子技术基础[M]. 成都：西南交通大学出版社，2008.